語り合う京大数学 奥深き数学の森へ

林 俊介・古賀真輝 [共著]

本書に収録されている入学試験問題は、原本どおりではなく、必要に応じて一部を改変している場合があります。また、問題の解答・解説は京都大学、東京大学が公表したものではありません。

本書を発行するにあたって、内容に誤りのないようできる限りの注意を払いましたが、本書の内容を適用した結果生じたこと、また、適用できなかった結果について、著者、出版社とも一切の責任を負いませんのでご了承ください。

本書は、「著作権法」によって、著作権等の権利が保護されている著作物です。本書の複製権・翻訳権・上映権・譲渡権・公衆送信権（送信可能化権を含む）は著作権者が保有しています。本書の全部または一部につき、無断で転載、複写複製、電子的装置への入力等をされると、著作権等の権利侵害となる場合があります。また、代行業者等の第三者によるスキャンやデジタル化は、たとえ個人や家庭内での利用であっても著作権法上認められておりませんので、ご注意ください。

本書の無断複写は、著作権法上の制限事項を除き、禁じられています。本書の複写複製を希望される場合は、そのつど事前に下記へ連絡して許諾を得てください。

出版者著作権管理機構
（電話 03-5244-5088、FAX 03-5244-5089、e-mail : info@jcopy.or.jp）

JCOPY ＜出版者著作権管理機構 委託出版物＞

プロローグ

𝓗(林)：いやー、これでやっとひと段落ですね…。

𝓚(古賀)：ですね。大変でした…。

𝓗：分量が多く内容も難しいので、執筆は長い戦いでした。

𝓚：林さん、ここはまえがきなので、いったん本書の紹介をしましょうよ。

𝓗：そうでした、いけない、いけない。本書「語り合う京大数学 ——奥深き数学の森へ——」は、京都大学の入試問題を題材として、その背景にある数学を深掘りするものです。

𝓚：三次元ベクトルの応用から始まり、多変数関数の極値を調べたり、直交座標以外の座標で面積や体積を計算したり、微分方程式を立てて解いたり、合同式に関する定理を調べたり、群・環・体について学んだり…。学校教科書の範囲なんて無視して、数学の一部を自由に散策していきます。

𝓗：全15章からなるオムニバス形式の1冊で、だいたいどこから読んでも楽しめるようになっています。ただし、ずっと平坦な道のりだと退屈かもな、と思ったので、終盤（代数関連）は難度が少しずつ上がる構成にしてあります。というより、そうなってしまいましたね（笑）。

𝓚：私が大学で主に学んだのが代数だったので、そこはだいぶ熱が入りましたね。ホントに一般向けの書籍なのか？ という難度になってしまいました（笑）。

𝓗：一般向けといっても、意欲ある高校生や理系の大学生、高校数学を学んだ社会人の方が想定読者ですし、みなさん楽しんで読んでくださると思いますよ。

𝓚：ならよかったです。たしかに、受験生にとっては息抜きになる & 勉強の役に立つので魅力的かもしれません。理系大学生なら「以前解いたこの問題、いま学んでいるアレとつながっているのか！」というふうに伏線回収を楽しめますしね。

𝓗：社会人の方にとっては、試験時間や大学の合否、得点効率なんかを気にせず、のんびり数学を楽しむきっかけになりそうです。

𝓚：ですね。受験が終わると、仕事で数学を使わない限り、数学に直接触れる機会って案外少なそうですし。

𝓗：そんなわけで、本書は高校数学を学んでいる、あるいはすでに学んだという幅広い方が対象です。京大の数学入試問題を題材とし、高校数学とその先の数学の"間"をカジュアルに楽しめるようにしました。

プロローグ

𝒦：そのための問題選択が、正直結構大変でしたね。いわば"問題のための問題"もある中で、背景がチラつくものを発掘するわけですから。

𝓗：ほんと大変でした。でも、古賀さんのお力添えのおかげで幅広い話題を深掘りすることができましたね。

𝒦：いやいや、入試問題からの話の広げ方については、林さんのあの著書も頼りになりましたよ。

𝓗：私が 2023 年に上梓した「語りかける東大数学」ですね。その姉妹書として本書が生まれました。自然な（？）流れでのご紹介、ありがとうございます（笑）。

𝒦：それに引き続き、本書もオーム社の矢野友規さんに編集をご担当いただきました。われわれの原稿の取りまとめなど、ご尽力いただきありがとうございました。

𝓗：書籍の組版や装幀デザインなどをしてくださった方々にも感謝申し上げます。

𝒦：では、そろそろ内容に入りましょうか。最後に、これを読んでいる方に向けたメッセージを述べましょう。そうすればうまく締めくくれそうです。

𝓗：ではまず私から。これは受験参考書ではありません。絶対に覚えるべき知識があるわけではありませんし、題材とした問題を自力で解ける必要もありませんし、前から順番に読む必要もありません。気楽に、そして自由に数学の世界を散策してみてください。一つでも楽しいテーマに出会えたならば幸いです。

𝒦：京大の入試問題の一番の特徴はなんといっても短い問題文でしょう。問われている内容もシンプルなことが多いですから、様々な考えをめぐらせて自由に解くことができる問題が多いです。入試問題だからといって答えを出すことに囚われるのではなくて、一つの短い問題をじっくり味わう面白さを体感していただきたいと思います。それでは、京大数学の世界へ飛びこんでいきましょう！

2024 年 8 月

林　俊介・古賀　真輝

目次

第0章 はじめに — 1
- 0.1 表記に関する注意事項　*1*
- 0.2 行列に関する基礎知識　*2*
- 0.3 微分積分に関する基礎知識　*6*

第1章 三次元ベクトルを使いこなす — 8
- 1.1 空間内の"ナナメ"の円周　*8*
- 1.2 内積の復習　*11*
- 1.3 正射影ベクトルを自由自在に使いこなす　*13*
- 1.4 こんどは外積！　*17*

第2章 拘束条件下での極値決定 — 29
- 2.1 2変数関数の値域はどう調べる？　*29*
- 2.2 多変数関数の微分入門　*31*
- 2.3 ラグランジュの未定乗数法　*37*
- 2.4 未定乗数法の応用例：懸垂曲線　*39*

第3章 "流れ"を調べる変換 — 46
- 3.1 一見ただの複素数の問題だが……　*46*
- 3.2 等角写像　*49*
- 3.3 ジューコフスキー変換　*50*
- 3.4 ジューコフスキー変換で"流れ"を求める　*52*
- 3.5 そのほかの応用例：二つの曲線がなす角　*55*

第4章 座標変換と求積 — 60
- 4.1 斜交座標での面積計算　*60*
- 4.2 ヤコビアンとは　*66*
- 4.3 ヤコビアンの応用例　*73*

目　次

第5章　グラフの形と大小評価 ── 79
5.1　知識の有無で難度が変わる、不等式の証明問題　*79*
5.2　関数のグラフと2階導関数の関係　*81*
5.3　凸関数と凸不等式の一般論　*83*
5.4　凸不等式の知識を用いると……　*84*
5.5　もっと活用してみよう：sin の積の最大値は？　*86*
5.6　凸不等式から派生するさまざまな不等式　*89*
5.7　もう一つの応用例：エントロピー　*93*

第6章　オーダー評価 ── 99
6.1　大雑把に見積もる　*99*
6.2　特定の関数形での評価にチャレンジ！　*101*
6.3　スターリングの公式　*109*
6.4　オーダー評価のそのほかの例：計算量　*111*
6.5　誤差を評価する　*118*

第7章　テイラー展開 ── 120
7.1　数学 III の知識をフル活用する問題に挑戦！　*120*
7.2　背景にあるのは"テイラー展開"　*124*
7.3　テイラー展開と関連づけられる問題　*126*
7.4　物理におけるテイラー展開　*129*

第8章　確率と母関数 ── 136
8.1　線型代数で確率の問題を攻略する　*136*
8.2　母関数を活用して確率の問題を解く　*139*
8.3　京大入試における、母関数の様々な応用例　*141*
8.4　数え上げの問題における母関数の活用例　*148*

第9章　微分方程式 ── 152
9.1　入試問題で微分方程式が登場！　*152*
9.2　こんどは京大の微分方程式の問題に挑戦　*155*

9.3 　流出速度が水深の平方根に比例するという仮定の根拠　*156*

9.4 　ガソリンの使い方を最適化する　*162*

第10章　点の運動と面積計算 ── 166

10.1 　曲線により囲まれた図形の面積　*166*

10.2 　座標平面上の三角形の面積公式をあらためて　*169*

10.3 　三角形の面積公式の応用（ガウス・グリーンの定理）　*171*

10.4 　ガウス・グリーンの定理を用いて攻略　*173*

第11章　無理数の性質 ── 176

11.1 　無理数の定義　*176*

11.2 　"いつか戻ってくる"条件は？　*176*

11.3 　稠密性に関連した難問に挑戦！　*179*

11.4 　無理数の稠密性　*188*

11.5 　数学の森 in Kyoto　*190*

第12章　奥深き合同式の世界 ── 196

12.1 　合同式の定義と基本性質　*196*

12.2 　合同式と素数に関するとある定理　*197*

12.3 　フェルマーの小定理の主張と証明　*199*

12.4 　素数と合同式に関するもう一つの定理　*203*

12.5 　群の理論と、フェルマーの小定理・ウィルソンの定理　*206*

第13章　多項式の世界 ── 213

13.1 　多項式の合同式を活用してみよう　*213*

13.2 　もう一つの類題　*215*

13.3 　多項式の剰余環、複素数の構成　*217*

13.4 　多項式環の因数分解の一意性　*220*

第14章　体論 ── 225

14.1 　無理数の線型独立性と多項式　*225*

14.2 　体の理論　*227*

14.3　最小多項式の「最小」　*236*
14.4　アイゼンシュタイン多項式　*241*
14.5　最小多項式を用いた有理化の方法　*244*
14.6　円分体　*246*

第15章　p 進数の世界 ─────── 251

15.1　素因数に関する様々な問題　*251*
15.2　p 進法に関する重要定理　*257*
15.3　p 進絶対値とその性質　*262*
15.4　p 進数　*265*
15.5　ヘンゼルの補題を用いてラスボスを倒す　*271*

索引　*275*

※本書では、著者・林が担当した箇所には $\mathcal{H}$ マークを、古賀が担当した箇所には $\mathcal{K}$ マークを付しています。

第0章
はじめに

0.1 表記に関する注意事項
[1] 数の集合の表記

表記	それが指すもの
$\mathbb{C}$	複素数全体の集合
$\mathbb{R}$	実数全体の集合
$\mathbb{R}_+$	正の実数全体の集合
$\mathbb{Q}$	有理数全体の集合
$\mathbb{Z}$	整数全体の集合
$\mathbb{Z}_{\geq 0}$	非負整数全体の集合
$\mathbb{Z}_+$	正整数全体の集合
$\mathbb{N}$	正整数全体の集合
$\mathbb{P}$	素数全体の集合

$\mathbb{R}_+, \mathbb{Z}_{\geq 0}, \mathbb{Z}_+, \mathbb{P}$ は本書で用いられる記号であり、必ずしも一般的な記号ではありません。

[2] 集合の要素や包含関係についての表記

表記	それが指すもの・こと
$a \in A$	a は集合 A の要素である（a は集合 A に属する）
$a \notin A$	a は集合 A の要素でない（a は集合 A に属さない）
$A \subset B$	集合 A は集合 B に含まれる（集合 A は集合 B の部分集合である）
$A \setminus B$	集合 A の元のうち、集合 B に属さないもの全体の集合（差集合）

例1：$\sqrt{2} \in \mathbb{R}, \sqrt{2} \notin \mathbb{Q}$ です。
例2：$\mathbb{P} \subset \mathbb{Z}_+ \subset \mathbb{Z}_{\geq 0} \subset \mathbb{Z} \subset \mathbb{Q} \subset \mathbb{R} \subset \mathbb{C}$ が成り立ちます。
例3：集合 $\mathbb{C} \setminus \mathbb{R}$ は、虚数全体の集合です。

[3] その他の記法

表記	それが指すもの・こと
$a \mid b$	整数 a は整数 b の約数である、b は a の倍数である
$a \nmid b$	整数 a は整数 b の約数でない、b は a の倍数でない
$\gcd(a, b)$	整数 a, b の最大公約数
$\mathrm{lcm}(a, b)$	整数 a, b の最小公倍数
$\mathrm{Ord}_p(n)$	整数 n を素数 p で割り切れる回数
$X := Y$	X を Y で定義する

0.2 行列に関する基礎知識

本書の第 1、4、6、8、14 章では、行列やその演算が登場します。そこで、必要な知識をここにまとめておきました[1]。大学初年度レベルの線型代数の知識がある場合、本節は読み飛ばしてしまってかまいません。

[1] 行列とベクトル

1. （定義：行列）$m, n \in \mathbb{Z}_+$ に対し、mn 個の数を縦 m 個、横 n 個に並べたもの

$$A := \begin{pmatrix} a_{11} & a_{12} & \cdots & a_{1n} \\ a_{21} & a_{22} & \cdots & a_{2n} \\ \vdots & \vdots & & \vdots \\ a_{m1} & a_{m2} & \cdots & a_{mn} \end{pmatrix}$$

   を $m \times n$ 型の行列といいます。

2. （定義：成分）$m \times n$ 型の行列 A をなす mn 個の数のことを、行列 A の成分といいます。なお、**本書で登場する行列の成分はみな実数であり、本節においても同様**です。

3. （定義：行、列）$m \times n$ 型の行列 A の成分のうち、上から i 番目、左から j 番目の位置にある成分（先ほどの式における a_{ij} に相当するもの）を、行列 A の (i, j) 成分といいます。また、横に並んだ数たちのことを行、縦に並んだ数たちのことを列といいます。上から i 番目の行のことを第 i 行、左から j 番目の列のことを第 j 列といいます。

4. （定義：列ベクトル、行ベクトル）$m \times 1$ 型の行列、つまり m 個の数を縦に並べた行列のことを m 項列ベクトルといいます。同様に、$1 \times n$ 型の行列、つまり n

---

[1] 本節の内容（主に "行列式" の項以外）は、「線型代数学」（齋藤正彦、東京図書、2021 年）を参考にしています。

個の数を横に並べた行列のことを n 項行ベクトルといいます。なお、本書ではこうしたベクトルを $\vec{a}$ のように矢印を付して表します（高校数学同様の表記にするということです）。

行列 A の第 i 列の列ベクトルを $\vec{a_i}$ としたとき、A を $A = (\vec{a_1}, \vec{a_2}, \cdots, \vec{a_n})$ と表すことがあります。

5. (定義：転置) A を m 行 n 列の行列とするとき、A の (i, j) 成分と (j, i) 成分を入れ替えてできる n 行 m 列の行列のことを A の転置といい、本書では ^tA と表します。すなわち

$$A = \begin{pmatrix} a_{11} & a_{12} & \cdots & a_{1n} \\ a_{21} & a_{22} & \cdots & a_{2n} \\ \vdots & \vdots & & \vdots \\ a_{m1} & a_{m2} & \cdots & a_{mn} \end{pmatrix} \text{ に対し、} \quad ^tA := \begin{pmatrix} a_{11} & a_{21} & \cdots & a_{m1} \\ a_{12} & a_{22} & \cdots & a_{m2} \\ \vdots & \vdots & & \vdots \\ a_{1n} & a_{2n} & \cdots & a_{mn} \end{pmatrix}$$

と定めます。

6. (定義：正方行列) $n \times n$ 型の行列を n 次正方行列といいます。
7. (定義：単位行列) n 次正方行列であって、$(1, 1)$ 成分、$(2, 2)$ 成分 $, \cdots, (n, n)$ 成分が 1 であり、そのほかの成分がすべて 0 であるものを n 次単位行列といい、本書では I_n （あるいは単に I）と表します。
8. (定義：ゼロ行列) 成分がすべて 0 である $m \times n$ 型の行列を（$m \times n$ 型の）ゼロ行列といい、$O_{m,n}$（あるいは単に O）と表します。

[2] 行列どうしの演算、行列とベクトルの演算

1. (定義：行列の和) 二つの $m \times n$ 型行列 A, B に対し、対応する場所にある成分どうしの和を成分とする $m \times n$ 型行列を A と B との和といい、$A + B$ と表します。すなわち

$$A = \begin{pmatrix} a_{11} & a_{12} & \cdots & a_{1n} \\ a_{21} & a_{22} & \cdots & a_{2n} \\ \vdots & \vdots & & \vdots \\ a_{m1} & a_{m2} & \cdots & a_{mn} \end{pmatrix}, \quad B = \begin{pmatrix} b_{11} & b_{12} & \cdots & b_{1n} \\ b_{21} & b_{22} & \cdots & b_{2n} \\ \vdots & \vdots & & \vdots \\ b_{m1} & b_{m2} & \cdots & b_{mn} \end{pmatrix}$$

に対し

$$A+B := \begin{pmatrix} a_{11}+b_{11} & a_{12}+b_{12} & \cdots & a_{1n}+b_{1n} \\ a_{21}+b_{21} & a_{22}+b_{22} & \cdots & a_{2n}+b_{2n} \\ \vdots & \vdots & & \vdots \\ a_{m1}+b_{m1} & a_{m2}+b_{m2} & \cdots & a_{mn}+b_{mn} \end{pmatrix}$$

と定めます。

2. (定義：行列の定数倍) $c \in \mathbb{R}$ に対し、$m \times n$ 型の行列 A の各成分を c 倍して得られる $m \times n$ 型の行列を A の c 倍といい、cA と表します。

$$A = \begin{pmatrix} a_{11} & a_{12} & \cdots & a_{1n} \\ a_{21} & a_{22} & \cdots & a_{2n} \\ \vdots & \vdots & & \vdots \\ a_{m1} & a_{m2} & \cdots & a_{mn} \end{pmatrix} \text{ に対し、} \quad cA := \begin{pmatrix} ca_{11} & ca_{12} & \cdots & ca_{1n} \\ ca_{21} & ca_{22} & \cdots & ca_{2n} \\ \vdots & \vdots & & \vdots \\ ca_{m1} & ca_{m2} & \cdots & ca_{mn} \end{pmatrix}$$

と定めます。また、特に $c = -1$ の場合 $(-1)A$ を単に $-A$ と表し、$m \times n$ 型の行列 B と $-A$ の和 $B + (-A)$ を単に $B - A$ と表します。

3. (定義：行列の積、行列とベクトルの積) $l \times m$ 型の行列 A、$m \times n$ 型の行列 B の成分を各々

$$A = \begin{pmatrix} a_{11} & a_{12} & \cdots & a_{1m} \\ a_{21} & a_{22} & \cdots & a_{2m} \\ \vdots & \vdots & & \vdots \\ a_{l1} & a_{l2} & \cdots & a_{lm} \end{pmatrix}, \quad B = \begin{pmatrix} b_{11} & b_{12} & \cdots & b_{1n} \\ b_{21} & b_{22} & \cdots & b_{2n} \\ \vdots & \vdots & & \vdots \\ b_{m1} & b_{m2} & \cdots & b_{mn} \end{pmatrix}$$

とします。このとき、A と B との積 AB を $l \times n$ 行列とし、その (i, k) 成分 c_{ik} を次のように定めます。

$$c_{ik} = \sum_{j=1}^{m} a_{ij} b_{jk} \quad (= a_{i1}b_{1k} + a_{i2}b_{2k} + \cdots + a_{im}b_{mk})$$

これにより、特に n 次正方行列と n 項列ベクトルの乗算も定義されます。

4. (性質：行列やベクトルの乗算) 以下のことが成り立ちます。ただし、行列の行や列の数は、各表記や演算が定義できる適切なものとします。
   - $B = \begin{pmatrix} \vec{b_1} & \vec{b_2} & \cdots & \vec{b_n} \end{pmatrix}$ ならば $AB = \begin{pmatrix} A\vec{b_1} & A\vec{b_2} & \cdots & A\vec{b_n} \end{pmatrix}$
   - $A(B+C) = AB + AC$, $(A+B)C = AC + BC$
   - $c(AB) = (cA)B = A(cB)$
   - $AI = IA = A$

- $AO = O, OA = O$
- $(AB)C = A(BC)$ （結合法則）

このうち非自明なのは結合法則くらいですが、本書で登場するサイズの行列であれば、具体的な成分計算によって確認できます。

[3] 行列式

行列式は、正方行列に対し定義されるものです。その定義には置換と符号関数 (sgn) が通常登場するのですが、本書では二次、三次の正方行列しか登場しないことから、それらの場合における具体形（下記）を行列式の定義だと思ってしまいます。

1. （定義と思うもの：2×2 型行列の行列式）2×2 型行列 $A := \begin{pmatrix} a_{11} & a_{12} \\ a_{21} & a_{22} \end{pmatrix}$ に対し、その行列式 $\det A$ を次式により定義します。

$$\det A := a_{11}a_{22} - a_{12}a_{21}$$

2. （定義と思うもの：3×3 型行列の行列式）3×3 型行列 $B := \begin{pmatrix} b_{11} & b_{12} & b_{13} \\ b_{21} & b_{22} & b_{23} \\ b_{31} & b_{32} & b_{33} \end{pmatrix}$ に対し、その行列式 $\det B$ を次式により定義します。

$$\det B := b_{11}b_{22}b_{33} + b_{12}b_{23}b_{31} + b_{13}b_{21}b_{32} \\ - b_{13}b_{22}b_{31} - b_{12}b_{21}b_{33} - b_{11}b_{23}b_{32}$$

[4] 固有値・固有ベクトル

ここでは二次、三次の正方行列やその行列式を考えるものとします。すなわち、以下に登場する n の値は $2, 3$ のいずれかであるとして（本書においては）差し支えありません。

1. （定義：固有値、固有ベクトル）A を n 次正方行列、λ を実数とします。$\vec{0}$ でないある n 項列ベクトル $\vec{u}$ に対して $A\vec{u} = \lambda \vec{u}$ が成り立つとき、λ を行列 A の固有値といい、$\vec{u}$ を A の固有値 λ に属する固有ベクトルといいます。
2. （定義：特性多項式、特性方程式）A を n 次行列とします。変数 λ の多項式 $\det(\lambda I - A)$ を A の特性多項式（固有多項式）といい、λ の方程式 $\det(\lambda I - A) = 0$ を A の特性方程式といいます。
3. （認めること：固有値、固有ベクトル）A を n 次行列とします。このとき、A の固有値のうち実数であるものの集合は、特性方程式 $\det(\lambda I - A) = 0$ の実数解の集合と同じです（これは認めてしまいます）。

0.3　微分積分に関する基礎知識

本書の第2、4章などでは、大学以降で扱われる微分積分に関する事項を用いています。随時本文中でも解説していますが、ここでもまとめておきます。大学初年度レベルの微分積分の知識がある場合、本節は読み飛ばしてしまってかまいません。

[1]　微分に関する諸定理（第2章参照）

1. （定義：偏導関数、偏微分）x, y に関する関数 $f(x, y)$ を、y は定数だとみなして x について微分した関数を、$f(x, y)$ の x に関する偏導関数といい、$\dfrac{\partial f}{\partial x}(x, y)$ と書きます。厳密には

$$\frac{\partial f}{\partial x}(x, y) = \lim_{h \to 0} \frac{f(x+h, y) - f(x, y)}{h}$$

   と定義します。同様に、$\dfrac{\partial f}{\partial y}(x, y)$ も定義されます。このように偏導関数を求めることを、偏微分するといいます。

2. （定義：微分に関するいくつかの記号）
   - しばしば $\dfrac{\partial f}{\partial x}(x, y)$ のことを $f_x(x, y)$ と書きます。他も同様の記法を用います。
   - $\dfrac{\partial f}{\partial x}(x, y)$ において $x = a, y = b$ を代入したものを

$$\left.\frac{\partial f}{\partial x}(x, y)\right|_{x=a, y=b}$$

   と書きます。このような代入について、他の関数でも同様の記法を用います。

3. （定理：chain rule）$z = f(x, y)$ と $y = \varphi(x)$ の合成関数 $z = f(x, \varphi(x))$ を x で微分すると

$$\frac{df(x, \varphi(x))}{dx} = \frac{\partial f}{\partial x}(x, \varphi(x)) + \frac{\partial f}{\partial y}(x, \varphi(x)) \cdot \varphi'(x)$$

   となります。

4. （定理：2変数関数の極値）ある領域 U で定義されている2変数関数 $z = f(x, y)$ が、点 (p, q) で極値をもつならば

$$\frac{\partial f}{\partial x}(p, q) = \frac{\partial f}{\partial y}(p, q) = 0$$

   が成り立ちます。

5. （定理：陰関数定理）関数 $f(x, y)$ が偏微分可能で、偏導関数 f_x, f_y も連続であるとします。このとき、曲線 $f(x, y) = 0$ 上の点 (a, b) で $\dfrac{\partial f}{\partial y}(a, b) \neq 0$ であるならば、ある微分可能関数 $y = \varphi(x)$ が存在して、$f(x, y) = 0$ は (a, b) の近い範囲で陽関数の形で $y = \varphi(x)$ と表せます。すなわち、$f(x, \varphi(x)) = 0$ が成り立ちます。

[2] 積分に関する諸定理（第4章）

1. （定義：2変数関数のヤコビアン）
$$x = x(u,v), \quad y = y(u,v)$$
の変数変換の下で
$$\frac{\partial(x,y)}{\partial(u,v)} = \frac{\partial x}{\partial u}\frac{\partial y}{\partial v} - \frac{\partial x}{\partial v}\frac{\partial y}{\partial u}$$
と表します。

2. （定理：2変数関数の積分の変数変換）u,v が uv 平面上の領域 D を動き、それに伴って x,y が xy 平面上の領域 $\varphi(D)$ を動くとします。このとき、$x = x(u,v)$, $y = y(u,v)$ の変数変換の下で
$$\int_{\varphi(D)} f(x,y)dxdy = \int_D f(x(u,v),y(u,v))\left|\frac{\partial(x,y)}{\partial(u,v)}\right|dudv$$
が成り立ちます。

3. （定義：3変数関数のヤコビアン）
$$x = x(u,v,w), \quad y = y(u,v,w), \quad z = z(u,v,w)$$
の変数変換の下で
$$\frac{\partial(x,y,z)}{\partial(u,v,w)} = \det\begin{pmatrix} \frac{\partial x}{\partial u} & \frac{\partial x}{\partial v} & \frac{\partial x}{\partial w} \\ \frac{\partial y}{\partial u} & \frac{\partial y}{\partial v} & \frac{\partial y}{\partial w} \\ \frac{\partial z}{\partial u} & \frac{\partial z}{\partial v} & \frac{\partial z}{\partial w} \end{pmatrix}$$
とおきます。

4. （定理：3変数関数の積分の変数変換）u,v,w が uvw 空間上の領域 D を動き、それに伴って x,y,z が xyz 空間上の領域 $\varphi(D)$ を動くとします。このとき、$x = x(u,v,w), y = y(u,v,w), z = z(u,v,w)$ の変数変換の下で
$$\int_{\varphi(D)} f(x,y,z)dxdydz$$
$$= \int_D f(x(u,v,w),y(u,v,w),z(u,v,w))\left|\frac{\partial(x,y,z)}{\partial(u,v,w)}\right|dudvdw$$
が成り立ちます。

第 1 章
三次元ベクトルを使いこなす

　わが国の高校数学では、数学 C（前の課程では数学 B）において平面や空間のベクトルを学びます。そこではベクトルどうしの加算・減算や内積といった演算、そして成分表示や位置ベクトルなどが扱われます。大学入試で数学を用いる受験生のうち多くはこの単元を勉強するはずです。

　でも、大学以降でもベクトルは様々なところで活躍するのです。第 1 章では、高校数学で扱った空間ベクトルの"続き"の話のうち、一部をご紹介します。

1.1　空間内の"ナナメ"の円周 $\mathcal{H}$

> **題材**　2011 年 理系数学 第 5 問
>
> 　xyz 空間で、原点 O を中心とする半径 $\sqrt{6}$ の球面 S と 3 点 $(4, 0, 0)$, $(0, 4, 0)$, $(0, 0, 4)$ を通る平面 α が共有点をもつことを示し、点 (x, y, z) がその共有点全体の集合を動くとき、積 xyz が取り得る値の範囲を求めよ。

[1]　球の中心と平面との距離に着目

　球面 S の方程式は $x^2 + y^2 + z^2 = 6$ $\cdots$ ①、平面 α の方程式は $x + y + z = 4$ $\cdots$ ② です。

　S の中心（原点）から平面 α に下ろした垂線の足を H とします。このとき、対称性より H の x, y, z 座標はみな等しい値です。これと② より $\text{H} = \left(\dfrac{4}{3}, \dfrac{4}{3}, \dfrac{4}{3}\right)$ とわかりますね[1]。ここで

$$\text{OH} = \frac{4}{\sqrt{3}} = \frac{\sqrt{16}}{\sqrt{3}} < \frac{\sqrt{18}}{\sqrt{3}} = \sqrt{6}$$

より OH は S の半径より小さいため、S と α は共有点をもちます。■

[2]　円上の点の座標は？

　さて、S と α の共通部分を C としましょう。これは円であり、その半径は

---

[1] 本書では、以下このように点の名称と座標を $=$ で結ぶことがあります。

$$(C\text{の半径}) = \sqrt{(S\text{の半径})^2 - \text{OH}^2} = \sqrt{\left(\sqrt{6}\right)^2 - \left(\frac{4}{\sqrt{3}}\right)^2} = \sqrt{\frac{2}{3}}$$

となります。

円の中心は $\text{H}\left(\dfrac{4}{3}, \dfrac{4}{3}, \dfrac{4}{3}\right)$ であり、半径が $\sqrt{\dfrac{2}{3}}$ であることもわかったわけですが、この円は yz 平面、zx 平面、xy 平面いずれに対しても傾いているため、円上の点の座標を表すのがちょっと難しいです。いくつかの方法がありますが、ここでは三次元ベクトルの線型結合を利用してみます。

図 1.1 のような、平面 α と平行であり、互いに垂直な単位ベクトル $\vec{u}, \vec{v}$ を次の手順で構成します。まず、α の方程式は $x + y + z = 4$ なのでした。$x + y + z = (\text{一定})$ という形をしていることに注意すると、三次元ベクトルが α と平行であることは、そのベクトルの 3 成分の和が 0 であることと同じです。そこで、$\vec{u}$ についてはとりあえず x, y について対称な

$$\vec{u} = \left(-\frac{1}{\sqrt{6}}, -\frac{1}{\sqrt{6}}, \frac{2}{\sqrt{6}}\right)$$

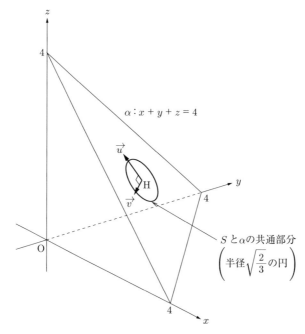

図 1.1: S と α の共通部分は "傾いた" 円周となる。

というものにします（少しの間、ベクトルは縦書きではなく横書きにします）。$\vec{v}$ については、3成分の和が0であり、$\vec{u}$ との内積が0であることが条件であり、例えば

$$\vec{v} = \left(\frac{1}{\sqrt{2}}, -\frac{1}{\sqrt{2}}, 0 \right)$$

とすればよいことが、さほど難しくない計算によりわかります。

α と平行であり、かつ互いに垂直な単位ベクトル $\vec{u}, \vec{v}$ が揃いました。これらを用いて円上の点の座標を媒介変数表示します。

図 1.2 のように、S と α の共有部分 C は、H を中心とする半径 $\sqrt{\frac{2}{3}}$ の円なのでした。H からその円周上に伸びるベクトルであって、$\vec{u}$ から $\vec{v}$ の方向に角 θ だけ回転させたものを $\vec{w_\theta}$ としましょう。実は、このベクトルは $\vec{u}, \vec{v}$ を用いて次のように書けます。

$$\vec{w_\theta} = \left(\sqrt{\frac{2}{3}} \cos\theta \right) \vec{u} + \left(\sqrt{\frac{2}{3}} \sin\theta \right) \vec{v}$$

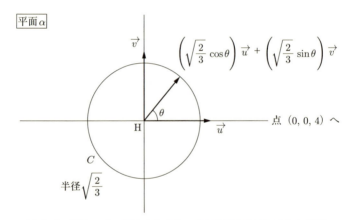

図 1.2: 平面 α を、原点を含まない方の空間から見下ろした様子。

初見だと驚くかもしれませんが、要は図 1.2 において "右に $\sqrt{\frac{2}{3}} \cos\theta$、上に $\sqrt{\frac{2}{3}} \sin\theta$" だけ動くベクトルなので、このように表されるのは自然なことなのです。

この $\vec{w_\theta}$ を用いることで、円周上の点の位置ベクトルは

$$\overrightarrow{OH} + \vec{w_\theta} = \left(\frac{4}{3}, \frac{4}{3}, \frac{4}{3} \right) + \left(\sqrt{\frac{2}{3}} \cos\theta \right) \vec{u} + \left(\sqrt{\frac{2}{3}} \sin\theta \right) \vec{v}$$

$$= \left(\frac{4}{3} - \frac{1}{3}\cos\theta + \frac{1}{\sqrt{3}}\sin\theta,\ \frac{4}{3} - \frac{1}{3}\cos\theta - \frac{1}{\sqrt{3}}\sin\theta,\ \frac{4}{3} + \frac{2}{3}\cos\theta\right)$$

と表せるので、この点における xyz の値は次のようになります。

$$\begin{aligned} xyz &= \left(\frac{4}{3} - \frac{1}{3}\cos\theta + \frac{1}{\sqrt{3}}\sin\theta\right)\left(\frac{4}{3} - \frac{1}{3}\cos\theta - \frac{1}{\sqrt{3}}\sin\theta\right)\left(\frac{4}{3} + \frac{2}{3}\cos\theta\right) \\ &= \cdots \\ &= \frac{52}{27} - \frac{2}{9}\cos\theta + \frac{8}{27}\cos^3\theta \\ &= \frac{52}{27} + \frac{2}{27}\cos 3\theta \end{aligned}$$

θ は実数全体を自由に動けるため、C 上において xyz がとりうる値の範囲は

$$\frac{52}{27} - \frac{2}{27} \leq xyz \leq \frac{52}{27} + \frac{2}{27}$$

すなわち $\underline{\dfrac{50}{27} \leq xyz \leq 2}$ です。

1.2　内積の復習 𝒦

ここで、高校数学でも取り扱われる内容ではありますが、内積について復習しましょう。

[1]　内積の定義

まずは内積の定義からです。

復習：ベクトルの内積

二つの $\vec{0}$ でないベクトル $\vec{a}, \vec{b}$ に対して、それらのなす角を θ $(\theta \in [0, \pi])$ とするとき、$\vec{a}$ と $\vec{b}$ の内積 $\vec{a} \cdot \vec{b}$ を

$$\vec{a} \cdot \vec{b} = |\vec{a}| \cdot |\vec{b}| \cdot \cos\theta$$

と定める。

内積を図形的に解釈しましょう（図 1.3）。$\theta < \dfrac{\pi}{2}$ であるとき、$|\vec{b}| \cdot \cos\theta$ は、図のように $\vec{a}$ と同じ方向の直線へ $\vec{b}$ を投影したときの影の長さになります。したがって、$\vec{a} \cdot \vec{b}$ は、$\vec{a}$ と $\vec{b}$ を投影によって向きをそろえたときの長さの積を表します。$\theta > \dfrac{\pi}{2}$ であるときには、$|\vec{b}| \cdot \cos\theta$ は、$\vec{a}$ と同じ方向の直線へ $\vec{b}$ を投影したときの影の長さのマイナス倍になります（$\cos\theta < 0$ であることに注意）。マイナス倍は $\vec{a}$ とは向きが

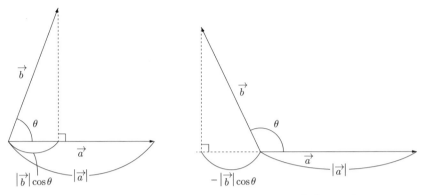

図 1.3: 内積の定義（左：θ が鋭角のとき、右：θ が鈍角のとき）

逆向きであることを表しています。さらには、$\theta = \dfrac{\pi}{2}$ であるとき、$|\vec{b}| \cdot \cos\theta = 0$ であり、$\vec{b}$ を $\vec{a}$ と同じ方向の直線へ投影すると影がないことを表しています。

以上をまとめると、$\vec{a} \cdot \vec{b}$ は、$\vec{a}$ と $\vec{b}$ を投影によって方向をそろえたときの長さの積を、向きを含めて表したものだといえます。

[2] 内積の成分表示

$\vec{a}, \vec{b}$ を空間内のベクトルであるとして、$\vec{a} = (a_1, a_2, a_3)$, $\vec{b} = (b_1, b_2, b_3)$ とするとき、内積 $\vec{a} \cdot \vec{b}$ はこの成分を用いて

$$\vec{a} \cdot \vec{b} = a_1 b_1 + a_2 b_2 + a_3 b_3$$

と計算できます。このことを証明しましょう。定義に従って計算するのみですが、ここで三角形の余弦定理を思い出しましょう。$\vec{a}, \vec{b}$ を二辺とする三角形を考えると、三つ目の辺は $\vec{a} - \vec{b}$（もしくはこのマイナス倍）と表すことができます（図 1.4）。したがっ

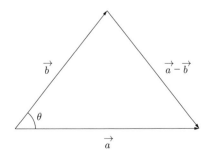

図 1.4: 内積とベクトル

て、$\vec{a}, \vec{b}$ のなす角を θ とすれば、余弦定理はベクトルを用いて

$$|\vec{a} - \vec{b}|^2 = |\vec{a}|^2 + |\vec{b}|^2 - 2|\vec{a}| \cdot |\vec{b}| \cos \theta$$

という形でかくことができます。

> **復習：ベクトルの大きさ**
>
> ベクトル $\vec{a} := (a_1, a_2, \cdots, a_n)$ に対し、その大きさ $|\vec{a}|$ を次のように定義する。
>
> $$|\vec{a}| = \sqrt{a_1^2 + a_2^2 + \cdots + a_n^2} \quad \left(= \sqrt{\sum_{k=1}^{n} a_k^2} \right)$$
>
> $n = 3$ の場合、$|\vec{a}|$ はベクトル $\vec{a}$ を有向線分（向き付きの線分）で表現した際の、通常の意味での長さに他ならない。

ここで余弦定理の式中に内積が登場しているのに気付くでしょうか。$|\vec{a}| \cdot |\vec{b}| \cos \theta$ の部分が、まさに $\vec{a}$ と $\vec{b}$ の内積になっています。$\vec{a} - \vec{b} = (a_1 - b_1, a_2 - b_2, a_3 - b_3)$ であることも踏まえると、内積 $\vec{a} \cdot \vec{b}$、すなわち $|\vec{a}||\vec{b}|\cos\theta$ は

$$\begin{aligned}
|\vec{a}| \cdot |\vec{b}| \cos \theta &= \frac{|\vec{a}|^2 + |\vec{b}|^2 - |\vec{a} - \vec{b}|^2}{2} \\
&= \frac{(a_1^2 + a_2^2 + a_3^2) + (b_1^2 + b_2^2 + b_3^2) - \{(a_1 - b_1)^2 + (a_2 - b_2)^2 + (a_3 - b_3)^2\}}{2} \\
&= a_1 b_1 + a_2 b_2 + a_3 b_3
\end{aligned}$$

となるのです。この余弦定理は、$\theta = 0°, 180°$ などの三角形が潰れてしまう場合にも成り立つので、内積の成分表示が一般に成り立つことが証明されました。今は成分が三つの空間ベクトルで証明をしましたが、成分が n 個のベクトルでも同様に証明することができます。

1.3　正射影ベクトルを自由自在に使いこなす 𝒦

いま復習したベクトルの内積を応用し、"正射影"（正射影ベクトル）というものを考えるのが本節の主眼です。まずは題材とする入試問題を見てみましょう。

第1章 三次元ベクトルを使いこなす

> **題材** 2006年 文系数学 第2問
>
> 座標空間に4点 A(2, 1, 0), B(1, 0, 1), C(0, 1, 2), D(1, 3, 7) がある。3点 A, B, C を通る平面に関して点 D と対称な点を E とするとき、点 E の座標を求めよ。

まずは、本問を高校数学の範囲内で解決してみます。

図 1.5 のように、3点 A, B, C を通る平面を α としましょう。α の方程式は、ある実数 p, q, r, s を用いて $px + qy + rz = s$ と書けます[2]。3点 A, B, C が α 上にあることから
$$\begin{cases} 2p + q = s \\ p + r = s \\ q + 2r = s \end{cases} \quad \cdots \text{①}$$
が成り立ち、これは ① $\iff \begin{cases} q = 0 \\ r = p \\ s = 2p \end{cases}$ と同値変形

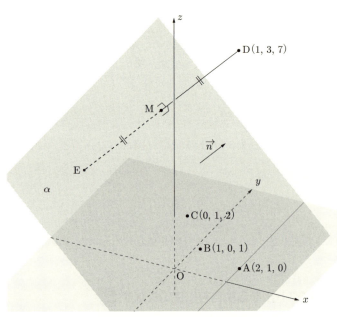

図 1.5: A, B, C, D, E の位置。

---

2 この p, q, r, s は束縛変数ですが、便宜上そのまま用います。また、本書では同様に束縛変数を流用することがあります。

できますから、α の方程式は（例えば $p=1$ に対応する）$x+z=2$ と書き下せます[3]。よって、$\vec{n}:=(1,0,1)$ は α の法線ベクトルの一つです。

> **定義：平行**
>
> ベクトル $\vec{a},\vec{b}$ $\left(\vec{a}\neq\vec{0} \text{ かつ } \vec{b}\neq\vec{0}\right)$ が平行であるとは、ある実数 k が存在して $\vec{a}=k\vec{b}$ が成り立つこととする。

ここで、線分 DE と α との交点を M とします。いま $\overrightarrow{\mathrm{DM}} \parallel \vec{n}$（"$\parallel$" は平行を表す）ですから、ある実数 k が存在して $\overrightarrow{\mathrm{DM}}=k\vec{n}$ が成り立ちます。この k を用いると

$$\overrightarrow{\mathrm{OM}}=\overrightarrow{\mathrm{OD}}+k\vec{n}=\begin{pmatrix}1\\3\\7\end{pmatrix}+k\begin{pmatrix}1\\0\\1\end{pmatrix}=\begin{pmatrix}k+1\\3\\k+7\end{pmatrix}$$

より点 M の座標は $(k+1,3,k+7)$ とわかります。点 M が平面 α 上にあることは、点 M の座標が平面 α の方程式 $x+z=2$ をみたすことと同じであり、そのような k を求めると次のようになります。

$$(k+1)+(k+7)=2 \quad \therefore k=-3$$

これで k の値がわかりました。点 E は平面 α に関して点 D と対称な位置にあるわけですから

$$\overrightarrow{\mathrm{OE}}=\overrightarrow{\mathrm{OD}}+2\overrightarrow{\mathrm{DM}}=\overrightarrow{\mathrm{OD}}+2k\vec{n}=\begin{pmatrix}1\\3\\7\end{pmatrix}-6\begin{pmatrix}1\\0\\1\end{pmatrix}=\begin{pmatrix}-5\\3\\1\end{pmatrix}$$

より、点 E の座標は $(-5,3,1)$ です。

[1] 正射影ベクトル

ここでは、高校数学ではあまり扱わない便利ツールをご紹介します。

---

[3] 方程式全体を（0 でない）定数倍しても元の方程式と等価なので、p の値は（0 でなければ）自由に決めて OK です。

定義・定理：正射影ベクトル

$\vec{0}$ でないベクトル $\vec{a} = \overrightarrow{OA}$ と $\vec{b} = \overrightarrow{OB}$ があり、B から直線 OA へ下ろした垂線の足を H としたとき、$\overrightarrow{OH}$ を $\vec{a}$ へ下ろした $\vec{b}$ の正射影ベクトルという。正射影ベクトルは

$$\frac{\vec{a} \cdot \vec{b}}{|\vec{a}|^2} \vec{a}$$

で求められる（図 1.6）。

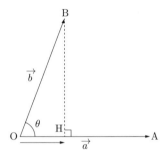

図 1.6: 正射影ベクトルの導出

上記の公式が成り立つ理由を考えましょう。先ほどご紹介したように、$\vec{a}$ を含む直線へ下ろした $\vec{b}$ の正射影の長さ（$\vec{a}$ と逆向きの場合はマイナスの長さと考える）が $|\vec{b}|\cos\theta$ でした（図 1.3）。したがって、その正射影ベクトルの長さは、$\vec{a}$ の長さの

$$\frac{|\vec{b}|\cos\theta}{|\vec{a}|} \quad \text{すなわち} \quad \frac{\vec{a} \cdot \vec{b}}{|\vec{a}|^2} \text{倍}$$

です。よって、正射影ベクトルが上記の公式によって求められることがわかります。

これを用いると、本問の点 E の位置ベクトルは次式によりすぐ計算できます。

$$\overrightarrow{DE} = 2\overrightarrow{DM} = 2 \cdot \frac{\vec{n} \cdot \overrightarrow{DB}}{|\vec{n}|^2} \vec{n} = 2 \cdot \frac{\begin{pmatrix}1\\0\\1\end{pmatrix} \cdot \begin{pmatrix}0\\-3\\-6\end{pmatrix}}{\left|\begin{pmatrix}1\\0\\1\end{pmatrix}\right|^2} \begin{pmatrix}1\\0\\1\end{pmatrix} = -6\begin{pmatrix}1\\0\\1\end{pmatrix} = \begin{pmatrix}-6\\0\\-6\end{pmatrix}$$

$$\therefore \overrightarrow{OE} = \overrightarrow{OD} + \overrightarrow{DE} = \begin{pmatrix} 1 \\ 3 \\ 7 \end{pmatrix} + \begin{pmatrix} -6 \\ 0 \\ -6 \end{pmatrix} = \begin{pmatrix} -5 \\ 3 \\ 1 \end{pmatrix}$$

1.4 こんどは外積！ $\mathcal{H}$

次は、三次元ベクトル特有の量ともいえる "外積" がテーマです。

> **題材** 2007年 前期 文系 第4問
>
> 座標空間で点 $(3, 4, 0)$ を通りベクトル $\vec{a} = (1, 1, 1)$ に平行な直線を l、点 $(2, -1, 0)$ を通りベクトル $\vec{b} = (1, -2, 0)$ に平行な直線を m とする。点 P は直線 l 上を、点 Q は直線 m 上をそれぞれ勝手に動くとき、線分 PQ の長さの最小値を求めよ。

高校数学の範囲内で解決すると、次のようになります。

[1] 高校数学の範囲での解法その1

$\overrightarrow{OP}, \overrightarrow{OQ}$ は、それぞれある実数 p, q を用いて

$$\overrightarrow{OP} = \begin{pmatrix} 3 \\ 4 \\ 0 \end{pmatrix} + p\vec{a} = \begin{pmatrix} p+3 \\ p+4 \\ p \end{pmatrix}, \quad \overrightarrow{OQ} = \begin{pmatrix} 2 \\ -1 \\ 0 \end{pmatrix} + q\vec{b} = \begin{pmatrix} q+2 \\ -2q-1 \\ 0 \end{pmatrix}$$

と表せます。以下、この p, q をそのまま用いることにすると、$\overrightarrow{PQ}$ は

$$\overrightarrow{PQ} = \overrightarrow{OQ} - \overrightarrow{OP} = \begin{pmatrix} q+2 \\ -2q-1 \\ 0 \end{pmatrix} - \begin{pmatrix} p+3 \\ p+4 \\ p \end{pmatrix} = \begin{pmatrix} -p+q-1 \\ -p-2q-5 \\ -p \end{pmatrix}$$

と計算できますね。これより

$$\begin{aligned} PQ^2 &= (-p+q-1)^2 + (-p-2q-5)^2 + (-p)^2 \\ &= 3p^2 + 2pq + 5q^2 + 12p + 18q + 26 \\ &= 3\left(p + \frac{1}{3}q + 2\right)^2 + \frac{14}{3}\left(q + \frac{3}{2}\right)^2 + \frac{7}{2} \end{aligned}$$

となり、$\begin{cases} p + \dfrac{1}{3}q + 2 = 0 \\ q + \dfrac{3}{2} = 0 \end{cases} \iff \begin{cases} p = -\dfrac{3}{2} \\ q = -\dfrac{3}{2} \end{cases}$ なので、PQ の最小値（以下 $\mathrm{PQ_{min}}$ と表します）は次のように計算できます。

$$\mathrm{PQ_{min}} = \sqrt{(\mathrm{PQ}^2 \text{ の最小値})} = \sqrt{\dfrac{7}{2}} = \dfrac{\sqrt{14}}{2}$$

[2] 高校数学の範囲での解法その2

座標の媒介変数表示 $\mathrm{P} = (p+3, p+4, p)$, $\mathrm{Q} = (q+2, -2q-1, 0)$ が得られるまでは先ほどと同じです。なお、ここでは PQ の最小値が存在することを所与のものとしてしまいます。PQ の長さが最小となるのは、$(*) \begin{cases} \overrightarrow{\mathrm{PQ}} \perp l \\ \overrightarrow{\mathrm{PQ}} \perp m \end{cases}$ が成り立つときです。

最小値が実現する条件が $(*)$ である理由を簡単に述べておきます。$(*)$ のうち、例えば $\overrightarrow{\mathrm{PQ}} \perp m$ が成り立っていないとしましょう。このとき、P から m に下ろした垂線の足を Q′ とすると PQ > PQ′ が成り立ちます（図1.7）。よって、このときの PQ は最小値を与えるものではない、というわけです。

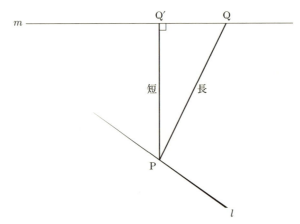

図 1.7: （PQ の最小値の存在を認めると、）$(*)$ をみたさない P, Q は PQ の最小値を与えないことがいえる。これは PQ と m が垂直でない場合の例。

$(*)$ を p, q の条件として書き下してみましょう。前述の

$$\overrightarrow{\mathrm{PQ}} = {}^t(-p+q-1, -p-2q-5, -p)$$

と l, m の方向ベクトル $\vec{a}, \vec{b}$ との内積は各々次のようになります。

$$\overrightarrow{\mathrm{PQ}} \cdot \vec{a} = \begin{pmatrix} -p+q-1 \\ -p-2q-5 \\ -p \end{pmatrix} \cdot \begin{pmatrix} 1 \\ 1 \\ 1 \end{pmatrix} = -3p-q-6$$

$$\overrightarrow{\mathrm{PQ}} \cdot \vec{b} = \begin{pmatrix} -p+q-1 \\ -p-2q-5 \\ -p \end{pmatrix} \cdot \begin{pmatrix} 1 \\ -2 \\ 0 \end{pmatrix} = p+5q+9$$

したがって、条件 $(*)$ は次のように言い換えられます。

$$(*) \iff \begin{cases} -3p-q-6=0 \\ p+5q+9=0 \end{cases} \iff \begin{cases} p=-\dfrac{3}{2} \\ q=-\dfrac{3}{2} \end{cases}$$

そして、このときの $\overrightarrow{\mathrm{PQ}}$ の長さは次のように計算できます。

$$\overrightarrow{\mathrm{PQ}} = {}^t\!\left(-1, -\frac{1}{2}, \frac{3}{2}\right) \qquad \therefore \left|\overrightarrow{\mathrm{PQ}}\right| = \sqrt{(-1)^2 + \left(-\frac{1}{2}\right)^2 + \left(\frac{3}{2}\right)^2} = \frac{\sqrt{14}}{2}$$

やはり $\mathrm{PQ}_{\min} = \dfrac{\sqrt{14}}{2}$ を得ることができました。

[3] 外積の定義とその性質

高校数学の範囲で考えられる主な解法をご紹介しました。正しい値を得ることはできましたが、細々とした計算が多く、正直ちょっと面倒ですね。

そこで、三次元ベクトルを用いた便利なツールの導入です。

定義：外積

二つのベクトル $\vec{a} := {}^t(a_1, a_2, a_3),\ \vec{b} := {}^t(b_1, b_2, b_3)$ の外積 $\vec{a} \times \vec{b}$ を次のように定義する。

$$\vec{a} \times \vec{b} := \begin{pmatrix} a_2 b_3 - a_3 b_2 \\ a_3 b_1 - a_1 b_3 \\ a_1 b_2 - a_2 b_1 \end{pmatrix}$$

$$\left(= {}^t\!\left(\det\begin{pmatrix} a_2 & b_2 \\ a_3 & b_3 \end{pmatrix},\ \det\begin{pmatrix} a_3 & b_3 \\ a_1 & b_1 \end{pmatrix},\ \det\begin{pmatrix} a_1 & b_1 \\ a_2 & b_2 \end{pmatrix} \right) \right)$$

この外積には、次のような性質があります。

第 1 章　三次元ベクトルを使いこなす

外積の性質

$\vec{a} \neq \vec{0}$ かつ $\vec{b} \neq \vec{0}$ のとき、外積 $\vec{a} \times \vec{b}$ は以下の性質をもつ。

(a) ベクトル $\vec{a}, \vec{b}$ のなす角を θ ($\theta \in [0, \pi]$) とすると、$\left|\vec{a} \times \vec{b}\right| = |\vec{a}|\left|\vec{b}\right|\sin\theta$ が成り立つ。

(b) $\vec{a} \times \vec{b}$ は $\vec{a}, \vec{b}$ の双方と垂直である。

---

[4]　外積の性質 (a) の証明

内積 $\vec{a} \cdot \vec{b}$ が
$\begin{cases} \vec{a} \cdot \vec{b} = a_1b_1 + a_2b_2 + a_3b_3 & \cdots \text{①} \\ \vec{a} \cdot \vec{b} = |\vec{a}|\left|\vec{b}\right|\cos\theta & \cdots \text{②} \end{cases}$
をみたすことを思い出しましょう。まず

$$\left|\vec{a} \times \vec{b}\right|^2 + \left(\vec{a} \cdot \vec{b}\right)^2$$
$$= \left\{(a_2b_3 - a_3b_2)^2 + (a_3b_1 - a_1b_3)^2 + (a_1b_2 - a_2b_1)^2\right\}$$
$$\quad + (a_1b_1 + a_2b_2 + a_3b_3)^2 \quad (\because \text{①})$$
$$= \left(a_2^2b_3^2 - \cancel{2a_2a_3b_2b_3} + a_3^2b_2^2\right) + \left(a_3^2b_1^2 - \cancel{2a_3a_1b_3b_1} + a_1^2b_3^2\right)$$
$$\quad + \left(a_1^2b_2^2 - \cancel{2a_1a_2b_1b_2} + a_2^2b_1^2\right)$$
$$\quad + \left(a_1^2b_1^2 + a_2^2b_2^2 + a_3^2b_3^2 + \cancel{2a_2a_3b_2b_3} + \cancel{2a_3a_1b_3b_1} + \cancel{2a_1a_2b_1b_2}\right)$$
$$= a_2^2b_3^2 + a_3^2b_2^2 + a_3^2b_1^2 + a_1^2b_3^2 + a_1^2b_2^2 + a_2^2b_1^2 + a_1^2b_1^2 + a_2^2b_2^2 + a_3^2b_3^2$$
$$= \left(a_1^2 + a_2^2 + a_3^2\right)\left(b_1^2 + b_2^2 + b_3^2\right)$$
$$= |\vec{a}|^2\left|\vec{b}\right|^2$$

より次式が成り立ちます。

$$\left|\vec{a} \times \vec{b}\right|^2 + \left(\vec{a} \cdot \vec{b}\right)^2 = |\vec{a}|^2\left|\vec{b}\right|^2$$

これと ② より

$$\left|\vec{a} \times \vec{b}\right|^2 = |\vec{a}|^2\left|\vec{b}\right|^2 - \left(\vec{a} \cdot \vec{b}\right)^2 = |\vec{a}|^2\left|\vec{b}\right|^2 - |\vec{a}|^2\left|\vec{b}\right|^2\cos^2\theta \quad (\because \text{②})$$
$$= |\vec{a}|^2\left|\vec{b}\right|^2\left(1 - \cos^2\theta\right) = |\vec{a}|^2\left|\vec{b}\right|^2\sin^2\theta$$

$$\therefore \left|\vec{a} \times \vec{b}\right| = \sqrt{|\vec{a}|^2\left|\vec{b}\right|^2\sin^2\theta} = |\vec{a}|\left|\vec{b}\right|\sin\theta \quad (\because \theta \in [0, \pi] \text{ より } \sin\theta \geq 0)$$

がしたがいます。　∎

[5] 外積の性質 (b) の証明

性質 (b) は "$\vec{a} \cdot \left(\vec{a} \times \vec{b} \right) = \vec{0}$ かつ $\vec{b} \cdot \left(\vec{a} \times \vec{b} \right) = \vec{0}$" と言い換えられますが、ほとんど同様の式であるため前者のみ示します。ベクトルの成分を用いて左辺を実際に計算してみると、次のようになります。

$$\vec{a} \cdot \left(\vec{a} \times \vec{b} \right) = \begin{pmatrix} a_1 \\ a_2 \\ a_3 \end{pmatrix} \cdot \begin{pmatrix} a_2 b_3 - a_3 b_2 \\ a_3 b_1 - a_1 b_3 \\ a_1 b_2 - a_2 b_1 \end{pmatrix}$$

$$= a_1 (a_2 b_3 - a_3 b_2) + a_2 (a_3 b_1 - a_1 b_3) + a_3 (a_1 b_2 - a_2 b_1)$$

$$= \cancel{a_1 a_2 b_3} - \cancel{a_1 a_3 b_2} + \cancel{a_2 a_3 b_1} - \cancel{a_2 a_1 b_3} + \cancel{a_3 a_1 b_2} - \cancel{a_3 a_2 b_1}$$

$$= 0 \qquad \blacksquare$$

[6] 外積を活用して攻略

こうした性質をもつ外積を、先ほどの問題で用いてみましょう。なお、PQ に最小値が存在することは認めます。ここでも前述の

$$\overrightarrow{PQ} = {}^t(-p+q-1, -p-2q-5, -p)$$

を用います。PQ の長さが最小となる条件は $(*) \begin{cases} \overrightarrow{PQ} \perp l \\ \overrightarrow{PQ} \perp m \end{cases}$ でしたが、これは $\overrightarrow{PQ} \parallel \left(\vec{a} \times \vec{b} \right)$ と同じことです。$\vec{a} \times \vec{b} = {}^t(2, 1, -3)$ ですから

$$\overrightarrow{PQ} \parallel \left(\vec{a} \times \vec{b} \right) \iff \exists k \in \mathbb{R}, \overrightarrow{PQ} = k \left(\vec{a} \times \vec{b} \right)$$

$$\iff \exists k \in \mathbb{R}, \begin{cases} -p+q-1 = 2k \\ -p-2q-5 = k \\ -p = -3k \end{cases}$$

と同値変形できます ("∃" の意味は後述)。あとは最後の連立方程式を解けばよく、$k = -\dfrac{1}{2}$ という値が得られます。したがって、PQ の最小値は次のようになります。

$$\mathrm{PQ_{min}} = |k| \left| \vec{a} \times \vec{b} \right| = \frac{1}{2} \sqrt{2^2 + 1^2 + (-3)^2} = \underline{\frac{\sqrt{14}}{2}}$$

> **定義：存在命題**
>
> $\exists x \in U, P(x)$ とは、"U に属するある x が存在し、（その x について）$P(x)$ が成り立つ。"という主張（**存在命題**）を表す。
>
> 例その 1：整数 n が偶数であることは、"$\exists k \in \mathbb{Z}, n = 2k$" と表現できる。
>
> 例その 2：座標平面上の単位円を表す方程式は $x^2 + y^2 = 1$ だが、これは次のように同値変形できる。
>
> $$x^2 + y^2 = 1 \iff \exists \theta \in \mathbb{R}, \begin{cases} x = \cos\theta \\ y = \sin\theta \end{cases}$$
>
> なお、"$\exists \theta \in \mathbb{R}$" のところは "$\exists \theta \in [0, 2\pi)$" などでもよい。

[7] 外積のそのほかの活用例 (1) 四面体の体積

姉妹書の「語りかける東大数学」でも言及した、外積のもう一つの活用例をご紹介します。

座標空間において、座標のわかっている 4 点 A, B, C, D が四面体をなすとし、その体積 V を計算することを考えましょう。V は例えば次の手順により計算できます。

(i) $\triangle\mathrm{ABC}$ の面積 S を求める。

(ii) 点 D から平面 ABC に下ろした垂線の長さ h（図 1.8）を求める。

(iii) $V = \dfrac{1}{3}Sh$ を計算する。

ところが、高校数学の範囲だと (i) S の計算から面倒です。次の (ii) でも

- 平面 ABC の方程式を求める
- 点 D の座標と平面 ABC の方程式を用いて h を計算する（点と平面の距離公式を利用）

という計算を行うことになり、これも手間がかかります。

そこで外積の出番です。まず $\overrightarrow{\mathrm{AB}}, \overrightarrow{\mathrm{AC}}$ の成分を求め、これらの外積 $\overrightarrow{\mathrm{AB}} \times \overrightarrow{\mathrm{AC}}$ を計算します。この外積の長さの半分 $\dfrac{1}{2}\left|\overrightarrow{\mathrm{AB}} \times \overrightarrow{\mathrm{AC}}\right|$ は、先ほどの外積の性質 (a) から $\triangle\mathrm{ABC}$ の面積 S になるというわけです。これで (i) は完了ですね。

S は簡単に計算できても (ii) の h は計算しづらいのでは？と思ったかもしれません。しかし実は、h の計算においても外積 $\overrightarrow{\mathrm{AB}} \times \overrightarrow{\mathrm{AC}}$ は活用できます。

ここで、さきほど登場した正射影も活用します。いま知りたいのは平面 ABC と点 D との距離であり、それはベクトル $\overrightarrow{\mathrm{AD}}$ のうち平面 ABC に垂直な成分の大きさです。ここで、外積 $\overrightarrow{\mathrm{AB}} \times \overrightarrow{\mathrm{AC}}$ は $\overrightarrow{\mathrm{AB}}$ と $\overrightarrow{\mathrm{AC}}$ の双方に対し垂直、つまり平面 ABC に垂直です。よって、この外積方向への正射影ベクトルを求めれば、その大きさが h そのものとなる

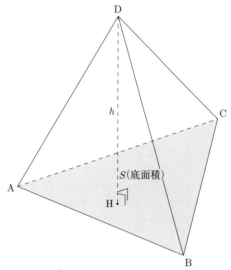

図 1.8: 四面体の体積は、$V = \dfrac{1}{3}Sh$ により計算できる。図において、H は頂点 D から平面 ABC に下ろした垂線の足である。なお、H は △ABC の周や外部に位置することもある。

のです（図 1.9）。

つまり、h は

$$h = \left| \dfrac{\left(\overrightarrow{AB} \times \overrightarrow{AC}\right) \cdot \overrightarrow{AD}}{\left|\overrightarrow{AB} \times \overrightarrow{AC}\right|^2} \overrightarrow{AB} \times \overrightarrow{AC} \right| = \dfrac{\left|\left(\overrightarrow{AB} \times \overrightarrow{AC}\right) \cdot \overrightarrow{AD}\right|}{\left|\overrightarrow{AB} \times \overrightarrow{AC}\right|^2} \left|\overrightarrow{AB} \times \overrightarrow{AC}\right| = \dfrac{\left|\left(\overrightarrow{AB} \times \overrightarrow{AC}\right) \cdot \overrightarrow{AD}\right|}{\left|\overrightarrow{AB} \times \overrightarrow{AC}\right|}$$

と計算できます。最右辺は $\overrightarrow{AB} \times \overrightarrow{AC}$ 方向の単位ベクトル $\dfrac{\overrightarrow{AB} \times \overrightarrow{AC}}{\left|\overrightarrow{AB} \times \overrightarrow{AC}\right|}$ と $\overrightarrow{AD}$ との内積（の絶対値）になっており、これは自然な結果ですね。

以上より、(iii) 四面体の体積 V は次のように計算できます。

$$V = \dfrac{1}{3}Sh = \dfrac{1}{3} \cdot \dfrac{1}{2} \left|\overrightarrow{AB} \times \overrightarrow{AC}\right| \cdot \dfrac{\left|\left(\overrightarrow{AB} \times \overrightarrow{AC}\right) \cdot \overrightarrow{AD}\right|}{\left|\overrightarrow{AB} \times \overrightarrow{AC}\right|} = \dfrac{1}{6} \left|\left(\overrightarrow{AB} \times \overrightarrow{AC}\right) \cdot \overrightarrow{AD}\right|$$

外積を用いると、四面体の体積がシンプルに計算できることがわかりました。

やや話が逸れますが、実は次のことも成り立ちます。

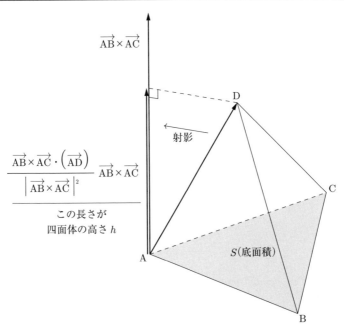

図 1.9: 外積方向への正射影の長さが、△ABC を底面とみたときの四面体 ABCD の高さになる。

四面体の体積を計算する別の方法

四面体 ABCD の体積を V とすると、次が成り立つ。ただし、ベクトルは列ベクトルである。

$$V = \frac{1}{6} \left| \det \begin{pmatrix} \overrightarrow{AB} & \overrightarrow{AC} & \overrightarrow{AD} \end{pmatrix} \right|$$

[8] 上の公式の導出

次式の成立をいえば十分です。

$$\left(\overrightarrow{AB} \times \overrightarrow{AC} \right) \cdot \overrightarrow{AD} = \det \begin{pmatrix} \overrightarrow{AB} & \overrightarrow{AC} & \overrightarrow{AD} \end{pmatrix} \quad \cdots (*)$$

いま $\overrightarrow{AB} = \begin{pmatrix} b_1 \\ b_2 \\ b_3 \end{pmatrix}, \overrightarrow{AC} = \begin{pmatrix} c_1 \\ c_2 \\ c_3 \end{pmatrix}, \overrightarrow{AD} = \begin{pmatrix} d_1 \\ d_2 \\ d_3 \end{pmatrix}$ とすると、$(*)$ の左辺にある内積は次のように整理できます。

$$\left(\overrightarrow{AB} \times \overrightarrow{AC}\right) \cdot \overrightarrow{AD} = {}^t\left(\det\begin{pmatrix} b_2 & c_2 \\ b_3 & c_3 \end{pmatrix}, \det\begin{pmatrix} b_3 & c_3 \\ b_1 & c_1 \end{pmatrix}, \det\begin{pmatrix} b_1 & c_1 \\ b_2 & c_2 \end{pmatrix}\right) \cdot \begin{pmatrix} d_1 \\ d_2 \\ d_3 \end{pmatrix}$$

$$= d_1 \det\begin{pmatrix} b_2 & c_2 \\ b_3 & c_3 \end{pmatrix} + d_2 \det\begin{pmatrix} b_3 & c_3 \\ b_1 & c_1 \end{pmatrix} + d_3 \det\begin{pmatrix} b_1 & c_1 \\ b_2 & c_2 \end{pmatrix}$$

一方、$(*)$ の右辺にある行列式は次のように整理できます。

$$\det\begin{pmatrix} \overrightarrow{AB} & \overrightarrow{AC} & \overrightarrow{AD} \end{pmatrix} = \det\begin{pmatrix} b_1 & c_1 & d_1 \\ b_2 & c_2 & d_2 \\ b_3 & c_3 & d_3 \end{pmatrix}$$

$$= b_1 c_2 d_3 + c_1 d_2 b_3 + d_1 b_2 c_3 - d_1 c_2 b_3 - c_1 b_2 d_3 - b_1 d_2 c_3$$

$$= d_1(b_2 c_3 - c_2 b_3) + d_2(b_3 c_1 - c_3 b_1) + d_3(b_1 c_2 - c_1 b_2)$$

$$= d_1 \det\begin{pmatrix} b_2 & c_2 \\ b_3 & c_3 \end{pmatrix} + d_2 \det\begin{pmatrix} b_3 & c_3 \\ b_1 & c_1 \end{pmatrix} + d_3 \det\begin{pmatrix} b_1 & c_1 \\ b_2 & c_2 \end{pmatrix}$$

これで $(*)$ の成立がいえ、よって上の公式が示されました。 ■

[9] 外積のそのほかの活用例 (2) 角運動量

外積は、例えば物理でもたくさんの応用例があります。「語りかける東大数学」では角運動量やマクスウェル方程式を紹介しましたが、そのうち角運動量についてより詳しくご紹介します。これは外積を用いて次のように定義される量です。

定義：角運動量

座標空間において、位置 $\vec{r}$ に存在し運動量 $\vec{p}$ をもつ質点の**角運動量** $\vec{l}$ を次式により定義する。

$$\vec{l} := \vec{r} \times \vec{p}$$

この角運動量は、物理現象の解明において重要な役割を果たします。天体の運動がそのよい例です。地球は太陽の周りを公転していますが、これをモデルにし、地球の運動の様子と外積の関係について調べてみましょう。

まずはセットアップです。地球は、太陽からの万有引力のみを受けて平面 α 上で運動しているものとします。また、太陽の質量は地球のそれよりも 5 桁以上大きいため、太陽は全く動かないものとしましょう。太陽を中心とした座標空間を設け、地球の位置を

時刻 t の関数 $\vec{r}(t)$ と定めます。そして、時刻 t における地球の運動量を $\vec{p}(t)$、地球が受ける万有引力を $\vec{f}(t)$ とします[4]。

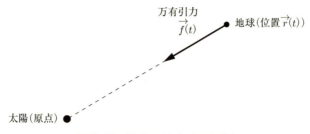

図 1.10: 地球にはたらく万有引力

さて、以下具体的な計算です。まず、高校物理でも登場する"万有引力の法則"より、$\vec{f}$ は次のように表せます。

$$\vec{f} = -\frac{GM_\odot m_\oplus}{r^2} \cdot \frac{\vec{r}}{r} \quad \cdots ③$$

ここで、G は万有引力定数、$M_\odot$ は太陽の質量、$m_\oplus$ は地球の質量、r は $\vec{r}$ の大きさです。③ より、地球の運動方程式は次のように書くことができます。

$$\frac{d}{dt}\vec{p} = \vec{f} = -\frac{GM_\odot m_\oplus}{r^2} \cdot \frac{\vec{r}}{r} \quad \cdots ④$$

これをもとに地球の角運動量 $\vec{l}\ (=\vec{r}\times\vec{p})$ の時間変化を計算すると

$$\begin{aligned}
\frac{d}{dt}\vec{l} &= \frac{d}{dt}(\vec{r}\times\vec{p}) \\
&= \left(\frac{d\vec{r}}{dt}\right)\times\vec{p} + \vec{r}\times\left(\frac{d\vec{p}}{dt}\right) \quad (\because \text{外積でも"積の微分"は成り立つ}) \\
&= \frac{\vec{p}}{m_\oplus}\times\vec{p} + \vec{r}\times\left(-\frac{GM_\odot m_\oplus}{r^2}\cdot\frac{\vec{r}}{r}\right) \quad \left(\because \frac{d\vec{r}}{dt}=\frac{\vec{p}}{m_\oplus},\ ④\right) \\
&= \vec{0} \quad (\because \vec{p}\times\vec{p}=\vec{0},\ \vec{r}\times\vec{r}=\vec{0})
\end{aligned}$$

つまり、$\frac{d}{dt}\vec{l} = \vec{0}$ がしたがいます。これは地球の角運動量 $\vec{l}\ (=\vec{r}\times\vec{p})$ の時間変化が $\vec{0}$ であること、つまり角運動量が一定であることを表しています。より一般に、質点にかかる力の向きが常に質点の位置ベクトル $\vec{r}$ と平行であるとき[5]、質点の角運動量は保存されます。

---
4 ただし、以下ノーテーションが混雑しないように、"(t)" を省略することがあります。
5 このような力は"中心力"と呼ばれます。

さて、この角運動量の保存から、例えば次のようなことがいえます。

> **ケプラーの第 2 法則（面積速度一定の法則）**
>
> 　太陽と惑星とを結ぶ線分が一定時間に通過する図形の面積は、惑星の位置に依存しない。
>
>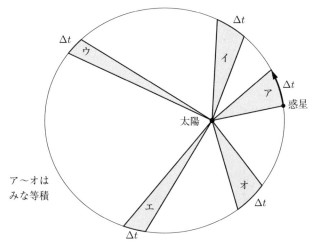
>
> **図 1.11**: 一定時間の間に線分が通過領域の面積は、惑星の位置によらない。

"面積速度"というのは単位時間あたりに線分が通過する面積のことで、それを累積（時間積分）したものが図 1.11 の影をつけた部分です。

実はこの面積速度は角運動量の大きさ $\left|\vec{l}\right|$ の定数倍となっており、前述のとおり $\vec{l}$ は保存量なので、この面積速度も保存するというカラクリです。この面積速度については、第 10 章（ガウス・グリーンの定理）で再登場するので、楽しみにしていてください。

このケプラーの第 2 法則はさほど自明ではないものですよね（あくまで主観ですが）。というわけで、ある運動における保存量を見つけることは、その運動の性質を知るうえで大いに有効なのです。なお、物理ではほかにも様々な場面で外積が登場します。興味のある場合は、ぜひ大学の物理の教科書たちを参照してみてください。

第 1 章を終えて

𝒦：まあしかし、ベクトルの用途というのは色々あるんですね。特に外積なんかは三次

元ベクトルで主に考えるものということもあり、数学の文脈で線型代数を学んだときはそんなに登場しませんでした。

$\mathcal{H}$：なるほど、数学の文脈だと外積はさほど登場しないんですね。物理だとやはり山ほど登場します。ほかにも例えばコリオリ力を計算する際に外積が登場します。

$\mathcal{K}$：あー、コリオリ力。ありましたねそんなの。

$\mathcal{H}$：でしょ。ほかにも、例えば電磁気学のマクスウェル方程式

$$\nabla \cdot \vec{E} = \frac{\rho}{\varepsilon_0}, \quad \nabla \cdot \vec{B} = 0, \quad \nabla \times \vec{E} = -\frac{\partial \vec{B}}{\partial t},$$

$$\nabla \times \vec{B} = \mu_0 \left(\vec{J} + \varepsilon_0 \frac{\partial \vec{E}}{\partial t} \right)$$

なんかは、$\nabla := {}^t\left(\dfrac{\partial}{\partial x}, \dfrac{\partial}{\partial y}, \dfrac{\partial}{\partial z} \right)$ との外積が方程式に含まれています。

$\mathcal{K}$：そう考えると、世の中の現象の中には、外積という概念で記述できるものがたくさんあるんですね。

$\mathcal{H}$：ですね。外積の定義は一見複雑ですが、物理の世界では欠かせないものです。もちろん、外積のみならず空間ベクトルの線型結合や正射影なんかも活躍の機会がたくさんあるはずです。

$\mathcal{K}$：よし、最初は林さんにお膳立てしてもらったので、次は主に私がご案内しましょう。本章の最初に扱った最大値・最小値問題と関連して、"極値の決定"がテーマです。

第2章
拘束条件下での極値決定

　高校数学では、極値やそれを与える点を決定する問題がよく登場します。これは決して問題のための問題ではありません。例えば、何らかの物体の運動に関するポテンシャルの極小点を考えることで、その物体が安定して存在できる位置がわかるのです。ここでは、多変数関数や"関数の関数"（汎関数）に何らかの拘束条件が与えられている状況で、その関数などの極値を決定する方法を探ります。

2.1　2変数関数の値域はどう調べる？ $\mathcal{H}$

　まずは、ちょっと複雑な拘束条件が与えられた2変数関数の値域を調べる問題に取り組みます。

題材　2012年 理系数学 第3問・文系数学 第3問

実数 x, y が条件 $x^2 + xy + y^2 = 6$ をみたしながら動くとき

$$x^2y + xy^2 - x^2 - 2xy - y^2 + x + y$$

がとりうる値の範囲を求めよ。

　まずは特に背景を気にせず、ただの入試問題だと思って解いてみましょう。
　$x^2 + xy + y^2$ と $x^2y + xy^2 - x^2 - 2xy - y^2 + x + y$ のいずれも対称式になっています。そこで、$u := x+y, v := xy$ という量を導入し、次のように同値変形してみます。

$$x^2+xy+y^2=6\text{の下で, } x^2y+xy^2-x^2-2xy-y^2+x+y \text{ が}k\text{という値をとる}$$

$$\iff \exists x, y \in \mathbb{R}, \begin{cases} x^2+xy+y^2=6 \\ x^2y+xy^2-x^2-2xy-y^2+x+y=k \end{cases}$$

$$\iff \exists x, y, u, v \in \mathbb{R}, \begin{cases} u = x+y \\ v = xy \\ u^2 - v = 6 \\ uv - u^2 + u = k \end{cases}$$

$$\iff \exists u, v \in \mathbb{R}, \begin{cases} u^2 - 4v \geq 0 \\ u^2 - v = 6 \\ uv - u^2 + u = k \end{cases} \iff \exists u, v \in \mathbb{R}, \begin{cases} u^2 - 4(u^2 - 6) \geq 0 \\ v = u^2 - 6 \\ u(u^2 - 6) - u^2 + u = k \end{cases}$$

$$\iff \exists u \in \mathbb{R}, \begin{cases} |u| \leq 2\sqrt{2} \\ u^3 - u^2 - 5u = k \end{cases}$$

$$\iff |u| \leq 2\sqrt{2} \text{ の下で}, u^3 - u^2 - 5u \text{ が } k \text{ という値をとる}$$

ここで $f(u) := u^3 - u^2 - 5u$ とし, $|u| \leq 2\sqrt{2}$ における $f(u)$ の変域が元の関数の変域と同じであることがわかります。f の導関数は $f'(u) = 3u^2 - 2u - 5 = (3u - 5)(u + 1)$ ですから, この関数の増減は次のようになります。

表 2.1: 関数 $f(u)$ の、$|u| \leq 2\sqrt{2}$ における増減

u	$-2\sqrt{2}$	$\cdots$	-1	$\cdots$	$\dfrac{5}{3}$	$\cdots$	$2\sqrt{2}$
$f'(u)$			$+$	0	$-$	0	$+$
$f(u)$	$-6\sqrt{2} - 8$	↗	3	↘	$-\dfrac{175}{27}$	↗	$6\sqrt{2} - 8$

また

$$\begin{cases} \sqrt{2} < 1.5 \text{ より } 6\sqrt{2} - 8 < 6 \cdot 1.5 - 8 = 1 < 3 \quad \therefore 6\sqrt{2} - 8 < 3 \\ -6\sqrt{2} - 8 < -8 < -\dfrac{175}{27} \quad \therefore -6\sqrt{2} - 8 < -\dfrac{175}{27} \end{cases}$$

であるため、$|u| \leq 2\sqrt{2}$ における関数 $f(u)$ の変域は $-6\sqrt{2} - 8 \leq f(u) \leq 3$ となります。これが $x^2y + xy^2 - x^2 - 2xy - y^2 + x + y$ のとりうる値の範囲です。

結局、冒頭の問題は高校数学の範囲で何とかなってしまいました。でも、多変数関数の極値を決定するとき、1 変数にはない面倒なことが起こる場合もあるのです。

2.2 多変数関数の微分入門 𝒦
[1] 偏微分

さて、先ほどの京大の問題は x, y を定めると値 z が一つに定まる 2 変数関数 $z = f(x, y)$ のとりうる値の範囲を求める問題でした。そこで、2 変数関数の微分に関する基本事項を解説することとしましょう。

定義：偏導関数

x, y に関する関数 $f(x, y)$ を、y は定数だとみなして x について微分した関数を、$f(x, y)$ の x に関する**偏導関数**といい、$\dfrac{\partial f}{\partial x}(x, y)$ と書く。厳密には

$$\frac{\partial f}{\partial x}(x, y) = \lim_{h \to 0} \frac{f(x+h, y) - f(x, y)}{h}$$

である。同様に、$\dfrac{\partial f}{\partial y}(x, y)$ も定義される。このように偏導関数を求めることを**偏微分**するという。

例 $f(x, y) = x^2 - 3xy + 4y^2$ とおくと

$$\frac{\partial f}{\partial x} = 2x - 3y, \quad \frac{\partial f}{\partial y} = -3x + 8y$$

です。 ∎

この後のために、いくつかの記号を用意します。

記号

- しばしば $\dfrac{\partial f}{\partial x}(x, y)$ のことを $f_x(x, y)$ とかく。他も同様の記法を用いる。
- $\dfrac{\partial f}{\partial x}(x, y)$ において $x = a, y = b$ を代入したものを

$$\left. \frac{\partial f}{\partial x} \right|_{x=a, y=b}, \quad \frac{\partial f}{\partial x}(a, b)$$

などと書く。このような代入について、他の関数でも同様の記法を用いる。

次の定理は chain rule（連鎖律）と呼ばれ、2 変数版の合成関数微分に対応します。

> **定理：chain rule（連鎖律）**
>
> $z = f(x, y)$ と $y = \varphi(x)$ の合成関数 $z = f(x, \varphi(x))$ を x で微分すると
> $$\frac{df(x, \varphi(x))}{dx} = \frac{\partial f}{\partial x}(x, \varphi(x)) + \frac{\partial f}{\partial y}(x, \varphi(x)) \cdot \varphi'(x)$$
> となる。

この定理を証明しましょう。

$$\frac{df(x, \varphi(x))}{dx} = \lim_{h \to 0} \frac{f(x+h, \varphi(x+h)) - f(x, \varphi(x))}{h}$$
$$= \lim_{h \to 0} \frac{f(x+h, \varphi(x+h)) - f(x+h, \varphi(x)) + f(x+h, \varphi(x)) - f(x, \varphi(x))}{h}$$

ここで、$\displaystyle\lim_{h \to 0} \frac{f(x+h, \varphi(x)) - f(x, \varphi(x))}{h}$ はまさに $\dfrac{\partial f}{\partial x}(x, \varphi(x))$ です。そして

$$\lim_{h \to 0} \frac{f(x+h, \varphi(x+h)) - f(x+h, \varphi(x))}{h}$$

の方ですが、まず

$$\varphi(x+h) = \varphi(x) + \{\varphi'(x) + \varepsilon_1(h)\}h$$

と表します（ここで、$\varepsilon_1(h)$ は $\displaystyle\lim_{h \to 0} \varepsilon_1(h) = 0$ をみたす関数です）。同様に

$$f(x, y+k) = f(x, y) + \left\{\frac{\partial f}{\partial y}(x, y) + \varepsilon_2(k)\right\} k$$

と表します（ここで、$\varepsilon_2(k)$ は $\displaystyle\lim_{k \to 0} \varepsilon_2(k) = 0$ をみたす関数です）。すると

$$\frac{f(x+h, \varphi(x+h)) - f(x+h, \varphi(x))}{h} = \frac{f(x+h, \varphi(x) + \{\varphi'(x) + \varepsilon_1(h)\}h) - f(x+h, \varphi(x))}{h}$$
$$= \frac{1}{h}\left[f(x+h, \varphi(x)) + \left\{\frac{\partial f}{\partial y}(x+h, \varphi(x)) + \varepsilon_2(\{\varphi'(x) + \varepsilon_1(h)\}h)\right\}\right.$$
$$\left. \cdot \{\varphi'(x) + \varepsilon_1(h)\}h - f(x+h, \varphi(x))\right]$$
$$= \left\{\frac{\partial f}{\partial y}(x+h, \varphi(x)) + \varepsilon_2(\{\varphi'(x) + \varepsilon_1(h)\}h)\right\}\{\varphi'(x) + \varepsilon_1(h)\}$$

$$\xrightarrow{h \to 0} \frac{\partial f}{\partial y}(x, \varphi(x))\varphi'(x) \quad (\because \{\varphi'(x) + \varepsilon_1(h)\}h \to 0)$$

となります。以上から、先ほどの公式を得ました。 ∎

[2] 2変数関数の極値

続いて2変数関数の極値について考えますが、高校の数学で扱うような1変数関数 $y = f(x)$ からまずは振り返りましょう。

ある区間での1変数関数 $y = f(x)$ の最大値や最小値を求めるにあたっては、極値が重要でした。そして、その極値を求めるうえでは $f'(a) = 0$ となる $x = a$ に着目しました。関数 $f(x)$ が $x = a$ で極値をとることの必要条件が $f'(a) = 0$ であるからです[1]。

そもそも極値とは、その十分狭い範囲での局所的な最小値・最大値になっていることだといえます。例えば、図2.1のような三次関数では、$x = a, b$ の点は極値となっています。これは丸をつけた狭い範囲ではそれぞれ最大値、最小値になっているからです。なお、関数の定義域全体における最大値や最小値ではないことに注意しましょう。

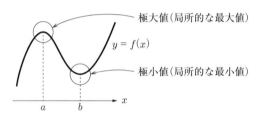

図2.1: 1変数関数の極値

ある領域で定義されている2変数関数 $z = f(x, y)$ でも同じです。そもそも、2変数関数のグラフは xyz 空間内に描くことができますが（図2.2）、その極値とは、十分狭い範囲での局所的な最小値や最大値（くぼみやでっぱり）です。そして、その点では

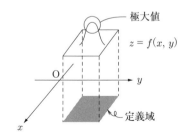

図2.2: 2変数関数の極値

---

[1] なお、これは十分条件であるとは限らないのでした。例えば、関数 $f(x) = x^3$ は $f'(0) = 0$ をみたしますが、$x = 0$ の前後で増加し続けているので極値ではありません。

$\dfrac{\partial f}{\partial x} = \dfrac{\partial f}{\partial y} = 0$ となります。ただし 1 変数の場合と同様、これはあくまでも必要条件にすぎず、十分条件ではありません。

> **定理：2 変数関数の極値**
>
> ある領域 U で定義されている 2 変数関数 $z = f(x, y)$ が、点 (p, q) で極値をもつならば
>
> $$\dfrac{\partial f}{\partial x}(p, q) = \dfrac{\partial f}{\partial y}(p, q) = 0$$
>
> である。

[3] 条件付き極値問題

ところが、今回の問題は、グラフ「$x^2 + xy + y^2 = 6$」という範囲に定義域を制限した 2 変数関数の極値を調べる問題です。このグラフは楕円ですので、曲線という閉集合上での極値を調べることになります。実は、その点では

$$\dfrac{\partial f}{\partial x}(p, q) = \dfrac{\partial f}{\partial y}(p, q) = 0$$

となっているとは限りません。

|例| $f(x, y) = -x + 2$ という 2 変数関数を考えます。$z = f(x, y)$ のグラフは xyz 空間内の平面となります。定義域を xy 平面全体で考えるとこの関数は最大値や最小値をもたず、値域は $\{z \mid z \in \mathbb{R}\}$ となります。そこで、この関数の定義域を $x^2 + y^2 = 1$ をみたす点 (x, y) に限定しましょう。ちょうど竹を斜めに切ったようなグラフになります（図 2.3）。このとき、例えば点 $(-1, 0)$ で最大値をとり、$\dfrac{\partial f}{\partial y}(-1, 0) = 0$ で

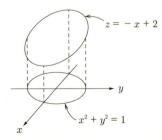

図 2.3: $x^2 + y^2 = 1$ 上の $z = -x + 2$ のグラフ

はありますが、$\frac{\partial f}{\partial x}(-1, 0) = -1 \neq 0$ となっています。

一方で、円 $x^2 + y^2 = 1$ 上の点は $(\cos\theta, \sin\theta)$ というパラメータ表示をもちます。すると、$f(x, y)$ は θ の関数 $g(\theta)$ として

$$g(\theta) = -\cos\theta + 2$$

というように表されます。この表示では、極大値をとる点 $(-1, 0)$ は、パラメータでは $\theta = \pi$ に対応します。$g(\pi)$ は円 $x^2 + y^2 = 1$ 上の最大値、すなわち極大値ですから、θ をわずかに大きくしたり小さくしたりすると、$g(\theta)$ の値は $g(\pi) = 3$ よりは小さくなるはずです。すなわち、$\theta = \pi$ は θ の関数 $g(\theta)$ としての極大値をとる点になっていて、$g'(\theta) = 0$ が成り立ちます。このように、定義域が曲線上に制限された 2 変数関数の極値を考える際には、曲線のパラメータ θ での微分が 0 になることを用いるのです。■

[4] 陰関数定理

さて、その曲線のパラメータの取り方ですが、曲線全体とはいわずとも、曲線の一部であれば、次の陰関数定理を活用するのがよいでしょう。

定理：陰関数定理

関数 $f(x, y)$ が偏微分可能で、偏導関数 f_x, f_y も連続であるとする。このとき、曲線 $f(x, y) = 0$ 上の点 (a, b) で $\frac{\partial f}{\partial y}(a, b) \neq 0$ であるならば、ある微分可能関数 $y = \varphi(x)$ が存在して、$f(x, y) = 0$ は (a, b) の近い範囲で陽関数の形で $y = \varphi(x)$ と表せる。すなわち、$f(x, \varphi(x)) = 0$ である。

この定理の証明はやや難しいので、例で理解しましょう。

例 $g(x, y) = x^2 + y^2 - 1$ とします。$g(x, y) = 0$ は単位円です（図 2.4）。$\frac{\partial g}{\partial y} = 2y$ より、$\frac{\partial g}{\partial y}(0, 1) = 2 \neq 0$ ですので、陰関数定理より $(0, 1)$ の近くでは $g(x, y) = 0$ は $y = \sqrt{1 - x^2}$ と表せます。同様に、$(0, -1)$ の近くでは $y = -\sqrt{1 - x^2}$ と表せます。一方、$\frac{\partial g}{\partial y}(1, 0) = 0$ であるので、$(1, 0)$ の近くでは陽関数では表せません。$(1, 0)$ にどんなに近い点でも、x を指定すると y が二つ定まってしまい、陽関数だとみなすことはできないのです。■

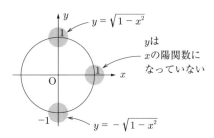

図 2.4: 陰関数の代表例：円の方程式

| 題 材 | 陰関数定理の活用 |

$g(x,y) = x^2 + y^2 - 1$ とし、$g(x,y) = 0$ 上で $f(x,y) = -x + 2$ を考える。陰関数定理の主張は x, y の役割を入れ替えたものも成り立つので、そのことを利用して、$(-1, 0)$ 付近で $g(x,y) = 0$ を y の陽関数として表せ。それを用いて、$f(x,y)$ を y の関数として考察し、$(-1, 0)$ で極大値をとることを確認せよ。

まず、$\dfrac{\partial g}{\partial x} = 2x$ で、$\dfrac{\partial g}{\partial x}(-1, 0) = -2 \neq 0$ ですので、陰関数定理より $(-1, 0)$ の付近では

$$x = -\sqrt{1 - y^2}\,(= \psi(y) \text{ とおく})$$

と表せます。したがって、$(-1, 0)$ 付近では

$$f(x,y) = f(\psi(y), y) = -\psi(y) + 2 = \sqrt{1 - y^2} + 2$$

であり

$$\frac{df(\psi(y), y)}{dy} = -\frac{y}{\sqrt{1 - y^2}}$$

ですから、$y = 0$ で $\dfrac{df(\psi(y), y)}{dy} = 0$ となります。さらにもう 1 回微分すると

$$\frac{d^2 f(\psi(y), y)}{dy^2} = -\frac{1}{(1 - y^2)^{\frac{3}{2}}} < 0$$

となるので、$y = 0$ では極大値であることがわかります。

2.3 ラグランジュの未定乗数法 𝒦

以上の準備を踏まえて、xy 平面上の曲線に定義域を制限した 2 変数関数の極値を求める道具であるラグランジュの未定乗数法を紹介しましょう。

[1] 定理の紹介

定理：ラグランジュの未定乗数法

曲線 $g(x,y) = 0$ は任意の点で $\dfrac{\partial g}{\partial x}, \dfrac{\partial g}{\partial y}$ のいずれかが 0 でないとする。このとき、条件 $g(x,y) = 0$ の下で、$z = f(x,y)$ が点 (a,b) で極値をもつならば、ある実数 λ が存在し、以下の三つのすべてが成り立つ。

$$g(a,b) = 0, \quad \frac{\partial f}{\partial x}(a,b) = \lambda \frac{\partial g}{\partial x}(a,b), \quad \frac{\partial f}{\partial y}(a,b) = \lambda \frac{\partial g}{\partial y}(a,b)$$

早速、証明をします。まず、(a,b) は曲線上の点なので $g(a,b) = 0$ が成り立ちます。さて、点 (a,b) について $\dfrac{\partial g}{\partial x}(a,b) \neq 0$ または $\dfrac{\partial g}{\partial y}(a,b) \neq 0$ が成り立ちます。仮に後者であるとすると、陰関数定理より、点 (a,b) の近くで $g(x, \varphi(x)) = 0$ をみたす関数 $\varphi(x)$ が存在します。このとき、$g(x, \varphi(x))$ の値が常に 0 であることから

$$\left. \frac{dg(x, \varphi(x))}{dx} \right|_{x=a} = 0$$

であるので、chain rule より

$$\frac{\partial g}{\partial x}(a, \varphi(a)) + \frac{\partial g}{\partial y}(a, \varphi(a)) \cdot \varphi'(a) = 0 \quad \text{ゆえに} \quad \varphi'(a) = -\frac{g_x(a,b)}{g_y(a,b)}$$

です（$b = \varphi(a)$ に注意）。一方、$f(x, \varphi(x))$ が $x = a$ で極値をもつので

$$\left. \frac{df(x, \varphi(x))}{dx} \right|_{x=a} = 0$$

でもあるので

$$\frac{\partial f}{\partial x}(a, \varphi(a)) + \frac{\partial f}{\partial y}(a, \varphi(a)) \cdot \varphi'(a) = 0$$

ゆえに $\quad f_x(a,b) - f_y(a,b) \cdot \dfrac{g_x(a,b)}{g_y(a,b)} = 0 \quad \cdots ①$

です。ここで、$\dfrac{f_y(a,b)}{g_y(a,b)} = \lambda$ としましょう。すると、① より $\dfrac{\partial f}{\partial x}(a,b) = \lambda \dfrac{\partial g}{\partial x}(a,b)$ が成り立ちます。また、λ の定義から $\dfrac{\partial f}{\partial y}(a,b) = \lambda \dfrac{\partial g}{\partial y}(a,b)$ です。$\dfrac{\partial g}{\partial x}(a,b) \neq 0$ の場合

も同様に証明することができます。　　　　　　　　　　　　　　　　■

[2] ラグランジュの未定乗数法を用いて問題を解決

それでは、ラグランジュの未定乗数法を用いて冒頭の問題を解いてみましょう。
$f(x,y) = x^2y + xy^2 - x^2 - 2xy - y^2 + x + y, g(x,y) = x^2 + xy + y^2 - 6$ として適用します。

点 (a,b) で極値をもつならば、三つの式

$$a^2 + ab + b^2 = 6 \quad \cdots ①$$
$$2ab + b^2 - 2a - 2b + 1 = \lambda(2a + b) \quad \cdots ②$$
$$2ab + a^2 - 2a - 2b + 1 = \lambda(a + 2b) \quad \cdots ③$$

が成り立つような λ が存在します。② − ③ より

$$b^2 - a^2 = \lambda(a - b) \quad \text{すなわち} \quad (b+a)(b-a) = \lambda(a-b)$$

であるので、$a - b = 0$ または $a + b = -\lambda$ です。
$a - b = 0$ のとき $a = b$ を①に代入すると、$3a^2 = 6$ となって、$a = \pm\sqrt{2}$ を得ます。したがって、$(a,b) = (\pm\sqrt{2}, \pm\sqrt{2})$ であるのですが

$$f(a,b) = \pm 6\sqrt{2} - 8$$

となります（複号同順）。

$a + b = -\lambda$ のとき、①より $(a+b)^2 - ab = 6$ であるので、$ab = \lambda^2 - 6$ となります。② + ③ より

$$4ab + a^2 + b^2 - 4(a+b) + 2 = 3\lambda(a+b) \text{ より}$$
$$3(\lambda^2 - 6) + 6 + 4\lambda + 2 = -3\lambda^2 \text{ ゆえ}$$
$$\text{すなわち} \quad 6\lambda^2 + 4\lambda - 10 = 0$$
$$\lambda = -\frac{5}{3}, 1$$

です。

(i) $\lambda = -\dfrac{5}{3}$ のとき、$a + b = \dfrac{5}{3}, ab = -\dfrac{29}{9}$ であるので、a, b は $9t^2 - 15t - 29 = 0$ の2解であり、このような実数の組 (a,b) は存在します。このとき

$$f(a,b) = ab(a+b) - (a+b)^2 + a + b = -\lambda^3 - \lambda^2 + 5\lambda = -\frac{175}{27}$$

です。

(ii) $\lambda = 1$ のとき、$a+b = -1, ab = -5$ であるので、a, b は $t^2 + t - 5 = 0$ の 2 解であり、このような実数の組 (a, b) は存在します。このとき

$$f(a, b) = -\lambda^3 - \lambda^2 + 5\lambda = 3$$

です。

楕円周上で定義された連続関数の最大値・最小値は極値です[2]。極値の候補は $\pm 6\sqrt{2} - 8$, $-\dfrac{175}{27}, 3$ の四つであるので、この中での最大値と最小値が $f(x, y)$ の最大値と最小値であり、最大値 3、最小値 $-6\sqrt{2} - 8$ です。連続性にも注意すると、$f(x, y)$ の取りうる値の範囲は、$-6\sqrt{2} - 8 \leq f(x, y) \leq 3$ です。

2.4 未定乗数法の応用例：懸垂曲線 $\mathcal{H}$

さて、せっかく古賀さんが未定乗数法について紹介してくださったので、他の応用例が気になるところです。私は物理学科出身なので、物理での例を考えてみます。

題材 ぶら下げた紐の形は？

長さ L、線密度 ρ の紐がある。座標平面（x 軸が水平方向、y 軸が鉛直方向）の 2 点 $\mathrm{P}_1(x_1, y_1), \mathrm{P}_2(x_2, y_2)$ を端点としてこの紐をぶら下げた場合、紐が描く曲線の方程式はどうなるだろうか。なお、一様な重力場を仮定し、その重力加速度を g とせよ。

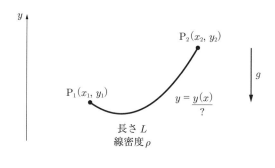

---

[2] 本当はこれも難しいですが、ある区間上で定義された連続な 1 変数関数も、最大値や最小値は極値か端点でとるのでした。それと同様に、楕円周上で定義された関数も、端点か極値で最大値や最小値をとるのですが、楕円は端点がない囲まれた曲線である（閉曲線）ので、極値でしか最大値や最小値をとりえません。

以下、垂れ下がった紐を x の関数 $y(x)$ のグラフと捉え、この y を決定します[3]。

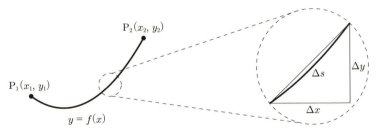

図 2.5: 微小部分にかかる重力

ここで、紐の微小部分が受ける重力を調べます。この部分の長さを Δs とし、これに対応する x の微小幅を Δx、y の微小幅を Δy としましょう。すると、微小部分を直角三角形の斜辺に近似することで

$$(\Delta s)^2 \fallingdotseq (\Delta x)^2 + (\Delta y)^2$$

が成り立ちます。また、関数 $f(x)$ のこの微小部分での増加率を一定とみなせば

$$\Delta y \fallingdotseq y' \Delta x$$

とわかります。以上より、微小部分の長さ Δs は次のように近似できます。

$$\Delta s = \sqrt{(\Delta x)^2 + (y' \Delta x)^2} = \sqrt{1 + y'^2}\, \Delta x$$

計算を進めるために、"$\fallingdotseq$" ではなく "$=$" としてしまいました[4]。よって、この部分がもつ重力による位置エネルギーの大きさ（Δu とします）は次のようになります。

$$\Delta u = (微小部分の質量) \cdot (重力加速度) \cdot (微小部分の高さ)$$
$$= \rho \Delta s \cdot g \cdot y$$
$$= \rho g \sqrt{1 + y'^2}\, y\, \Delta x$$

あとは、これを区間 $[x_1, x_2]$ で積分することで、重力による位置エネルギーの総和（u とします）が計算できます。

---

[3] 紐の形状を決定する方法は様々あります。これから扱うもの以外の方法は、例えば "詳解 力学演習"（後藤憲一、山本邦夫、神吉健 共編、共立出版、2023 年）やブログ "カテナリー曲線の変分法による導出【ラグランジュの未定乗数法】【変分法】"（高校物理からはじめる工学部の物理学、閲覧日：2024 年 5 月 14 日）、"ラグランジュ未定乗数法 実現可能な状態：解析力学とのつながり"（宇宙に入ったカマキリ、閲覧日：2024 年 5 月 14 日）などに載っています。
[4] この後も同様に、途中で $\fallingdotseq$ をやめて $=$ にしてしまう箇所があります。

2.4 未定乗数法の応用例：懸垂曲線

$$u = \int_{x_1}^{x_2} \sqrt{1+y'^2}\, y\, dx$$

なお、線密度 ρ および重力加速度 g は位置によらない定数なので、以下これを省いて考えます。したがって、上式においても ρ, g は書いてありません。

さて、この位置エネルギー u はいわば "関数 y の関数" ですね[5]。そこで、以下これを $u[y]$ と表すことにします。紐が安定する（静止する）のは、この $u[y]$ が極小となるときであると考えられますね。つまり、y をいろいろ動かしたときの $u[y]$ の極小値を知りたいのです。

"これのどこが未定乗数法と関係しているの？" と思うかもしれませんが、ここで拘束条件が登場します。先ほどの設定によると、紐の長さは L で固定されているのでした。つまり、関数 $y(x)$ には

$$\int_{x_1}^{x_2} \sqrt{1+y'^2}\, dx = L$$

という拘束条件がついているのです。そこで

$$h[y] := L - \int_{x_1}^{x_2} \sqrt{1+y'^2}\, dx$$

という関数を定めます。すると、紐の長さに関する拘束条件は $h[y] = 0$ と表せます。この下での $u[y]$ の極小値が、いま求めたいものです。

拘束条件が x ではなく y で書かれていますが、未定乗数法の考えをここでも応用できます。

まず、関数 y を少し "ズラす" ことを考えましょう。すなわち、微小な値しかとらない x の関数 δy を用意し、y を $y+\delta y$ に変えてみるのです。そして、このときの $h[y]$, $u[y]$ のズレを各々 δh, δu としましょう。未定乗数法の考えを応用すると、拘束条件 $h[y] = 0$ の下で

$$\delta u + \lambda \cdot \delta h = 0 \quad \text{（古賀さんの説明中の式から移項した形です）}$$

を y について解けば、u の極小点を求められそうです（なお、λ の前の符号はこのようにプラスにしても問題ありません）。

そのためには δh, δu を求める必要があります。まず δh は

$$\delta h = h[y+\delta y] - h[y] = -\int_{x_1}^{x_2} \sqrt{1+(y'+\delta y')^2}\, dx + \int_{x_1}^{x_2} \sqrt{1+y'^2}\, dx$$

---

[5] このようなものを汎関数 (functional) といいます。

となるわけですが（ここで $\delta y' = (\delta y)'$ と表しています）、$\int_{x_1}^{x_2} \sqrt{1 + (y' + \delta y')^2}\, dx$ をどう計算すればよいか、よくわかりませんね。

そこで、のちの章にも登場するテイラー展開を用います。まず、$H(t) := \sqrt{1 + t^2}$ という関数を定義すると、$h[y]$ は

$$h[y] = L - \int_{x_1}^{x_2} H\left(y'\right)\, dx$$

と書くことができます。δh には $\delta y, \delta y'$ の一次の項までが影響すると考え

$$H\left(y' + \delta y'\right) \fallingdotseq H\left(y'\right) + H'\left(y'\right) \delta y' = \sqrt{1 + y'^2} + \frac{y'}{\sqrt{1 + y'^2}} \delta y'$$

と近似してしまいましょう。すると

$$\begin{aligned}
\delta h &= h[y + \delta y] - h[y] \\
&\fallingdotseq -\int_{x_1}^{x_2} \left(\sqrt{1 + y'^2} + \frac{y'}{\sqrt{1 + y'^2}} \delta y' \right) dx + \int_{x_1}^{x_2} \sqrt{1 + y'^2}\, dx \\
&= -\int_{x_1}^{x_2} \frac{y'}{\sqrt{1 + y'^2}} \delta y'\, dx
\end{aligned}$$

がしたがいます。そして、最後の積分は

$$\begin{aligned}
-\int_{x_1}^{x_2} \frac{y'}{\sqrt{1 + y'^2}} \delta y'\, dx &= -\left[\frac{y'}{\sqrt{1 + y'^2}} \delta y \right]_{x_1}^{x_2} + \int_{x_1}^{x_2} \left(\frac{y'}{\sqrt{1 + y'^2}} \right)' \delta y\, dx \\
&= \int_{x_1}^{x_2} \left(\frac{y'}{\sqrt{1 + y'^2}} \right)' \delta y\, dx
\end{aligned}$$

と変形できます。ただし、$\delta y(x_1) = 0 = \delta y(x_2)$ を用いました（これは、紐の両端を固定していることよりしたがいます）。以上より

$$\delta h = \int_{x_1}^{x_2} \left(\frac{y'}{\sqrt{1 + y'^2}} \right)' \delta y\, dx$$

とわかりましたね。

δu もおおよそ同様に計算できます。まず、先ほどのようにテイラー展開を用いると

$$u[y + \delta y] \fallingdotseq \int_{x_1}^{x_2} \left(\sqrt{1 + y'^2}\, y + \frac{y' y}{\sqrt{1 + y'^2}} \delta y' + \sqrt{1 + y'^2} \delta y \right) dx$$

2.4 未定乗数法の応用例：懸垂曲線

となります。これを用いると

$$\delta u \fallingdotseq (u[y+\delta y] - u[y])$$
$$= \int_{x_1}^{x_2} \left(\sqrt{1+y'^2}\, y + \frac{y'y}{\sqrt{1+y'^2}}\delta y' + \sqrt{1+y'^2}\delta y \right) dx - \int_{x_1}^{x_2} \sqrt{1+y'^2}\, y \, dx$$
$$= \int_{x_1}^{x_2} \left(\frac{y'y}{\sqrt{1+y'^2}}\delta y' + \sqrt{1+y'^2}\delta y \right) dx$$

と変形できます。ここで

$$\int_{x_1}^{x_2} \frac{y'y}{\sqrt{1+y'^2}} \delta y' \, dx = \left[\frac{y'y}{\sqrt{1+y'^2}} \delta y \right]_{x_1}^{x_2} - \int_{x_1}^{x_2} \left(\frac{y'y}{\sqrt{1+y'^2}} \right)' \delta y \, dx$$
$$= - \int_{x_1}^{x_2} \left(\frac{y'y}{\sqrt{1+y'^2}} \right)' \delta y \, dx$$

ですから、結局 δu は次のようになります。

$$\delta u = \int_{x_1}^{x_2} \left\{ \sqrt{1+y'^2} - \left(\frac{y'y}{\sqrt{1+y'^2}} \right)' \right\} \delta y \, dx$$

以上より、$\delta u + \lambda \cdot \delta h = 0$ の左辺は

$$\delta u + \lambda \cdot \delta h \fallingdotseq \int_{x_1}^{x_2} \left\{ \sqrt{1+y'^2} - \left(\frac{y'y}{\sqrt{1+y'^2}} \right)' \right\} \delta y \, dx + \lambda \int_{x_1}^{x_2} \left(\frac{y'}{\sqrt{1+y'^2}} \right)' \delta y \, dx$$
$$= \int_{x_1}^{x_2} \left\{ \sqrt{1+y'^2} - \left(\frac{y'y}{\sqrt{1+y'^2}} \right)' + \lambda \left(\frac{y'}{\sqrt{1+y'^2}} \right)' \right\} \delta y \, dx$$

と書き下すことができます。

さて、$\delta u + \lambda \cdot \delta h = 0$ があらゆる δy に対して成り立つことから、δy の"係数"、つまり上式最右辺の { } 内が関数として 0 となるような y が $u[y]$ の停留点になります。そこで、y についての微分方程式

$$\sqrt{1+y'^2} - \left(\frac{y'y}{\sqrt{1+y'^2}} \right)' + \lambda \left(\frac{y'}{\sqrt{1+y'^2}} \right)' = 0$$

を考えます。かなり頑張って左辺を計算すると

$$(\text{上式の左辺}) = \sqrt{1+y'^2} - \frac{yy''+y'^4+y'^2}{\left(\left(\sqrt{1+y'^2}\right)^3\right)} + \lambda \cdot \frac{y''}{\left(\left(\sqrt{1+y'^2}\right)^3\right)}$$

$$\therefore (\text{上式の左辺}) \cdot \left(\sqrt{1+y'^2}\right)^3 = \left(1+y'^2\right)^2 - \left(yy''+y'^4+y'^2\right) + \lambda y''$$
$$= 1 + y'^2 - yy'' + \lambda y''$$

となります。つまり $u[y]$ を極小にするような y の条件は

$$1 + y'^2 - yy'' + \lambda y'' = 0 \quad \cdots (*)$$

であり、あとはこれを解くだけです。ここで $z := y'$ と定めます。このとき

$$\frac{d}{dx} = \frac{dy}{dx}\frac{d}{dy} = z\frac{d}{dy} \qquad \therefore y'' = \frac{d}{dx}y' = \frac{dz}{dx} = z\frac{dz}{dy}$$

であることにも注意すると、$(*)$ は

$$1 + y'^2 = y''(y - \lambda)$$
$$1 + z^2 = z\frac{dz}{dy}(y - \lambda)$$
$$\therefore \frac{dy}{y-\lambda} = \frac{z\,dz}{1+z^2}$$

と書き換えられます。最後の式の両辺は次のように積分できますね。

$$\int \frac{dy}{y-\lambda} = \int \frac{z\,dz}{1+z^2}$$
$$\log|y-\lambda| = \frac{1}{2}\log\left(1+z^2\right) + \text{const.}$$
$$\therefore y - \lambda = C\sqrt{1+z^2} \quad (C \text{ は任意定数})$$

この式の右辺には $z\,(=y')$ が残ってしまっているので、最後にもうひと踏ん張り必要です。$C \neq 0$ の場合を考え、得られた式の両辺を 2 乗すると

$$\frac{(y-\lambda)^2}{C^2} = 1 + z^2 \qquad \therefore z = y' = \pm\sqrt{\frac{(y-\lambda)^2}{C^2} - 1}$$

となります。よって、先ほど同様に変数を分離できます。

$$\frac{dy}{dx} = \pm\sqrt{\frac{(y-\lambda)^2}{C^2} - 1} \qquad \therefore \frac{dy}{\sqrt{\frac{(y-\lambda)^2}{C^2} - 1}} = \pm dx$$

ここで $Y := \dfrac{y-\lambda}{C}$ と定めることで

$$\frac{C\,dY}{\sqrt{Y^2-1}} = \pm dx \qquad \therefore C\log\left|Y+\sqrt{Y^2-1}\right| = \pm x + D \qquad (D \text{ は任意定数})$$

となります。Y の関数 $\log\left|Y+\sqrt{Y^2-1}\right|$ は双曲線関数 $\cosh$ の逆関数の形なので（定数倍や定数シフトは気にしないことにすると）、位置エネルギーが極小となる紐の形状は双曲線関数のグラフと同じになることがわかりました。冒頭の問題と異なり、未定乗数 λ が任意定数として紐の関数形に残っているのが面白いですね。

第 2 章を終えて

$\mathcal{H}$：関数の極値問題というと、導関数を計算して増減表を書いて……というのを高校数学ではよくやります。でも、本章で扱ったのはそれとはだいぶ異なるものでしたね。

$\mathcal{K}$：そもそも冒頭の問題で扱ったのは x, y という 2 変数の関数であり、しかも $x^2 + xy + y^2 = 6$ という拘束条件がついていました。こうなると、1 変数関数の微分のように一つの方向のみの微分を考えても解決に至らないんです。

$\mathcal{H}$：$x^2 + xy + y^2 = 6$ というのは傾いた楕円の方程式ですが、楕円に沿って偏微分するというのは簡単ではなさそうです。多変数だと、こんな具合で "方向" 的なのが絡んでくるのが厄介ですね。高校数学の範囲で解決しようとすると、冒頭のようにやや技巧的になってしまいました。

$\mathcal{K}$：そこで未定乗数法が活躍したわけです。ただでさえ $x^2y + xy^2 - x^2 - 2xy - y^2 + x + y$ という面倒な見た目の関数ですが、これに $-\lambda\left(x^2 + xy + y^2 - 6\right)$ という項を加えて偏微分することで、"楕円 $x^2 + xy + y^2 = 6$ 上の点 (x, y) で考える" という前提を偏微分に関する連立方程式に織り込めるというわけです。

$\mathcal{H}$：拘束条件の処理を一旦後回しにする。でもそれでうまくいく。というのが斬新で面白かったです。

$\mathcal{K}$：第 2 章は私が先導させてもらいました。一旦私は休憩して、今度は林さんに引っ張ってもらいましょうかね。

$\mathcal{H}$：了解です！ 第 3 章では複素数平面の問題を題材に、"流れ" についてお話しします。

第3章
"流れ"を調べる変換

　高校生の頃はあまり想像できなかったのですが、大学の物理では複素数がたくさん登場します。特に電磁気学・量子力学あたりは複素数の登場がもはや不可避です。でも、それ以外にも複素数が活躍する場面はあります。

3.1　一見ただの複素数の問題だが…… $\mathcal{H}$

　まずは次の問題をご覧ください。物理の話が絡んでくるのはだいぶ先なので、一旦問題の解決に集中しましょう。

題材　2017 年 理系数学 第 1 問

w を 0 でない複素数、x, y を $w + \dfrac{1}{w} = x + yi$ をみたす実数とする。

(1) 実数 R は $R > 1$ をみたす定数とする。w が絶対値 R の複素数全体を動くとき、xy 平面上の点 (x, y) の軌跡を求めよ。

(2) 実数 α は $0 < \alpha < \dfrac{\pi}{2}$ をみたす定数とする。w が偏角 α の複素数全体を動くとき、xy 平面上の点 (x, y) の軌跡を求めよ。

---

[1] 複素指数関数の導入

問題を攻略する前に、本章で重要となる知識をご紹介します。

定義：複素指数関数

実数 θ に対し[1]、$e^{i\theta}$ を次式により定める。

$$e^{i\theta} = \cos\theta + i\sin\theta$$

上のように定義すると

---
[1]　$e^{i\theta}$ は θ が実数でなくても一般に定義できますが、ここでは $\theta \in \mathbb{R}$ でこと足りるため、このように制限しています。

$$\left|e^{i\theta}\right| = \sqrt{\cos^2\theta + \sin^2\theta} = 1, \quad \arg\left(e^{i\theta}\right) = \theta$$

が成り立ちます。つまり、複素数平面において点 $e^{i\theta}$ は単位円上にあり、その偏角は θ そのものとなるのです[2]。

[2] (1) まずは平凡に解決

では、複素指数関数を適宜活用しつつ、冒頭の問題を (1) から攻略していきましょう。$f(w) := w + \dfrac{1}{w}$ と定めます。w の動く範囲を C_1、求める軌跡を C_2 とすると

$$C_1 = \left\{w \mid \exists \theta \in [0, 2\pi), w = Re^{i\theta}\right\}, \quad C_2 = f(C_1)$$

となります。ここで

$$f\left(Re^{i\theta}\right) = Re^{i\theta} + \frac{1}{Re^{i\theta}} = Re^{i\theta} + \frac{1}{R}e^{-i\theta}$$

$$\therefore \begin{cases} x = \left(Re^{i\theta} + \dfrac{1}{R}e^{-i\theta} \text{ の実部}\right) = \left(R + \dfrac{1}{R}\right)\cos\theta \\ y = \left(Re^{i\theta} + \dfrac{1}{R}e^{-i\theta} \text{ の虚部}\right) = \left(R - \dfrac{1}{R}\right)\sin\theta \end{cases}$$

なので、C_2 は長軸の長さ $R + \dfrac{1}{R}$、短軸の長さ $R - \dfrac{1}{R}$ の楕円 (中心は原点) を描きます。

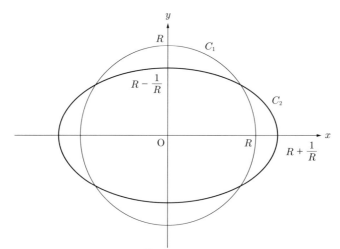

図 3.1: w の動く範囲 C_1 と、$w + \dfrac{1}{w}$ の動く範囲 C_2。ここでは $R = 2$ としている。

---

2 ただし、偏角において 2π の整数倍のズレは気にしていません。

[3] (2) 実部と虚部の関係から軌跡を求める

次は (2) です。w の動く範囲を C_3、求める軌跡を C_4 とすると

$$C_3 = \{w \mid \exists t \in (0, \infty), w = te^{i\alpha}\}, \quad C_4 = f(C_3)$$

となります（$(0, \infty)$ は正実数全体の集合）。ここで

$$f\left(te^{i\alpha}\right) = te^{i\alpha} + \frac{1}{te^{i\alpha}} = te^{i\alpha} + \frac{1}{t}e^{-i\alpha}$$

$$\therefore \begin{cases} x = \left(te^{i\alpha} + \dfrac{1}{t}e^{-i\alpha}\ \text{の実部}\right) = \left(t + \dfrac{1}{t}\right)\cos\alpha \\ y = \left(te^{i\alpha} + \dfrac{1}{t}e^{-i\alpha}\ \text{の虚部}\right) = \left(t - \dfrac{1}{t}\right)\sin\alpha \end{cases}$$

なので

$$\frac{x^2}{\cos^2\alpha} - \frac{y^2}{\sin^2\alpha} = \left(t + \frac{1}{t}\right)^2 - \left(t - \frac{1}{t}\right)^2 = 4$$

が成り立ち、C_4 は双曲線 $\dfrac{x^2}{(2\cos\alpha)^2} - \dfrac{y^2}{(2\sin\alpha)^2} = 1$ の部分集合であるとわかります。

あとは、この双曲線のどの部分が求める軌跡 C_4 になるのか決定すれば本問は解決です。いま $t > 0$ より $x > 0$ が必要です。そして y は t についての連続関数であり、これと

$$\lim_{t \to \infty}\left(t - \frac{1}{t}\right) = \infty, \quad \lim_{t \to +0}\left(t - \frac{1}{t}\right) = -\infty$$

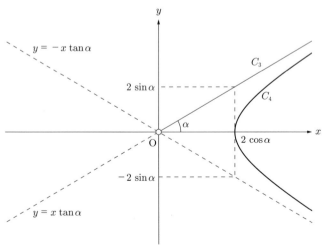

図 3.2: w の動く範囲 (C_3) と、$w + \dfrac{1}{w}$ の動く範囲 (C_4)。ここでは $\alpha = \dfrac{\pi}{6}$ としている。

より y の変域は実数全体です。以上をまとめると
- 点 $f(w)\,(= x+yi)$ は双曲線 $\dfrac{x^2}{(2\cos\alpha)^2} - \dfrac{y^2}{(2\sin\alpha)^2} = 1$ 上にある
- $x > 0$ である。つまり点 $f(w)$ は虚軸より "右側" にある
- y は実数全体を動く

がいずれもいえ、$f(w)$ の動く範囲 C_4 はこの双曲線の "右半分" であるとわかります。

これで冒頭の問題は攻略完了ですね。でも、この $f: w \mapsto w + \dfrac{1}{w}$ という写像にはとある興味深い性質があるんです。次はそれについてご紹介しましょう（といっても、説明は古賀さんにお願いするのですが）。

3.2 等角写像 🍀

さて、角度を保つような特別な複素関数（入出力がともに複素数である関数）を考えます。

> **定義：等角写像**
>
> $f(z)$ を複素関数とし、点 z_0 を固定する。$w_0 = f(z_0)$ とし、また z_0 を通る滑らかな曲線 C_1, C_2 に対して、C_1, C_2 の f による像の曲線をそれぞれ D_1, D_2 とする。
>
> どのように曲線 C_1, C_2 をとっても、z_0 における C_1 と C_2 のなす角と w_0 における D_1 と D_2 のなす角が等しいとき、$f(z)$ は $z = z_0$ で **等角性**をもつという。
>
>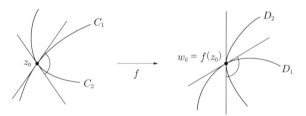
>
> 図 3.3: z_0 における等角性

ここで、z_0 における 2 曲線のなす角とは、図 3.3 のように z_0 における 2 曲線の接線のなす角として考えます。等角性をもつ関数の具体例としては、次のような十分条件をみたすものを考えるとよいでしょう。

第 3 章 "流れ"を調べる変換

定理：等角性の条件

$f(z)$ が正則で、$f'(z_0) \neq 0$ であるならば、$f(z)$ は $z = z_0$ で等角性をもつ。

複素関数が正則であるとは、定義域の任意の点で微分可能であることをいいます。

この定理を証明しましょう。z_0 とは異なる C_1, C_2 上の点をそれぞれ z_1, z_2 とし、$w_1 = f(z_1), w_2 = f(z_2)$ とします。以下 lim はすべて $z_1 \to z_0, z_2 \to z_0$ で考えます。$f(z)$ が正則であることと微分の定義から

$$\lim \frac{w_1 - w_0}{z_1 - z_0} = \lim \frac{w_2 - w_0}{z_2 - z_0} = f'(z_0)$$

なので（$f'(z_0) \neq 0$ に注意して）

$$\lim \frac{\frac{w_2 - w_0}{z_2 - z_0}}{\frac{w_1 - w_0}{z_1 - z_0}} = \lim \frac{\frac{w_2 - w_0}{z_2 - z_0}}{\frac{w_1 - w_0}{z_1 - z_0}} = \frac{\lim \frac{w_2 - w_0}{z_2 - z_0}}{\lim \frac{w_1 - w_0}{z_1 - z_0}} = \frac{f'(z_0)}{f'(z_0)} = 1$$

です。したがって

$$\lim \frac{w_2 - w_0}{w_1 - w_0} = \lim \frac{z_2 - z_0}{z_1 - z_0}$$

です。偏角を取り出すと

$$\arg \lim \frac{z_2 - z_0}{z_1 - z_0} = \arg \lim \frac{w_2 - w_0}{w_1 - w_0}$$

がしたがいます。左辺と右辺は各々 z_0 における C_1, C_2 のなす角と、w_0 における D_1, D_2 のなす角を表すので主張は示されました。∎

$f(z)$ がある領域 D のすべての点で等角性をもつとき、$f(z)$ は D 上の**等角写像**であるといいます。

|例| 例えば、$f(z) = z^2$ を考えます。$f'(z) = 2z$ であるので、$z \neq 0$ である点では $f(z)$ は等角性をもちます。この写像を可視化してみましょう。複素数平面上で図 3.4 左のように格子をひき、これらを $f(z)$ で送ると右のようになります（それぞれの線は放物線です）。これらの格子の線が局所的に直交しているという性質は変わっていません。∎

3.3 ジューコフスキー変換 🄚

a を正の定数として、$f(z) = z + \dfrac{a^2}{z}$ を**ジューコフスキー変換**といいます。冒頭の問題は、まさに $a = 1$ の場合のジューコフスキー変換を扱ったものです。

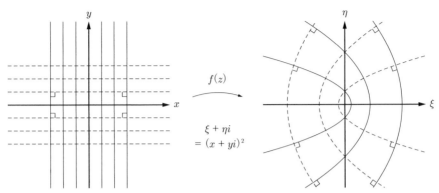

図 3.4: $f(z) := z^2$ という写像により、左図の格子は右図のように変形する。しかし f には等角性があるため、もともと格子をなしていた曲線たちはやはり直交する。

$f'(z) = 1 - \dfrac{a^2}{z^2}$ であるので、3 点 $z = 0, \pm a$ を除いた領域でジューコフスキー変換は等角写像となります。

円をジューコフスキー変換によって変換したときの具体的な軌跡を考えましょう。ここでは便宜上 $a = 1$ とし、$f(z) = x + iy$ と表します。

[1]　円の中心が原点のとき

まず、z が原点中心で半径 R $(R > 0, R \neq 1)$ の円 $|z| = R$ を動くとき、$f(z)$ は図 3.5 左のように楕円 $\dfrac{x^2}{\left(R + \dfrac{1}{R}\right)^2} + \dfrac{y^2}{\left(R - \dfrac{1}{R}\right)^2} = 1$ となります。

また、z が原点中心の半径 1 の円 $|z| = 1$ を動くとき、$f(z)$ の軌跡は図 3.5 右のように線分になります。このことを確認しましょう。$z = e^{i\theta}$ $(\theta \in \mathbb{R})$ とおくと

$$f(z) = e^{i\theta} + \dfrac{1}{e^{i\theta}} = e^{i\theta} + e^{-i\theta} = 2\cos\theta$$

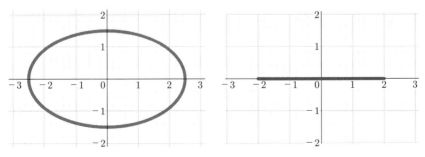

図 3.5: 左：$R \neq 1$ のとき、右：$R = 1$ のとき

であるので、$x = 2\cos\theta, y = 0$ です。$\cos\theta$ が $-1 \leq \cos\theta \leq 1$ の範囲を動くので、$f(z)$ の軌跡は、実軸上の $-2 \leq x \leq 2$ の部分となることがわかります。

[2] 円の中心が虚軸上のとき

次に、円の中心が原点でないときを考えましょう。円の中心が虚軸上にあるとします。z が qi 中心で半径 1 の円 $|z - qi| = 1$ を動くときを考えましょう。

手計算では難しいので、以下にシミュレーション図 3.6 を載せます（$q = 0.5, 1, 1.5$ の場合）。さまざまな形になることがわかります。

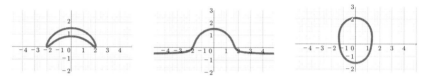

図 3.6: 左から順に $q = 0.5, 1, 1.5$ のとき

[3] 円の中心が任意のとき

さらに、中心が $0.1 + 0.2i$ で半径が $\sqrt{0.85}$ の円を考えると軌跡は以下の図 3.7 のような図形になります。なお、この数値は円が点 $1 + 0i$ を通るように調整してあります。一定の条件をみたすこのような図形は、翼のような形をしていることからジューコフスキー翼といいます。

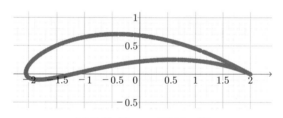

図 3.7: ジューコフスキー翼

このジューコフスキー翼はまさに、飛行機の翼のモデルです。この後、応用的な側面を林さんにお話ししてもらうことにしましょう。

3.4 ジューコフスキー変換で "流れ" を求める 𝓗

というわけで、物理における応用例をご紹介します。

3.4 ジューコフスキー変換で"流れ"を求める

| 題 材 | 円柱の周りの流れは？ |

図 3.8 のように、z 平面に半径 $a (> 0)$ の円筒が置かれている。ここに、x 軸に沿って x 軸負方向の十分遠くから、速さ u_0 の非圧縮性流体の流れを加える。このとき、円筒付近における流線（速度ベクトルをなめらかにつないだもの）はどうなるか？

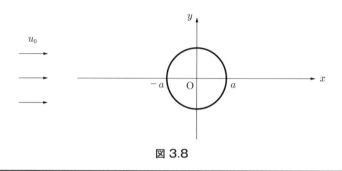

図 3.8

一般に、流体を手計算で扱うのはかなり難しいのですが、こうしたシンプルな系であれば、ジューコフスキー変換を活用することで流れを求めることができます。

[1] 円筒の形状を変換

z 平面で原点を中心に置かれた半径 a の円がなるべくシンプルな形になるよう変形することを考えます。そこで、ここでは

$$f(z) = z + \frac{a^2}{z}$$

とし、$\zeta = f(z)$ という変換を考えましょう。

円周上の点は、ある $\theta \in [0, 2\pi)$ を用いて $z = ae^{i\theta}$ と表されます。そして

$$f\left(ae^{i\theta}\right) = ae^{i\theta} + \frac{a^2}{ae^{i\theta}} = ae^{i\theta} + ae^{-i\theta} = 2a\cos\theta$$

となります。よって、z 平面における円筒は、ζ 平面では図 3.9 のような平板になるのです。これは図 3.5 の $R = 1$ の場合と同じですね。

[2] 流線を逆変換する

ζ 平面においても、実軸負方向の十分遠くから速さ u_0 の流れを加えることを考えましょう。この平面における変換後の図形は厚みのない平板ですから、流体は障害物の影響を何ら受けずそのまま実軸正方向に進んでいきます。つまり、ζ 平面における流線は

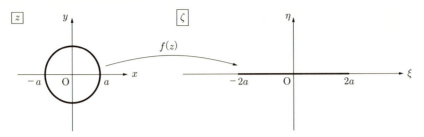

図 3.9: 関数 $f(z)$ により、円は線分に変換される。

$$(\zeta の虚部) = \text{const.}$$

という方程式で表されますね。

ここで、z 平面における流線と ζ 平面における流線の対応について考えます。例えば z 平面にある円筒の表面付近において、流体は円筒表面に平行に流れます。円筒の中に流体が入り込んだり、逆に円筒から流体が流れ出したりはしないからです。一方、ζ 平面においても平板と流線はやはり平行になっています。円筒は写像 $f(z)$ によって平板に変換されたわけですが、これらの図形と流線がなす角度は保たれているのです。

実は、ζ 平面における流体の流線たちは、z 平面におけるそれらを等角写像 $f(z)$ により変換したものになっています（だいぶ飛躍がありますが、これは認めてしまいます）。さきほど得られた ζ 平面における流線を逆変換すれば、z 平面における流線になるというわけです。z, ζ の間には $\zeta = z + \dfrac{a^2}{z}$ という関係がありましたから、z 平面での流線は

$$\left(z + \frac{a^2}{z} の虚部\right) = \text{const.}$$

という方程式で表されます。いま

$$\left(z + \frac{a^2}{z} の虚部\right) = y - \frac{a^2 y}{x^2 + y^2}$$

ですから、z 平面における流線の方程式は、定数 C を用いて

$$y - \frac{a^2 y}{x^2 + y^2} = C$$

となるのです。C をいろいろ変えて流線を描いてみると、図 3.10 のようになります。流線として物理的に妥当そうな曲線が得られましたね。

ジューコフスキー変換を用いることで、円筒の周りの流れを調べられました。なお、こんどはその流れを変換することで、図 3.7 にあるジューコフスキー翼の周りの流れを調

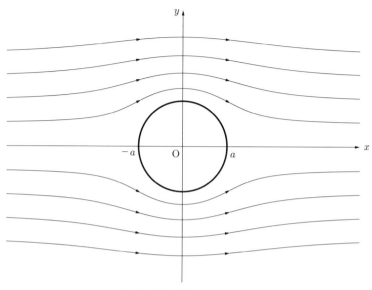

図 3.10: 円筒の周りの流線

べることもできます。というのも、この翼は円をジューコフスキー変換することで得られたものだからです。このように、等角写像を活用することで様々な物体の周りの流れを調べることができます。

3.5　そのほかの応用例：二つの曲線がなす角 $\mathcal{H}$

物理の問題を扱いましたが、等角写像の知識を京大の入試問題でも活用してみましょう。

題材　2014 年 理系数学 第 6 問

双曲線 $y = \dfrac{1}{x}$ の第 1 象限にある部分と、原点 O を中心とする円の第 1 象限にある部分を、それぞれ C_1, C_2 とする。C_1 と C_2 は二つの異なる点 A, B で交わり、点 A における C_1 の接線 l と線分 OA のなす角は $\dfrac{\pi}{6}$ であるとする。このとき、C_1 と C_2 で囲まれる図形の面積を求めよ。

曲線 C_1, C_2 などを図示すると図 3.11 のようになります。l と線分 OA のなす角が $\dfrac{\pi}{6}$ であるという条件が少々面倒なのですが、等角写像を用いれば、これもスマートに解決できます。なお、以下は C_1, C_2 の 2 交点のうち、x 座標が大きい方を A とします。

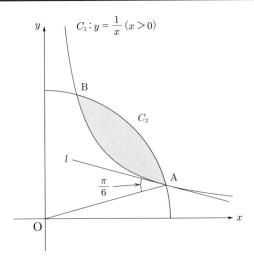

図 3.11: 本問の概略図

ここで用いるのは $f(z) := z^2$ という写像です。これは $z \neq 0$ において等角写像です。曲線 C_1, C_2 をこの $f(z)$ により変換してできる曲線を D_1, D_2 としましょう。すなわち、$D_1 := f(C_1)$, $D_2 := f(C_2)$ です。

さて、まずは D_1 について考えてみましょう。C_1 上の任意の点(に対応する複素数) z は、ある正実数 t を用いて $z = t + \dfrac{i}{t}$ と表すことができます。このとき

$$f(z) = z^2 = \left(t + \frac{i}{t}\right)^2 = t^2 - \frac{1}{t^2} + 2i$$

となります。虚部が 2 という定数になっていますね。t が正実数全体を動くとき、$t^2 - \dfrac{1}{t^2}$ は実数全体を動きますから、D_1 は図 3.12 のような直線であることがわかります。

次は D_2 について調べます。C_2 の半径を $R\ (> 0)$ としておきます。そもそも C_2 は四分円であり、原点から曲線上の点までの距離は R で一定です。C_2 上の点を $f(z)$ で変換すると、原点からの距離は 2 乗され、偏角は 2 倍になるわけですから、D_2 は原点を中心とする半径 R^2 の半円になることがわかります(図 3.13)。

これで D_1, D_2 の概形がわかりました。では本題に戻りましょう。もともと、C_1 の接線 l と線分 OA がなす角が $\dfrac{\pi}{6}$ となるのでした。$f(z)$ は等角写像なので、変換後の図形においてもその角は保たれます。つまり、点 A の変換後の点を A′ とすると、D_1 の点 A′ における接線(つまり D_1 自身)と線分 OA′ のなす角もやはり $\dfrac{\pi}{6}$ なのです。

よって、D_1, D_2 は図 3.14 のような位置関係になり、ひと目で $R^2 = 4$、すなわち $R = 2$ とわかります。

3.5 そのほかの応用例：二つの曲線がなす角

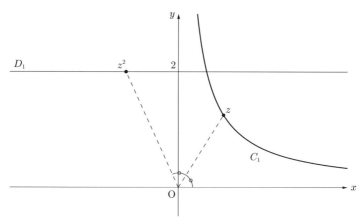

図 3.12: C_1, D_1 の位置関係。D_1 は実軸に平行な直線となる。

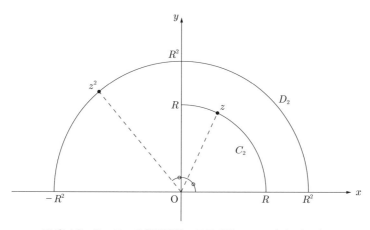

図 3.13: C_2, D_2 の位置関係。ここでは $R > 1$ としている。

あとは C_1, C_2 で囲まれる部分の面積（S とします）の計算ですが、これは元の平面で以下のように計算するのがよいでしょう（ここでのメインテーマではないので、簡潔な記述にとどめています）。

C_1 の方程式 $y = \dfrac{1}{x}$ は $xy = 1$ とも書けることから、図 3.15 において三角形 OAB と四角形 $\mathrm{ABH_B H_A}$ の面積は等しいです。したがって

$$S = |\text{扇形 OAB}| - |\mathrm{OA, OB}, C_1 \text{で囲まれる部分}|$$
$$= |\text{扇形 OAB}| - |\mathrm{AH_A, BH_B}, C_1, x \text{軸で囲まれる部分}|$$

57

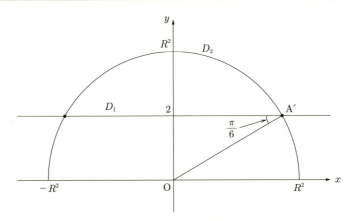

図 3.14: D_1, D_2 の位置関係

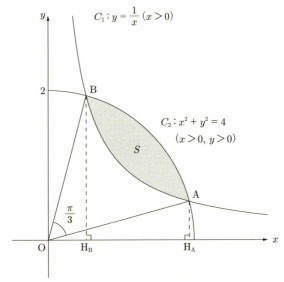

図 3.15: C_1, C_2 で囲まれた部分の面積を計算する。

$$= \frac{1}{2} \cdot 2^2 \cdot \frac{\pi}{3} - \int_{\cos \frac{5}{12}\pi}^{\cos \frac{\pi}{12}} \frac{1}{x}\, dx$$

$$= \frac{2}{3}\pi - \log \frac{\cos \dfrac{\pi}{12}}{\cos \dfrac{5}{12}\pi} = \frac{2}{3}\pi - \log \frac{\dfrac{\sqrt{6}+\sqrt{2}}{4}}{\dfrac{\sqrt{6}-\sqrt{2}}{4}}$$

$$= \frac{2}{3}\pi - \log\left(2 + \sqrt{3}\right)$$

第 3 章を終えて

𝒦：大学で数学科に入ると複素関数論を学ぶことになるのですが、冒頭で扱ったような具体的な問題にはそんなに頻繁に手を出さないんです。

ℋ：あー、なるほど。数学科というとたしかにそんなイメージがあります。

𝒦：本章で扱ったジューコフスキー変換も、話題としてはもちろん知っていたのですが、流体における応用例についてちゃんと学んだことはありませんでした。

ℋ：流体というもの自体、数学的に扱うのはなかなか大変ですね。

𝒦：ミレニアム懸賞問題のうちにも、流体の運動を記述するナビエ・ストークス方程式に関するものが存在するくらいですからね。個別の方程式に関する話題であり、かつだいぶ複雑なので。

ℋ：今回扱った流体についても、非圧縮性であったり渦がないものとしたり、だいぶよい性質を仮定してしまいました。でもその結果、円柱の周りの流線という一見複雑そうなものを求めることができました。

𝒦：複素関数についてはそれなりに勉強してきたつもりですが、こういう具体例に触れてみると、やっぱり驚きです。

ℋ：楽しんでもらえたようでよかったです。では、第 3 章は一旦ここまでとしましょう。

𝒦：第 4 章では、座標変換について別の側面からお話しします。

第4章
座標変換と求積

　面積や体積を積分によって計算する際、適切な座標変換をすることで計算が容易になります。高校数学では直交座標での積分ばかりを扱いますが、それ以外の変数で積分する方法について本章で調べてみましょう。

4.1　斜交座標での面積計算 $\mathcal{H}$

　本章では、座標のとり方と面積・体積の計算方法の関係について調べます。

> **題材**　2019 年 前期 理系 第 3 問
>
> 　鋭角三角形 ABC を考え、その面積を S とする。$0 < t < 1$ をみたす実数 t に対し、線分 AC を $t : (1-t)$ に内分する点を Q、線分 BQ を $t : (1-t)$ に内分する点を P とする。実数 t がこの範囲を動くときに点 P の描く曲線と、線分 BC によって囲まれる部分の面積を、S を用いて表せ。

[1]　ベクトルと相性のよい面積計算の方法

まず、問題文の状況を図示すると次のようになります。

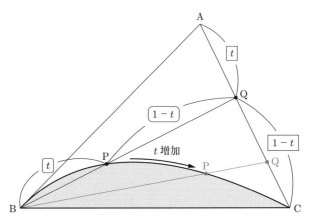

図 4.1: 点 Q, P の位置の例（計算したいのは影をつけた部分の面積）。

[2] 座標を用いて地道に攻略

まずは点 P の位置を何らかの形で求める必要がありますね。

B を始点とし、$\vec{a} := \overrightarrow{BA}, \vec{c} := \overrightarrow{BC}$ と定義します。$AQ : QC = t : (1-t)$ より $\overrightarrow{BQ} = (1-t)\vec{a} + t\vec{c}$ であり、これと $BP : PQ = t : (1-t)$ より $\overrightarrow{BP}$ は $\vec{a}, \vec{c}$ を用いて次のように表せます。

$$\overrightarrow{BP} = t\overrightarrow{BQ} = t(1-t)\vec{a} + t^2\vec{c} \quad \cdots ①$$

これで P の位置の決定はできましたが、ここからどう面積計算するかが悩ましいです。難しいというより、手広くて手段を選ぶのに迷いますね。

ここではまず、座標を導入して面積を計算します。図 4.2 のように x 軸・y 軸を設けてみましょう。

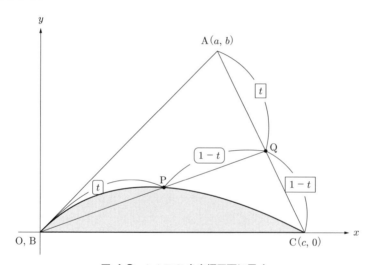

図 4.2: △ABC を座標平面に置く。

頂点 B を原点と一致させ、辺 BC が x 軸と重なり、かつ点 A の y 座標が正になるようにするわけです。このときの点 A の座標を (a, b)、点 C の座標を $(c, 0)$ とします。ここで $c > 0, 0 < a < c$ です。なお、$0 < a < c$ といえるのは △ABC が鋭角三角形だからです。

このように座標を設けると、式① より点 P の位置ベクトルは (t の関数として) 次のように計算できます。

$$\overrightarrow{OP} = t(1-t)\begin{pmatrix} a \\ b \end{pmatrix} + t^2 \begin{pmatrix} c \\ 0 \end{pmatrix} = \begin{pmatrix} t(1-t)a + t^2 c \\ t(1-t)b \end{pmatrix} \quad \cdots ②$$

点 P の描く曲線を G とすると、G の媒介変数表示が ② になるということです。ここで

$$\frac{d}{dt}(\text{点 P の } x \text{ 座標}) = \left(t(1-t)a + t^2 c\right)' = (1-2t)a + 2tc$$
$$= a + 2t(c-a) > 0 \quad (\because a < c)$$

なので、t の増加に伴い点 P の x 座標は狭義単調増加します。よって、G と辺 BC（すなわち x 軸）により囲まれる図形の面積（s とします）は次のように計算できます。

$$s = \int_0^c (\text{点 P の } y \text{ 座標}) \, dx = \int_0^1 (\text{点 P の } y \text{ 座標}) \, \frac{dx}{dt} \, dt$$
$$= \int_0^1 t(1-t)b \cdot (a + 2t(c-a)) \, dt = \int_0^1 \left\{abt + b(2c-3a)t^2 - 2b(c-a)t^3\right\} dt$$
$$= \left[\frac{1}{2}abt^2 + \frac{1}{3}b(2c-3a)t^3 - \frac{1}{2}b(c-a)t^4\right]_0^1 = \frac{1}{6}bc$$

$\triangle$ABC の面積 S は $S = \frac{1}{2}bc$ と表せますから、$s = \frac{1}{3}S$ とわかりますね。

これで本問は解決です。点 P の x 座標が t とともに単調に増加することが、$\triangle$ABC が鋭角三角形であることからいえたわけですから、おそらくこれは想定解法の一つなのでしょう。ただ、上の積分計算は地味に面倒ですし、本質をついていないというか、なんか迂遠な解法に感じられるのも事実です。そこで、ちょっと工夫した解法もご紹介します。

[3] 斜交座標を用いる方法

点 Q は $\triangle$ABC の辺 AC 上にとったものであり、点 P は線分 BQ 上にとったものです。それらの点だけで設定は完結しているわけですから、わざわざ直交座標をもってくるのではなく、三角形の形状をそのまま生かして面積 s を計算するのが自然に思えます。

それを無理なく実現する手段の一つが斜交座標です。（平面における）斜交座標とは、二つの線型独立なベクトルを用いて平面上の点の位置を表すものです。ここで、線型独立性とは次の性質を指します。

―― ベクトルの線型独立性 ――――――――――――――――――

ベクトル $\vec{u}, \vec{v}$ が線型独立であるとは、任意の $\alpha, \beta, \alpha', \beta' \in \mathbb{R}$ に対し次が成り立つことをいう。

$$\alpha \vec{u} + \beta \vec{v} = \alpha' \vec{u} + \beta' \vec{v} \iff \begin{cases} \alpha = \alpha' \\ \beta = \beta' \end{cases}$$

それとほぼ同じことだが、任意の $\alpha, \beta \in \mathbb{R}$ に対し次が成り立つことを定義としてもよい。

$$\alpha\vec{u} + \beta\vec{v} = \vec{0} \iff \begin{cases} \alpha = 0 \\ \beta = 0 \end{cases}$$

二つの平面ベクトル $\vec{u}, \vec{v}$ が線型独立であることは、以下の二つをみたすことと同じです。
(a) $\vec{u} \neq \vec{0}$ かつ $\vec{v} \neq \vec{0}$
(b) (a) のもとで、両者が平行ではない。すなわち、"$\exists k \in \mathbb{R}, \vec{v} = k\vec{u}$" でない。

この条件をみたすベクトルの組を用いると、斜交座標を適切に定義できます。その定め方は以下のとおりです。例えば、図 4.3 のような二つのベクトル $\vec{u}, \vec{v}$ を用意します。

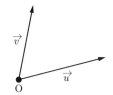

図 4.3: 線型独立な二つのベクトルを用意する。

$\vec{u}, \vec{v}$ はいずれも $\vec{0}$ でないベクトルであり、向きが異なるので線型独立になっています。よって、平面のどこかに原点 O を定めたとき、そこから見たときの任意の点の位置は、$\vec{u}, \vec{v}$ の線型結合によりただ 1 通りに表すことができます（図 4.4）[1]。

つまり、平面上の任意の点 Z は、それを $\vec{u}, \vec{v}$ の線型結合で $\overrightarrow{OZ} = \alpha\vec{u} + \beta\vec{v}$ の形で表したときの係数の組 (α, β) によって特徴づけられているのです。この実数の組 (α, β) を座標とみたものが斜交座標です。いまの $\vec{u}, \vec{v}$ で平面上の点の座標を定めると図 4.5 のようになります。

[4] 斜交座標での求積

この斜交座標を用いて、冒頭の問題を攻略してみます。B を始点とし、$\overrightarrow{BC}, \overrightarrow{BA}$ をもとに斜交座標を導入します。つまり点 C, A の座標がそれぞれ $(1, 0)$, $(0, 1)$ となるようにするのです。すると、点 Q は線分 AC を $t : (1-t)$ に内分する点でしたから、$(t, 1-t)$

---

[1] 例えば座標平面上の点 Z について $\overrightarrow{OZ} = s\vec{u} + t\vec{v} = s'\vec{u} + t'\vec{v}$ が成り立つとすると、$\vec{u}, \vec{v}$ が線型独立であることより $(s, t) = (s', t')$ がいえるため、一意性がしたがいます。

第 4 章 座標変換と求積

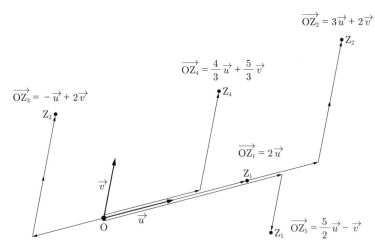

図 4.4: 平面上の点の位置を、二つのベクトルの線型結合で表現する。

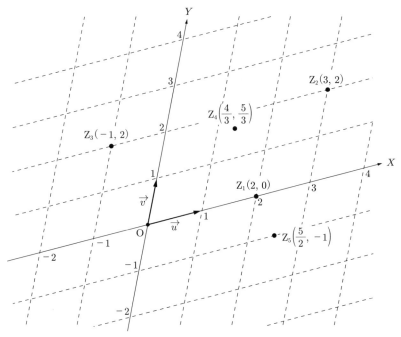

図 4.5: 二つのベクトルの係数を座標とみる。

4.1 斜交座標での面積計算

という座標になります。また、点 P は

$$\overrightarrow{\mathrm{BP}} = t\overrightarrow{\mathrm{BQ}} = t^2\vec{c} + t(1-t)\vec{a} \quad \cdots ①'$$

をみたすものでしたから、その座標は $(t^2, t(1-t))$ となりますね（図 4.6）。

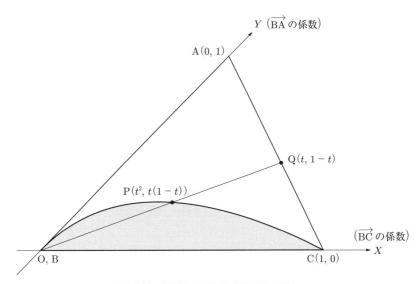

図 4.6: 斜交座標で面積を計算してみる。

点 P の座標は上述のとおり $(t^2, t(1-t))$ ですが、もしこれが普段の座標での話だったら、点 P が描く曲線と辺 BC が囲む領域の面積 s は次のように容易に計算できます。

$$s = \int_0^1 (\text{点 P の } Y \text{ 座標})\, dx = \int_0^1 (\text{点 P の } Y \text{ 座標}) \cdot \frac{dX}{dt}\, dt$$
$$= \int_0^1 t(1-t) \cdot 2t\, dt = \left[\frac{2}{3}t^3 - \frac{1}{2}t^4\right]_0^1 = \frac{1}{6}$$

しかし、本問の答えがそのまま $\dfrac{1}{6}$ となるわけではありません。座標のとり方を変えたことにより、面積の測り方も変わるのです。

図 4.7 を見ると、元の座標での正方形 $\begin{cases} 0 \le x \le 1 \\ 0 \le y \le 1 \end{cases}$ の面積は 1 だったのに対し、新しい座標での正方形 $\begin{cases} 0 \le X \le 1 \\ 0 \le Y \le 1 \end{cases}$ の面積は △ABC のふたつ分、つまり $2S$ になっていま

第 4 章 座標変換と求積

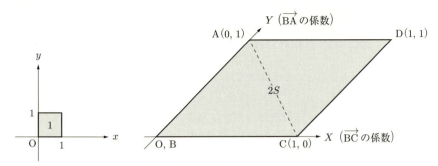

図 4.7: 新しい座標における "辺長 1 の正方形" の面積は 1 ではない！

す。よって面積計算の際にはその分の補正をする必要があり、先ほど計算した "面積" $\frac{1}{6}$ にこの倍率を乗算した

$$\frac{1}{6} \cdot (\text{面積の補正倍率}) = \frac{1}{6} \cdot 2S = \underline{\frac{1}{3}S}$$

が求める面積となるわけです。このような補正こそ必要なものの、それさえ注意すればだいぶラクに面積を計算できるのが斜交座標の強みですね。

4.2 ヤコビアンとは 🅚

[1] 面積の補正倍率ヤコビアン

先ほど、「面積の補正倍率」というのが登場しました。これを積分計算において一般化させたのがヤコビアンですが、ヤコビアンの解説のためにまずは高校数学でも登場する次の公式を思い出しましょう。

> **定理：平行四辺形の面積**
>
> 同一直線上にない 3 点 O, $A(a, b)$, $B(c, d)$ を考え、四角形 OACB が平行四辺形となるように C をとる（図 4.8）。このとき
>
> $$\triangle \text{OAB} = \frac{1}{2}|ad - bc|$$
>
> である。ゆえに、この平行四辺形 OACB の面積 S は
>
> $$S = |ad - bc|$$
>
> である。

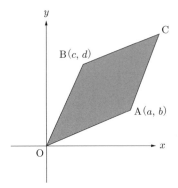

図 4.8: 平行四辺形 OACB の面積

この定理を証明するには

$$\triangle \text{OAB} = \frac{1}{2}\sqrt{|\overrightarrow{\text{OA}}|^2|\overrightarrow{\text{OB}}|^2 - (\overrightarrow{\text{OA}} \cdot \overrightarrow{\text{OB}})^2}$$

の公式を用いるのがよいでしょう。$\overrightarrow{\text{OA}} = {}^t(a,b), \overrightarrow{\text{OB}} = {}^t(c,d)$ より

$$\triangle \text{OAB} = \frac{1}{2}\sqrt{(a^2+b^2)(c^2+d^2) - (ac+bd)^2}$$
$$= \frac{1}{2}\sqrt{a^2d^2 + b^2c^2 - 2abcd}$$
$$= \frac{1}{2}\sqrt{(ad-bc)^2}$$
$$= \frac{1}{2}|ad-bc|$$

となります。　　　　　　　　　　　　　　　　　　　　　　　　　　　■

[2] 変数変換によるヤコビアン

さて、話を戻します。x, y 座標から別の u, v 座標に変換することを考えます。このとき、x, y それぞれが u, v の関数として

$$x = x(u, v), \quad y = y(u, v)$$

と表されているとします。さて、u の微小幅 Δu と v の微小幅 Δv を二辺にもつ長方形の面積 $S = \Delta u \Delta v$ がこの変数変換によってどのように変化するか計算しましょう。

まず、x と y の変化量は一次近似すると

$$x(u+\Delta u, v) - x(u, v) \fallingdotseq \frac{\partial x}{\partial u}\Delta u, \quad x(u, v+\Delta v) - x(u, v) \fallingdotseq \frac{\partial x}{\partial v}\Delta v$$
$$y(u+\Delta u, v) - y(u, v) \fallingdotseq \frac{\partial y}{\partial u}\Delta u, \quad y(u, v+\Delta v) - y(u, v) \fallingdotseq \frac{\partial y}{\partial v}\Delta v$$

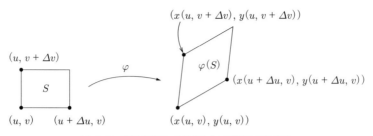

図 4.9: 変数変換による平行四辺形の面積変化

と計算できます（ここで $\frac{\partial x}{\partial u}(u,v)$ を単に $\frac{\partial x}{\partial u}$ などと書いています）。すると、この変化に伴って x, y が変化する平行四辺形（図 4.9）の面積 $\varphi(S)$ は先ほどの公式によって

$$\varphi(S)$$
$$= |\{x(u+\Delta u, v) - x(u,v)\}\{y(u, v+\Delta v) - y(u,v)\}$$
$$\quad - \{x(u, v+\Delta v) - x(u,v)\}\{y(u+\Delta u, v) - y(u,v)\}|$$
$$\fallingdotseq \left| \frac{\partial x}{\partial u}\Delta u \cdot \frac{\partial y}{\partial v}\Delta v - \frac{\partial x}{\partial v}\Delta v \cdot \frac{\partial y}{\partial u}\Delta u \right|$$
$$= \left| \frac{\partial x}{\partial u}\frac{\partial y}{\partial v} - \frac{\partial x}{\partial v}\frac{\partial y}{\partial u} \right| \cdot |\Delta u \Delta v|$$

です。ゆえに、面積比は

$$\frac{\varphi(S)}{S} \fallingdotseq \left| \frac{\partial x}{\partial u}\frac{\partial y}{\partial v} - \frac{\partial x}{\partial v}\frac{\partial y}{\partial u} \right|$$

です。この絶対値の中身をヤコビアンといい

$$\frac{\partial(x,y)}{\partial(u,v)} := \frac{\partial x}{\partial u}\frac{\partial y}{\partial v} - \frac{\partial x}{\partial v}\frac{\partial y}{\partial u} \left(= \det \begin{pmatrix} \frac{\partial x}{\partial u} & \frac{\partial x}{\partial v} \\ \frac{\partial y}{\partial u} & \frac{\partial y}{\partial v} \end{pmatrix} \right)$$

と表します。

[3] 2 変数関数の積分

ヤコビアンは、積分計算で威力を発揮します。まずは、2 変数関数 $z = f(x,y)$ の閉集合 D 上の積分についてさらっと感覚を説明しましょう。

図 4.10 のように、D をいくつかの小さい領域に分割します。そのうちの一つ D_i に着目しましょう。D_i 内の 1 点を (a_i, b_i) とします。すると、その D_i 上で $z = f(x,y)$ のグラフと xy 平面で挟まれた直方体に近い立体の（符号付き）体積は、おおよそ $f(a_i, b_i)\mu(D_i)$ です。ここで、$\mu(D_i)$ とは D_i の面積を表します。この体積を、D のすべての領域に渡って足し合わせた

4.2 ヤコビアンとは

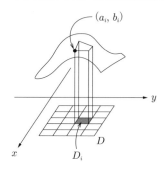

図 4.10: 2 変数関数のリーマン和

$$\sum_i f(a_i, b_i)\mu(D_i)$$

が、$z = f(x, y)$ のグラフと xy 平面で挟まれた D 上の部分を近似します（この和をリーマン和といいます）。D を構成する小領域を細かくしていくことで得られる極限を

$$\int_D f(x, y)dxdy$$

と表すことにします。これが 2 変数関数の積分の大雑把な考え方です。

具体的に 2 変数関数の積分を計算するには、まずは y を固定したまま x のみを動かして積分を計算し、それを y 方向に動かして積分するという逐次積分で計算するのが第 1 の方法です。具体例を通してみてみましょう。

題材 2 変数関数の積分の計算

長方形
$$S = \{(x, y) \in \mathbb{R}^2 \mid 0 \leq x \leq 2, 0 \leq y \leq 1\}$$

および四分円
$$T = \{(x, y) \in \mathbb{R}^2 \mid x^2 + y^2 \leq 1, x \geq 0, y \geq 0\}$$

上で関数 $f(x, y) = xy$ を積分せよ。

まずは、S 上での積分を考えます（図 4.11 左）。x 方向で積分してから y 方向で積分することで

$$\int_S f(x,y)dxdy = \int_0^1 \left(\int_0^2 xydx \right) dy$$

と計算することができます。実際に実行すると

$$\int_0^1 \left(\int_0^2 xydx \right) dy = \int_0^1 \left[\frac{x^2 y}{2} \right]_{x=0}^{x=2} dy = \int_0^1 2ydy = \left[y^2 \right]_{y=0}^{y=1} = 1$$

と計算できます。なお、x と y を逆の順で積分し

$$\int_S f(x,y)dxdy = \int_0^2 \left(\int_0^1 xydy \right) dx$$

としても同じ結果となります。

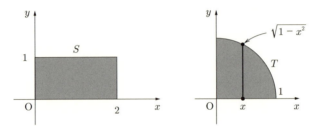

図 4.11: S, T の領域

次に T 上での積分を計算しましょう（図 4.11 右）。まずは x を固定すると、y は $0 \leq y \leq \sqrt{1-x^2}$ の範囲を動きます。x は $0 \leq x \leq 1$ の範囲を動きます。したがって

$$\int_T f(x,y)dxdy = \int_0^1 \left(\int_0^{\sqrt{1-x^2}} xydy \right) dx$$

と計算できます。これを実際に実行すると

$$\int_0^1 \left(\int_0^{\sqrt{1-x^2}} xydy \right) dx = \int_0^1 \left[\frac{xy^2}{2} \right]_{y=0}^{y=\sqrt{1-x^2}} dx = \frac{1}{2} \int_0^1 (x-x^3)dx = \frac{1}{8}$$

となります。

[4] 2 変数関数の積分の変数変換

それでは、1 変数関数の積分における「置換積分」に対応するものとして、2 変数関数の積分の変数変換を紹介しましょう。

u, v が uv 平面上の領域 D を動き、それに伴って x, y が xy 平面上の領域 $\varphi(D)$ を動くとします。このとき、領域 $\varphi(D)$ 上で $f(x,y)$ の積分

$$\int_{\varphi(D)} f(x,y)dxdy$$

を計算するとします。$x = x(u,v), y = y(u,v)$ の変数変換をすると

$$\int_{\varphi(D)} f(x,y)dxdy = \int_D f(x(u,v),y(u,v)) \left|\frac{\partial(x,y)}{\partial(u,v)}\right| dudv$$

と計算できることが知られています。このことを簡単に説明しましょう。

図 4.12 のように、uv 平面の点 (u_i, v_i) が変数変換によって xy 平面の点 (x_i, y_i) に対応するとします。先ほどの議論によって、(u_i, v_i) を含む長方形 D_i は (x_i, y_i) を含む平行四辺形に近い領域 $\varphi(D_i)$ に対応し、$\mu(\varphi(D_i)) \doteqdot |J(u_i, v_i)| \mu(D_i)$ でしたので (ただし、$J(u,v) := \frac{\partial(x,y)}{\partial(u,v)}$)

$$\sum_i f(x_i, y_i)\mu(\varphi(D_i)) \doteqdot \sum_i f(x(u_i,v_i), y(u_i,v_i)) |J(u_i, v_i)| \mu(D_i)$$

が成り立ちます。ここで極限をとって長方形を限りなく細かくすると、上記の積分の変数変換の等式を得られることになります。

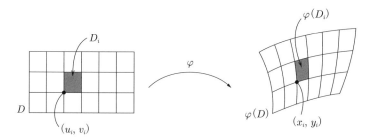

図 4.12: 2 変数関数の積分の変数変換

[5] 先ほどの問題を変数変換を利用して解くと...

先ほどの領域 T 上の積分を、変数変換を用いて解きましょう。図 4.13 のように、極座標による考え方で

$$x = r\cos\theta, \qquad y = r\sin\theta$$

とおくと、$0 < r \leq 1, 0 \leq \theta \leq \frac{\pi}{2}$ の領域に移ります。

ヤコビアンは

$$\frac{\partial(x,y)}{\partial(r,\theta)} = \frac{\partial x}{\partial r}\frac{\partial y}{\partial \theta} - \frac{\partial x}{\partial \theta}\frac{\partial y}{\partial r}$$
$$= \cos\theta \cdot r\cos\theta - (-r\sin\theta)\sin\theta = r(\cos^2\theta + \sin^2\theta) = r$$

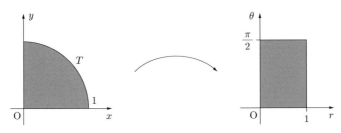

図 4.13: 領域 T が極座標変換によってどのように移るか。

となるので

$$\int_T xydxdy = \int_0^{\frac{\pi}{2}} \int_0^1 (r\cos\theta)(r\sin\theta)rdrd\theta$$
$$= \int_0^{\frac{\pi}{2}} \sin\theta\cos\theta \left[\frac{r^4}{4}\right]_{r=0}^{r=1} d\theta$$
$$= \frac{1}{4}\int_0^{\frac{\pi}{2}} \sin\theta\cos\theta d\theta$$
$$= \frac{1}{4}\left[-\frac{\cos 2\theta}{4}\right]_{\theta=0}^{\theta=\frac{\pi}{2}} = \frac{1}{8}$$

と計算できます。

[6] 三次元のヤコビアン

このあと林さんにバトンタッチをしますが、そこで登場するであろう三次元の積分計算における変数変換も同様に考えることができるので、結論のみ紹介しましょう。

定理：3 変数関数のヤコビアン

$$x = x(u,v,w), \quad y = y(u,v,w), \quad z = z(u,v,w)$$

の変数変換の下で

$$\frac{\partial(x,y,z)}{\partial(u,v,w)} = \det\begin{pmatrix} \dfrac{\partial x}{\partial u} & \dfrac{\partial x}{\partial v} & \dfrac{\partial x}{\partial w} \\ \dfrac{\partial y}{\partial u} & \dfrac{\partial y}{\partial v} & \dfrac{\partial y}{\partial w} \\ \dfrac{\partial z}{\partial u} & \dfrac{\partial z}{\partial v} & \dfrac{\partial z}{\partial w} \end{pmatrix}$$

を、3 変数関数のヤコビアンという。

定理：3変数関数の変数変換

u, v, w が uvw 空間上の領域 D を動き、それに伴って x, y, z が xyz 空間上の領域 $\varphi(D)$ を動くとする。$x = x(u,v,w), y = y(u,v,w), z = z(u,v,w)$ の変数変換の下で

$$\int_{\varphi(D)} f(x,y,z) dxdydz$$
$$= \int_D f(x(u,v,w), y(u,v,w), z(u,v,w)) \left|\frac{\partial(x,y,z)}{\partial(u,v,w)}\right| dudvdw$$

が成り立つ。

4.3 ヤコビアンの応用例 $\mathcal{H}$

このヤコビアンを応用すると、直交座標での体積計算が難しい立体でも、座標を変えることでさほど苦労せず体積計算ができるようになります。ここではその具体例を一つご紹介します。

題材　1998年 後期 理系 第6問

自然数 n に対し、$I_n = \displaystyle\int_0^{\frac{\pi}{4}} \cos^n 2\theta \sin^3 \theta \, d\theta$ とする。

(1) I_2 の値を求めよ。

(2) xy 平面上で原点 O から点 P(x, y) への距離を r、x 軸の正の方向と半直線 OP のなす（弧度法による）角を θ とする。方程式 $r = \sin 2\theta$, $\left(0 \leq \theta \leq \dfrac{\pi}{2}\right)$ で表される曲線を、直線 $y = x$ の周りに回転して得られる曲面が囲む立体の体積を V とするとき、$V = 3\pi I_3 + 2\pi I_2$ と表されることを示せ。

[1] フツーに攻略すると……

地道に体積を計算した場合と比較しないと、どれくらいラクになるのか正直よくわからないですよね。本章の主眼ではないですが、高校数学の範囲にこだわって解くとどうなるのかをまずご覧いただきます。

まず (1) の積分ですが、これは次のように計算できます。

$$I_2 = \int_0^{\frac{\pi}{4}} \cos^2 2\theta \sin^3 \theta \, d\theta$$

$$= \int_0^{\frac{\pi}{4}} \left(2\cos^2\theta - 1\right)^2 \left(1 - \cos^2\theta\right) \left(-\frac{d}{d\theta}\cos\theta\right) d\theta$$

$$= -\int_1^{\frac{1}{\sqrt{2}}} \left(2t^2 - 1\right)^2 \left(1 - t^2\right) dt \quad (t := \cos\theta \text{ と変数変換})$$

$$= \int_{\frac{1}{\sqrt{2}}}^1 \left(-4t^6 + 8t^4 - 5t^2 + 1\right) dt = \left[-\frac{4}{7}t^7 + \frac{8}{5}t^5 - \frac{5}{3}t^3 + t\right]_{\frac{1}{\sqrt{2}}}^1$$

$$= \cdots = \frac{38 - 26\sqrt{2}}{105}$$

次は (2) です。まず、方程式 $r = \sin 2\theta$ で表される曲線（C とします）は図 4.14 のようなものです。

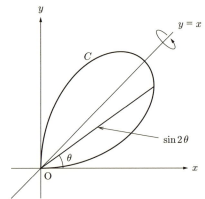

図 4.14: 曲線 $C : r = \sin 2\theta \ \left(0 \leq \theta \leq \dfrac{\pi}{2}\right)$

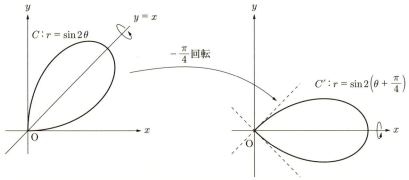

図 4.15: 曲線 C を負方向に $\dfrac{\pi}{4}$ 回転することで、回転軸は x 軸となる。

4.3 ヤコビアンの応用例

この図形を直線 $y = x$ の周りに回転させるのですが、回転軸が斜めだとどうにも扱いづらいですね。そこで、図形全体を負方向に $\dfrac{\pi}{4}$ 回転させ、直線 $y = x$ ではなく x 軸の周りに回転させることにします。これでだいぶ、直交座標での取扱いがラクになりそうです（図 4.15）。なお、回転してできる立体の形状や体積はもちろん変わりません。

回転後の曲線（C' とします）の方程式は

$$r = \sin 2\left(\theta + \frac{\pi}{4}\right) = \sin\left(2\theta + \frac{\pi}{2}\right) = \cos 2\theta \quad \left(-\frac{\pi}{4} \leq \theta \leq \frac{\pi}{4}\right)$$

です。それも踏まえ、回転体の体積を計算していきましょう。

図 4.16 のように点 $\mathrm{P}_\theta\,(\cos 2\theta \cos \theta,\, \cos 2\theta \sin \theta)$ をとり、そこから x 軸に垂線 $\mathrm{P}_\theta \mathrm{H}_\theta$ を下ろします。考えている立体（D とします）を平面 $x = \cos 2\theta \cos \theta$ で切断したときの断面は半径 $\mathrm{P}_\theta \mathrm{H}_\theta\,(= \cos 2\theta \sin \theta)$ の円であり、その面積（$\sigma(\theta)$ とします）は

$$\sigma(\theta) = \pi \mathrm{P}_\theta \mathrm{H}_\theta^2 = \pi\,(\cos 2\theta \sin \theta)^2$$

です。また、P_θ の x 座標と θ には

$$x = \cos 2\theta \cos \theta$$

$$\therefore \frac{dx}{d\theta} = -2\sin 2\theta \cdot \cos \theta + \cos 2\theta \cdot (-\sin \theta)$$

$$= -2 \cdot 2 \sin \theta \cos \theta \cos \theta - \cos 2\theta \sin \theta$$

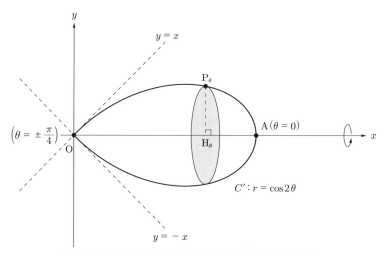

図 4.16: 曲線 C' を回転してできる立体の断面を考える。

$$
\begin{aligned}
&= -2 \cdot 2\cos^2\theta \sin\theta - \cos 2\theta \sin\theta \\
&= -2 \cdot (\cos 2\theta + 1)\sin\theta - \cos 2\theta \sin\theta \\
&= -(3\cos 2\theta \sin\theta + 2\sin\theta)
\end{aligned}
$$

という関係が成り立っています。したがって、D の体積 V は次のように計算できます。

$$
\begin{aligned}
V &= \int_0^1 (\text{その}\,x\,\text{座標での}\,D\,\text{の断面積})\,dx = \int_{\frac{\pi}{4}}^0 \pi\,(\cos 2\theta \sin\theta)^2 \cdot \frac{dx}{d\theta}\,d\theta \\
&= -\int_{\frac{\pi}{4}}^0 \pi\,(\cos 2\theta \sin\theta)^2\,(3\cos 2\theta \sin\theta + 2\sin\theta)\,d\theta \\
&= \pi \int_0^{\frac{\pi}{4}} (\cos 2\theta \sin\theta)^2\,(3\cos 2\theta \sin\theta + 2\sin\theta)\,d\theta \\
&= \pi \int_0^{\frac{\pi}{4}} \left(3\cos^3 2\theta \sin^3\theta + 2\cos^2 2\theta \sin^3\theta\right) d\theta \\
&= 3\pi I_3 + 2\pi I_2
\end{aligned}
$$

∎

[2] 座標を変えると……

というわけで、直交座標をベースに体積計算をすると計算がだいぶ面倒になりました。そもそも I_3 を計算できていませんしね。

そこで、三次元極座標 (r, θ, φ) での積分に書き換えてみましょう。まず、x, y 軸をもとに、右手系になるよう z 軸を設けます。r, θ はこれまでと同じで、φ は x 軸の周りの回転角を表すものです。図 4.16 の向きを図 4.17 のように変えると、よくある三次元極座標と同じであることがわかります。

このように設けた極座標は、元の座標 x, y, z と次のような関係にあります。

$$
\begin{cases}
x = r\cos\theta \\
y = r\sin\theta \cos\varphi \\
z = r\sin\theta \sin\varphi
\end{cases}
$$

よって、この変数変換によるヤコビアンの絶対値 $|J|$ は次のように計算できます。

$$
|J| = \left|\frac{\partial(x, y, z)}{\partial(r, \theta, \varphi)}\right| = \left|\det \begin{pmatrix} \dfrac{\partial x}{\partial r} & \dfrac{\partial x}{\partial \theta} & \dfrac{\partial x}{\partial \varphi} \\ \dfrac{\partial y}{\partial r} & \dfrac{\partial y}{\partial \theta} & \dfrac{\partial y}{\partial \varphi} \\ \dfrac{\partial z}{\partial r} & \dfrac{\partial z}{\partial \theta} & \dfrac{\partial z}{\partial \varphi} \end{pmatrix}\right|
$$

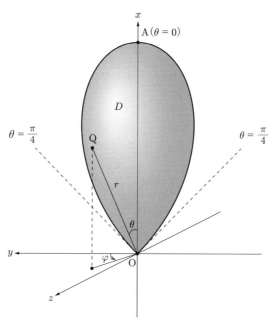

図 4.17: 三次元極座標で D の体積 V を計算する。

$$= \left| \det \begin{pmatrix} \cos\theta & -r\sin\theta & 0 \\ \sin\theta\cos\varphi & r\cos\theta\cos\varphi & -r\sin\theta\sin\varphi \\ \sin\theta\sin\varphi & r\cos\theta\sin\varphi & r\sin\theta\cos\varphi \end{pmatrix} \right|$$
$$= r^2 \sin\theta$$

そして、(r, θ, φ) の空間において、立体 D に対応する領域は次のように表されます。

$$\left\{ (r, \theta, \varphi) \mid \theta \in \left[0, \frac{\pi}{4}\right], \, r \in [0, \cos 2\theta], \, \varphi \in [0, 2\pi] \right\}$$

したがって、D の体積 V は次のように求められます。

$$V = \int_D 1 \, dxdydz$$
$$= \int_0^{2\pi} \left\{ \int_0^{\frac{\pi}{4}} \left(\int_0^{\cos 2\theta} |J| dr \right) d\theta \right\} d\varphi$$
$$= 2\pi \int_0^{\frac{\pi}{4}} \left(\int_0^{\cos 2\theta} r^2 \sin\theta \, dr \right) d\theta$$

$$= 2\pi \int_0^{\frac{\pi}{4}} \frac{1}{3} \cos^3 2\theta \sin\theta \, d\theta$$

元の問題の誘導では V を I_2, I_3 を用いて表していましたが、いまの方法ならその必要がありません。上式の積分は見た目こそ面倒ですが、以下のようにさほど苦労せず計算できます。

$$V = 2\pi \int_0^{\frac{\pi}{4}} \frac{1}{3} \cos^3 2\theta \sin\theta \, d\theta = \frac{2}{3}\pi \int_0^{\frac{\pi}{4}} \left(2\cos^2\theta - 1\right)^3 \sin\theta \, d\theta$$

$$= \frac{2}{3}\pi \int_1^{\frac{1}{\sqrt{2}}} \left(2t^2 - 1\right)^3 (-dt) \quad (t := \cos\theta)$$

$$= \frac{2}{3}\pi \int_{\frac{1}{\sqrt{2}}}^1 \left(2t^2 - 1\right)^3 dt = \frac{2}{3}\pi \left[\frac{8}{7}t^7 - \frac{12}{5}t^5 + 2t^3 - t\right]_{\frac{1}{\sqrt{2}}}^1$$

$$= \cdots = \frac{2}{3}\pi \cdot \frac{-9 + 8\sqrt{2}}{35} = \frac{-18 + 16\sqrt{2}}{105}\pi$$

何らかの立体の体積を計算する際、その立体の形状によっては、直交座標以外の座標で積分をした方が自然である場合があります。しかし、すでに学んだとおり、座標のとりかたを変えると対応する微小領域の "体積" が変化します。そこで、ヤコビアンによる補正をかけるというわけです。

第 4 章を終えて

$\mathcal{H}$：ヤコビアンは、古賀さんも私も大学で触れたテーマでした。

$\mathcal{K}$：教養レベルの解析の授業でも登場しますからね。物理学科だと、直交座標以外の座標での積分はたくさん登場したんじゃないですか？

$\mathcal{H}$：そうですね。例えば球体の内部に分布した電荷により生じる電位を計算するときは、三次元極座標 (r, θ, φ) での積分を用います。

$\mathcal{K}$：なるほど。その場合、よくある $J = r^2 \sin\theta$ というヤコビアンが登場するわけですね。

$\mathcal{H}$：そうです、そうです。高校数学だと直交座標での積分が多く、変数変換をするにしても 1 変数での積分くらいしかやりませんでした。でも、大学では円筒座標や極座標など様々な座標での積分ができることを知って驚きました。

$\mathcal{K}$：ではせっかくなので、次章でも高校であまり学習しないテーマについてお話しします。

$\mathcal{H}$：それは楽しみです。どんなテーマでしょうか？

$\mathcal{K}$："凸不等式" というものです。不等式をいくらか統一的に眺められますし、図も登場するので、林さんはこういうの好きかもしれません。

第 5 章
グラフの形と大小評価

大学入試における不等式関連の問題には、難問とされるものが多い印象です。しかし、大学で例えば解析学を学ぶと、不等式はそれはもう大量に登場します。本章ではその中でも"凸不等式"と呼ばれるものについて学びます。

5.1 知識の有無で難度が変わる、不等式の証明問題 $\mathcal{H}$

凸不等式という語自体は高校数学まででであまり登場しません。でも、京大の入試問題の中にもこれが背景となっているものがあるんです。

> **題材** 1991 年 理系数学 第 4 問
>
> 実数 a, b $\left(0 \leq a < \dfrac{\pi}{4}, 0 \leq b < \dfrac{\pi}{4}\right)$ に対し次の不等式が成り立つことを示せ。
> $$\sqrt{\tan a \cdot \tan b} \leq \tan\left(\frac{a+b}{2}\right) \leq \frac{1}{2}(\tan a + \tan b) \quad \cdots \text{⓪}$$

[1] まずは地道に攻略

さて、まずは背景を気にせず地道に示してみます。はじめに

$$\alpha := \tan\frac{a}{2}, \quad \beta := \tan\frac{b}{2}$$

と定義します。$\dfrac{a}{2}, \dfrac{b}{2} \in \left[0, \dfrac{\pi}{8}\right)$ より $\alpha, \beta \in \left[0, \sqrt{2}-1\right)$ です。すると、不等式 ⓪ に登場する量たちは α, β を用いて次のように書けます。

$$\tan a = \tan\left(2 \cdot \frac{a}{2}\right) = \frac{2\alpha}{1 - \alpha^2},$$

$$\tan b = \tan\left(2 \cdot \frac{b}{2}\right) = \frac{2\beta}{1 - \beta^2},$$

$$\tan\left(\frac{a+b}{2}\right) = \frac{\alpha + \beta}{1 - \alpha\beta},$$

$$\frac{1}{2}(\tan a + \tan b) = \frac{\alpha}{1 - \alpha^2} + \frac{\beta}{1 - \beta^2} = \frac{(\alpha + \beta)(1 - \alpha\beta)}{(1 - \alpha^2)(1 - \beta^2)}$$

[2] ⓪の左側の不等号の証明

⓪の左側の不等号、すなわち

$$\sqrt{\tan a \cdot \tan b} \leq \tan\left(\frac{a+b}{2}\right) \quad \cdots ①$$

を示します。これを α, β で表して同値変形すると次のようになります。

$$
\begin{aligned}
① &\iff \sqrt{\frac{2\alpha}{1-\alpha^2} \cdot \frac{2\beta}{1-\beta^2}} \leq \frac{\alpha+\beta}{1-\alpha\beta} \\
&\iff \frac{2\alpha}{1-\alpha^2} \cdot \frac{2\beta}{1-\beta^2} \leq \left(\frac{\alpha+\beta}{1-\alpha\beta}\right)^2 \\
&\iff (\alpha+\beta)^2\left(1-\alpha^2\right)\left(1-\beta^2\right) - 4\alpha\beta\left(1-\alpha\beta\right)^2 \geq 0 \\
&\iff \left((\alpha+\beta)^2 - 4\alpha\beta\right) + \left(-(\alpha+\beta)^2\left(\alpha^2+\beta^2\right) - 4\alpha\beta(-2\alpha\beta)\right) \\
&\qquad + \left((\alpha+\beta)^2\alpha^2\beta^2 - 4\alpha\beta \cdot \alpha^2\beta^2\right) \geq 0 \\
&\iff (\alpha-\beta)^2 - (\alpha-\beta)^2\left(\alpha^2+4\alpha\beta+\beta^2\right) + \alpha^2\beta^2(\alpha-\beta)^2 \geq 0 \\
&\iff 1 - \left(\alpha^2+4\alpha\beta+\beta^2\right) + \alpha^2\beta^2 \geq 0 \quad (\because (\alpha-\beta)^2 \geq 0) \\
&\iff (1+\alpha+\beta-\alpha\beta)(1-\alpha-\beta-\alpha\beta) \geq 0
\end{aligned}
$$

$\alpha\beta < 1$ なので $1+\alpha+\beta-\alpha\beta > 0$ であり、さらに

$$
\begin{aligned}
1-\alpha-\beta-\alpha\beta &= 2-(\alpha+1)(\beta+1) \\
&\geq 2-\sqrt{2}\cdot\sqrt{2} \quad (\because \alpha, \beta \in [0, \sqrt{2}-1)) \\
&= 0
\end{aligned}
$$

も成り立つため $(1+\alpha+\beta-\alpha\beta)(1-\alpha-\beta-\alpha\beta) \geq 0$ です。これで ① が示されました。 ∎

[3] ⓪の右側の不等号の証明

⓪の右側の不等号、すなわち

$$\tan\left(\frac{a+b}{2}\right) \leq \frac{1}{2}\left(\tan a + \tan b\right) \quad \cdots ②$$

を示します。これを α, β で表して同値変形すると次のようになります。

$$
\begin{aligned}
② &\iff \frac{\alpha+\beta}{1-\alpha\beta} \leq \frac{(\alpha+\beta)(1-\alpha\beta)}{(1-\alpha^2)(1-\beta^2)} \\
&\iff \frac{1}{1-\alpha\beta} \leq \frac{1-\alpha\beta}{(1-\alpha^2)(1-\beta^2)} \quad (\because \alpha+\beta \geq 0)
\end{aligned}
$$

$$\begin{aligned}
&\iff (1-\alpha\beta)^2 - (1-\alpha^2)(1-\beta^2) \geq 0 \\
&\iff (1 - 2\alpha\beta + \alpha^2\beta^2) - (1 - \alpha^2 - \beta^2 + \alpha^2\beta^2) \geq 0 \\
&\iff \alpha^2 - 2\alpha\beta + \beta^2 \geq 0 \\
&\iff (\alpha - \beta)^2 \geq 0
\end{aligned}$$

最後の不等式はつねに成り立つため、② も成り立ちます。これで ⓪ の証明は完了です。 ∎

これで不等式 ⓪ を証明できました。……でも、煩雑な計算に終始しており、上手な手段を選択できていない雰囲気がありますね。何かスマートな解決方法はあるのでしょうか。古賀さんに助けていただくこととしましょう！

5.2 関数のグラフと 2 階導関数の関係 🅚

[1] 関数のグラフと 2 階導関数の関係

本題に入る前に、次の定理は高校でも扱いますが、改めて確認しましょう。

定理：2 階導関数と凸性

ある区間で定義された関数 $f(x)$ は 2 階微分可能であるとする。このとき
- 常に $f''(x) \geq 0$ であるならば、$f(x)$ のグラフは下に凸である（図 5.1 左）。
- 常に $f''(x) \leq 0$ であるならば、$f(x)$ のグラフは上に凸である（図 5.1 右）。

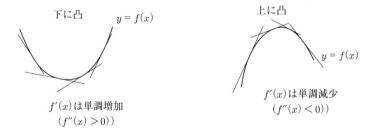

図 5.1: 凸性と 2 階導関数の関係

ここで、「上に凸」や「下に凸」は高校数学の範囲ではグラフの形でなんとなく理解しているものですが、これを厳密に定義することから確認しましょう。

第 5 章 グラフの形と大小評価

定義：上に凸・下に凸

　ある区間で定義された関数 $f(x)$ が下に凸であるとは、次が成り立つことをいう。

　　任意の異なる x_1, x_2 および $0 \leq t \leq 1$ に対して

$$f\big((1-t)x_1 + tx_2\big) \leq (1-t)f(x_1) + tf(x_2)$$

同様に、$f(x)$ が上に凸であるとは、次が成り立つことをいう。

　　任意の異なる x_1, x_2 および $0 \leq t \leq 1$ に対して

$$f\big((1-t)x_1 + tx_2\big) \geq (1-t)f(x_1) + tf(x_2)$$

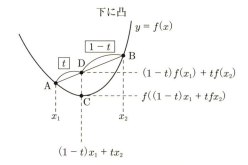

図 5.2: 下に凸の定義

　この定義の意味するところを確認しましょう。図 5.2 のように、$y = f(x)$ のグラフ上の x 座標が x_1, x_2 である点をそれぞれ A,B とします。$(1-t)x_1 + tx_2$ は、x 座標が x_1, x_2 であるところを $t : (1-t)$ に内分した x 座標を表します。$f\big((1-t)x_1 + tx_2\big)$ はその x 座標のグラフ上の点 C の y 座標です。一方で、$(1-t)f(x_1) + tf(x_2)$ は線分 AB を $t : (1-t)$ に内分した点 D の y 座標です。関数（のグラフ）が下に凸であるとは、C の y 座標が D の y 座標以下であることを意味しています。上に凸についてはこの逆のことがいえます。

　さて、定義を確認したところで、先ほどの定理を証明してみましょう。下に凸に関する主張を証明しましょう。常に $f''(x) \geq 0$ であるとします。x_2, t を固定し、$x_1 \leq x_2$ の範囲の x_1 に対して

$$\varphi(x_1) := (1-t)f(x_1) + tf(x_2) - f\big((1-t)x_1 + tx_2\big)$$

を考察します。

$$\varphi'(x_1) = (1-t)f'(x_1) - (1-t)f'\big((1-t)x_1 + tx_2\big)$$
$$= (1-t)\big\{f'(x_1) - f'\big((1-t)x_1 + tx_2\big)\big\}$$

ここで、$f''(x) \geq 0$ であることから、f' は広義単調増加関数です。$x_1 \leq (1-t)x_1 + tx_2$ であるから、$\varphi'(x_1) \leq 0$ となります。そして、$\varphi(x_2) = 0$ であることから、$x_1 \leq x_2$ なる x_1 に対して $\varphi(x_1) \geq 0$ であることが示されました。これは、$x_1 \geq x_2$ なる x_1 に対しても同様に $\varphi(x_1) \geq 0$ が示されます。よって、主張が証明されました。上に凸に関する主張も同様に証明することができます。∎

5.3 凸関数と凸不等式の一般論 $\mathcal{K}$
[1] 凸不等式

次の不等式は凸不等式（イェンセン不等式）と呼ばれます。凸関数の定義において 2 個の項であったものを、一般に n 個としたものです。

定理：凸不等式

$f(x)$ が下に凸な関数であるとき、任意の $x_1, ..., x_n$ と、各 i に対して $\lambda_i \geq 0$ および $\sum_{i=1}^{n} \lambda_i = 1$ をみたす任意の $\lambda_1, ... \lambda_n$ に対して

$$\sum_{i=1}^{n} \lambda_i f(x_i) \geq f\left(\sum_{i=1}^{n} \lambda_i x_i\right)$$

が成り立つ。また、$f(x)$ が上に凸な関数であるとき、逆向きの不等式が成り立つ。

この定理の意味するところを、$n = 4$ として示したのが図 5.3 です。λ_i が上記の条件をみたすときに、点 $\left(\sum_{i=1}^{4} \lambda_i x_i, \sum_{i=1}^{4} \lambda_i f(x_i)\right)$ が存在しうる領域は図 5.3 の影をつけた部分です。この領域にある点の y 座標は、同じ x 座標をもつグラフ $y = f(x)$ 上の点の y 座標 $f\left(\sum_{i=1}^{4} \lambda_i x_i\right)$ 以上であるというのが凸不等式の主張です。

この定理を証明しましょう。n に関する帰納法で証明します。まず、$n = 1$ のときは $\lambda_1 = 1$ ですので、この不等式は

$$f(x_1) \geq f(x_1)$$

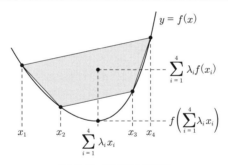

図 5.3: 凸不等式の意味

と同値で、これは正しいです。$n = 2$ のときはまさしく下に凸な関数の定義そのものから成り立ちます。

一般の 3 以上の n に対しては、$\lambda_1 + \cdots + \lambda_{n-1} = L$ とおきます。$L = 0$ のときは $\lambda_1 = \cdots = \lambda_{n-1} = 0, \lambda_n = 1$ を意味して、結局 $n = 1$ の場合と同値です。$L \neq 0$ であるとき

$$\sum_{i=1}^{n} \lambda_i f(x_i) = L \sum_{i=1}^{n-1} \frac{\lambda_i}{L} f(x_i) + \lambda_n f(x_n) \geq Lf\left(\sum_{i=1}^{n-1} \frac{\lambda_i}{L} x_i\right) + \lambda_n f(x_n)$$

となります。ここで、不等式の部分では $\sum_{i=1}^{n-1} \frac{\lambda_i}{L} = 1$ であることから帰納法の仮定を用いました。さらに $L + \lambda_n = 1$ であることから

$$Lf\left(\sum_{i=1}^{n-1} \frac{\lambda_i}{L} x_i\right) + \lambda_n f(x_n) \geq f\left(L \cdot \sum_{i=1}^{n-1} \frac{\lambda_i}{L} x_i + \lambda_n x_n\right) = f\left(\sum_{i=1}^{n} \lambda_i x_i\right)$$

となります。したがって、任意の n に対して主張が示されました。∎

5.4 凸不等式の知識を用いると……𝓗

では、ここまで学んできた知識を活かし、冒頭の問題をよりスマートに解決してみましょう。問題を再掲します。

5.4 凸不等式の知識を用いると……

> **題材** 1991年 理系数学 第4問（再掲）
>
> 実数 a, b $\left(0 \leq a < \dfrac{\pi}{4},\ 0 \leq b < \dfrac{\pi}{4}\right)$ に対し次の不等式が成り立つことを示せ。
>
> $$\sqrt{\tan a \cdot \tan b} \leq \tan\left(\frac{a+b}{2}\right) \leq \frac{1}{2}(\tan a + \tan b) \quad \cdots ⓪$$

[1] ⓪の右側の不等号の証明

こんどは右側の不等号

$$\tan\left(\frac{a+b}{2}\right) \leq \frac{1}{2}(\tan a + \tan b) \quad \cdots ② \quad \text{（再掲）}$$

から証明します。

$f(x) := \tan x \ \left(0 < x < \dfrac{\pi}{4}\right)$ と定めます。このとき

$$\frac{d}{dx}f(x) = \frac{1}{\cos^2 x}$$

$$\frac{d^2}{dx^2}f(x) = -\frac{(\cos^2 x)'}{(\cos^2 x)^2} = -\frac{2\cos x \cdot (-\sin x)}{\cos^4 x} = \frac{2\sin x}{\cos^3 x} > 0$$

ですから、$f(x)$ は下に凸であるので、凸不等式

$$\frac{f(a) + f(b)}{2} \geq f\left(\frac{a+b}{2}\right) \qquad \therefore\ \frac{\tan a + \tan b}{2} \geq \tan\left(\frac{a+b}{2}\right)$$

が成り立ちます。一発で②が証明できてしまいましたね！ ∎

[2] ⓪の左側の不等号の証明

次は左側の不等号

$$\sqrt{\tan a \cdot \tan b} \leq \tan\left(\frac{a+b}{2}\right) \quad \cdots ① \quad \text{（再掲）}$$

を示します。曲線 $y = f(x)$ の凸性はもう用いてしまいましたが、実はこれも凸不等式で攻略できます。

$g(x) := \log f(x) = \log(\tan x) \ \left(0 < x < \dfrac{\pi}{4}\right)$ と定義します。すると

$$\frac{d}{dx}g(x) = \frac{1}{\tan x} \cdot \frac{1}{\cos^2 x} = \frac{1}{\sin x \cos x} = \frac{2}{\sin 2x}$$

$$\frac{d^2}{dx^2}g(x) = -\frac{2(\sin 2x)'}{(\sin 2x)^2} = -\frac{2 \cdot 2\cos 2x}{\sin^2 2x} = -\frac{4\cos 2x}{\sin^2 2x} < 0$$

ですから、$f(x)$ は上に凸であるので、凸不等式

$$\frac{g(a)+g(b)}{2} \leq g\left(\frac{a+b}{2}\right) \quad \therefore \frac{\log(\tan a)+\log(\tan b)}{2} \leq \log\left(\tan\left(\frac{a+b}{2}\right)\right)$$

が成り立ちます。ここで

$$\frac{\log(\tan a)+\log(\tan b)}{2} = \frac{\log(\tan a \tan b)}{2} = \log\sqrt{\tan a \cdot \tan b}$$

ですから、先ほどの不等式は結局

$$\log\sqrt{\tan a \cdot \tan b} \leq \log\left(\tan\left(\frac{a+b}{2}\right)\right) \quad \therefore \sqrt{\tan a \cdot \tan b} \leq \tan\left(\frac{a+b}{2}\right)$$

を意味し、なんと ① も証明できてしまいました。$\tan x$ のみならず $\log(\tan x)$ も、$0 < x < \frac{\pi}{4}$ において凸関数になっているのがポイントです。

なお、曲線 $y = \tan x$, $y = \log(\tan x)$ の凹凸などを図示すると、図 5.4 のようになります。

5.5 もっと活用してみよう：$\sin$ の積の最大値は？ 🄗

"凸不等式" という語こそ高校数学ではあまり見かけませんが、関連する問題は案外たくさんあります。京大入試の中からもう 1 題ピックアップしてみます。

| 題 材 | 1999 年 後期 理系数学 第 2 問 |

> α, β, γ は $\alpha > 0, \beta > 0, \gamma > 0, \alpha+\beta+\gamma = \pi$ をみたすものとする。このとき、$\sin\alpha \sin\beta \sin\gamma$ の最大値を求めよ。

[1] 凸関数への変形

$P := \sin\alpha \sin\beta \sin\gamma$ と定めます。α, β, γ が条件 ⓪：$\begin{cases} \alpha > 0, \beta > 0, \gamma > 0 \\ \alpha+\beta+\gamma = \pi \end{cases}$ をみたすとき、$P > 0$ が成り立ちます。

最初が肝心なのですが、凸不等式の形に持ち込めるよう、P 自体ではなく

$$\log P \ (= \log(\sin\alpha) + \log(\sin\beta) + \log(\sin\gamma))$$

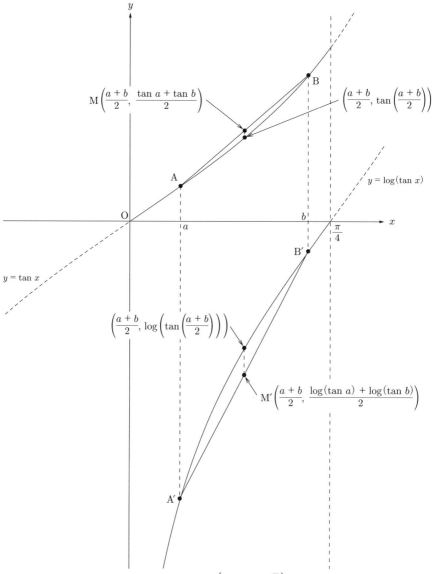

図 5.4: 曲線 $y = \tan x$, $y = \log(\tan x)$ $\left(0 < x < \dfrac{\pi}{4}\right)$ と各々の上の 2 点がなす線分。

の最大値を考えます。

ここで、$f(x) := \log(\sin x)$ $(0 < x < \pi)$ を定義します。すると

$$\frac{d}{dx}f(x) = \frac{(\sin x)'}{\sin x} = \frac{\cos x}{\sin x}$$
$$\frac{d^2}{dx^2}f(x) = \left(\frac{\cos x}{\sin x}\right)' = \frac{(\cos x)' \sin x - \cos x (\sin x)'}{\sin^2 x} = -\frac{1}{\sin^2 x} < 0$$

が成り立つため、次の凸不等式がしたがいます。

$$\frac{f(\alpha) + f(\beta) + f(\gamma)}{3} \leq f\left(\frac{\alpha + \beta + \gamma}{3}\right) = f\left(\frac{\pi}{3}\right) \quad \cdots ②$$

$f(x) = \log(\sin x)$ と定義していましたから、② は結局

$$\frac{\log(\sin \alpha) + \log(\sin \beta) + \log(\sin \gamma)}{3} \leq \log\left(\sin \frac{\pi}{3}\right) = \log\left(\frac{\sqrt{3}}{2}\right)$$

の成立を意味し、これより

$$\frac{\log P}{3} \leq \log \frac{\sqrt{3}}{2} \qquad \therefore P \leq \frac{3}{8}\sqrt{3} \quad \cdots ③$$

が得られますね。③ の等号成立は ② の等号成立と同義であり、実際それらは

$$\alpha = \beta = \gamma = \frac{\pi}{3}$$

のとき成り立ちます。よって、$P_{\max} = \frac{3}{8}\sqrt{3}$ です。

[2] 参考：図形との関係

復習も兼ねて、不等式 ② を図示してみましょう（図 5.5）。先ほど調べたとおり、曲線 $C : y = f(x)$ $(0 < x < \pi)$ は上に凸です。よって、⓪ の下で C 上に 3 点

$$A(\alpha, f(\alpha)), \quad B(\beta, f(\beta)), \quad C(\gamma, f(\gamma))$$

をとると、△ABC の重心（G とします）は必ず C より "下" に位置します。ただし、3 点 A, B, C のうち二つ以上が一致する場合も三角形を考え、重心 G は $\overrightarrow{OG} = \dfrac{\overrightarrow{OA} + \overrightarrow{OB} + \overrightarrow{OC}}{3}$ により与えるものとします。この G と C の位置関係が、不等式 ② の図形的なイメージそのものです。

というわけで、二つ目の入試問題も攻略できました。凸不等式の汎用性の高さを知るために、こんどは大学以降の数学での活用例を古賀さんに紹介してもらいましょう。

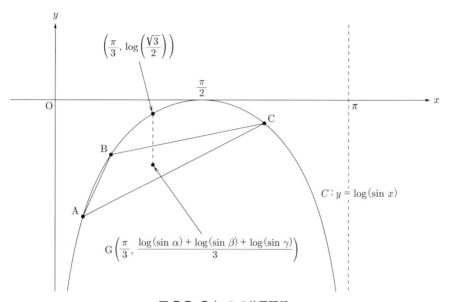

図 5.5: G と C の位置関係

5.6 凸不等式から派生するさまざまな不等式 🄚
[1] 凸不等式の応用〜相加・相乗平均の不等式

さて、入試問題における凸不等式の応用を考えましたが、他の例を取り上げましょう。例えば、一般の n 変数の場合の相加・相乗平均の不等式は、この凸不等式を用いると比較的容易に証明することができます。

定理：相加・相乗平均の不等式

$x_1, ..., x_n > 0$ に対して、

$$\frac{x_1 + \cdots + x_n}{n} \geq \sqrt[n]{x_1 \cdots x_n}$$

である。

$f(x) = \log x$ とします。このとき

$$f'(x) = \frac{1}{x}, \quad f''(x) = -\frac{1}{x^2} < 0$$

であるので、$f(x)$ は上に凸であることがわかります。$\lambda_1 = \cdots = \lambda_n = \dfrac{1}{n}$ として凸不等式を用いると

$$\sum_{i=1}^{n} \frac{1}{n} f(x_i) \leq f\left(\sum_{i=1}^{n} \frac{1}{n} x_i \right)$$

すなわち

$$\sum_{i=1}^{n} \frac{1}{n} \log x_i \leq \log \left(\sum_{i=1}^{n} \frac{1}{n} x_i \right)$$

となります。したがって

$$\log(x_1 x_2 \cdots x_n)^{\frac{1}{n}} \leq \log \frac{x_1 + \cdots + x_n}{n}$$

を得て、log を外すと相加・相乗平均の不等式を得ます。 ■

[2] 凸不等式の応用〜ヘルダーの不等式

ここからは主に大学の数学で用いられる不等式を紹介していきます。まずは次のヘルダーの不等式を紹介しましょう。解析学でも非常によく用いられる定理の一つです。まずは主張を確認しましょう。

定理：ヘルダー (Hölder) の不等式

p, q は $\dfrac{1}{p} + \dfrac{1}{q} = 1$ をみたす正の数であるとする。$x_1, ..., x_n, y_1, ..., y_n > 0$ に対して

$$\sum_{i=1}^{n} x_i y_i \leq \left(\sum_{i=1}^{n} x_i^p \right)^{\frac{1}{p}} \left(\sum_{i=1}^{n} y_i^q \right)^{\frac{1}{q}}$$

$p = q = 2$ とすると、ヘルダーの不等式は

$$\sum_{i=1}^{n} x_i y_i \leq \left(\sum_{i=1}^{n} x_i^2 \right)^{\frac{1}{2}} \left(\sum_{i=1}^{n} y_i^2 \right)^{\frac{1}{2}}$$

となりますが、これはコーシー・シュワルツの不等式

$$\left(\sum_{i=1}^{n} x_i y_i \right)^2 \leq \left(\sum_{i=1}^{n} x_i^2 \right) \left(\sum_{i=1}^{n} y_i^2 \right)$$

と同値です。

それでは、ヘルダーの不等式の証明をしましょう。$f(x) = x^p$ として凸不等式を適用します。$f''(x) = p(p-1)x^{p-2} > 0$ より $f(x)$ は下に凸であるので、凸不等式より

$$\sum_{i=1}^n \lambda_i z_i^p \geq \left(\sum_{i=1}^n \lambda_i z_i\right)^p$$

です。ここで

$$Y = y_1^q + \cdots + y_n^q, \quad \lambda_i = \frac{y_i^q}{Y}, \quad z_i = \left(\frac{x_i^p}{y_i^q}\right)^{\frac{1}{p}}$$

とすると

$$\sum_{i=1}^n \frac{y_i^q}{Y} \cdot \frac{x_i^p}{y_i^q} \geq \left(\sum_{i=1}^n \frac{y_i^q}{Y} \cdot \left(\frac{x_i^p}{y_i^q}\right)^{\frac{1}{p}}\right)^p$$

$$\frac{1}{Y} \cdot \sum_{i=1}^n x_i^p \geq \left(\sum_{i=1}^n \frac{y_i^{q(1-1/p)} x_i}{Y}\right)^p$$

$$Y^{p-1} \cdot \sum_{i=1}^n x_i^p \geq \left(\sum_{i=1}^n x_i y_i\right)^p$$

$$Y^{\frac{p-1}{p}} \cdot \left(\sum_{i=1}^n x_i^p\right)^{\frac{1}{p}} \geq \sum_{i=1}^n x_i y_i$$

$$\left(\sum_{i=1}^n y_i^q\right)^{\frac{1}{q}} \left(\sum_{i=1}^n x_i^p\right)^{\frac{1}{p}} \geq \sum_{i=1}^n x_i y_i$$

となって示したい不等式を得ました。∎

ところで、ユークリッド空間 $\mathbb{R}^n$ 内のベクトル $(x_1, ..., x_n)$ の長さは

$$\sqrt{\sum_{i=1}^n x_i^2} = \left(\sum_{i=1}^n x_i^2\right)^{\frac{1}{2}}$$

で定義するのでした。ヘルダーの不等式に現れる項もこれも、「p 乗の和の p 乗根をとる」というつくりをしています。このような量は L_p ノルムと呼ばれていて、解析学ではとても重要です。

定義：L_p ノルム

$1 \leq p$ とする。ベクトル $x = (x_1, ..., x_n)$ に対して

$$||x||_p = \left(\sum_{i=1}^n |x_i|^p \right)^{\frac{1}{p}}$$

を x の $\boldsymbol{L_p}$ **ノルム**という。

通常のベクトルの長さは $p=2$ の場合に対応します。なお、このノルムの記号を用いると、ヘルダーの不等式は次のように言い換えられます。

定理：ヘルダーの不等式の言い換え

p, q は $\dfrac{1}{p} + \dfrac{1}{q} = 1$ をみたす正の数であるとする。ベクトル $x = (x_1, ..., x_n)$, $y = (y_1, ..., y_n)$ に対して

$$||x \cdot y||_1 \leq ||x||_p \cdot ||y||_q$$

である。

[3] ミンコフスキーの不等式

さて、通常の距離において三角不等式

$$|x+y| \leq |x| + |y|$$

が成り立ちましたが、それと類似させて L_p ノルムの間にも次の不等式が成り立ちます。

定理：ミンコフスキー (Minkowski) の不等式

$1 \leq p$ に対して

$$||x+y||_p \leq ||x||_p + ||y||_p$$

が成り立つ。

この定理を証明してみましょう。ヘルダーの不等式を用いると、テクニカルに証明をすることができます。

$$||x+y||_p^p = \sum_{i=1}^n |x_i+y_i|\cdot |x_i+y_i|^{p-1}$$
$$\leq \sum_{i=1}^n |x_i|\cdot |x_i+y_i|^{p-1} + \sum_{i=1}^n |y_i|\cdot |x_i+y_i|^{p-1}$$

ここで、第1項については、ヘルダーの不等式を用いたうえで $q=\dfrac{p}{p-1}$ に注意すると

$$\sum_{i=1}^n |x_i|\cdot |x_i+y_i|^{p-1} \leq \left(\sum_{i=1}^n |x_i|^p\right)^{\frac{1}{p}} \cdot \left(\sum_{i=1}^n |x_i+y_i|^{(p-1)q}\right)^{\frac{1}{q}}$$
$$= \left(\sum_{i=1}^n |x_i|^p\right)^{\frac{1}{p}} \cdot \left(\sum_{i=1}^n |x_i+y_i|^p\right)^{\frac{p-1}{p}}$$
$$= ||x||_p \cdot ||x+y||_p^{p-1}$$

と変形でき、第2項も同様にすることで

$$||x+y||_p^p \leq ||x||_p \cdot ||x+y||_p^{p-1} + ||y||_p \cdot ||x+y||_p^{p-1}$$
$$= ||x+y||_p^{p-1}(||x||_p + ||y||_p)$$

よって、両辺 $||x+y||_p^{p-1}$ で割ることで求める式を得ます。

二つのベクトル x,y の距離を $|x-y|$ で表せたのと同じように、二つのベクトルの差のノルム $||x-y||_p$ を考えることで距離の概念を一般化させることができます。このような距離の概念はその集合に「遠近」の概念を与えることになります。ノルムを用いて距離を数値化するのとは別に、数学では数値に頼らずに集合に「遠近」と似た概念を考えることができ、それを位相といいます。解析学では関数の集合に対して位相を取り入れることで、関数が別の関数に「近づく」概念を定義することができます。このような手法で関数の集合を考察する学問を関数解析学といい、現代の解析学の一端を担っています。

5.7　もう一つの応用例：エントロピー $\mathcal{H}$

凸関数と関連する話題をもう一つご紹介します。

[1]　情報量の要件と関数形

何らかの事象 A が起こったことを知ることで得られる "情報量" を定義したいとします。A の起こる確率を p としたとき、その情報量 I は以下の性質をみたしていると都合がよさそうです。

(i) どのような事象であっても、それが起こったことを知ることが情報のロスになることはなさそうなので、$I \geq 0$ であってほしい。

(ii) 確実に起こる事象については、(確実に起こるとわかっているのだから) 情報量がゼロだと思える。すなわち、$I(1) = 0$ であってほしい。

(iii) 独立な事象 A, B が起こる確率をそれぞれ p_A, p_B とする。事象 A, B の双方が起こる確率は $p_A p_B$ だが、情報量の観点では乗算ではなく加算、つまり $I(p_A p_B) = I(p_A) + I(p_B)$ であってほしい。

これらの性質をみたす関数の一つに、$I(p) = -\log p$ というものがあります。

> **定義：自己情報量**
>
> 事象 A は確率 $p(>0)$ で起こるものとする。このとき、A が起こったことを知ることの情報量を
>
> $$I(p) := -\log p$$
>
> と定め、これを自己情報量と呼ぶ。

なお、自己情報量やこのあと登場するエントロピーにおいて、対数 $\log$ の底をどうするかは悩ましいところです。e を底とすれば（自然対数にすれば）、導関数の計算などの解析的な扱いがラクです。高校の数学でも理系なら学習するとおり、$(\log|x|)' = \dfrac{1}{x}$ が成り立つからです。

一方、2 を底とすることで情報量を"ビット"と対応づけることもできます。例えば、表裏が各々 $\dfrac{1}{2}$ の確率で出るコインを投げた結果表が出たとしましょう。このとき底を 2 とした情報量は

$$-\log_2 \frac{1}{2} = 1$$

となります。等確率の 2 択に対応する情報量が 1 となるので、ビット（0 か 1 か）と対応づけて情報量を考えられるということです。

とはいえ、対数の底の値を変えても、情報量が一斉に定数倍されるだけなので大した問題ではないのも事実です。以後底を意識せず、単に "log" とだけ表記します。なお、あとで導関数の計算をするのですが、そのときは一応底を e としていると思ってください。

[2] 情報量の期待値

以上のように情報量を定義すると、何らかの試行の際に得られる情報量の期待値を考えることができます。

5.7 もう一つの応用例：エントロピー

定義：エントロピー（自己情報量の平均）

$n \in \mathbb{Z}_+$ とする。$A_1, A_2, \cdots, A_n$ という n 種類の排反な事象があり、各々の起こる確率は $p_1, p_2, \cdots, p_n$ であるとする。ただし、この p_k たちは次式をいずれもみたす。

$$\begin{cases} \forall k \in \{1, 2, 3, \cdots, n\}, 0 < p_k \leq 1 \\ \sum_{k=1}^{n} p_k = 1 \end{cases}$$

このとき、得られる情報量の期待値は

$$H := \sum_{k=1}^{n} p_k I(p_k) \quad \left(= -\sum_{k=1}^{n} p_k \log p_k \right)$$

と計算できるが、この H をエントロピー（平均情報量）という。

例えば、先ほどのコイントスの例を考えましょう。表・裏が各々確率 $\frac{1}{2}$ で出るので、エントロピーを H は次のようになります。

$$H = (\text{表が出る確率}) \cdot (\text{表が出た場合の情報量})$$
$$+ (\text{裏が出る確率}) \cdot (\text{裏が出た場合の情報量})$$
$$= \frac{1}{2} \cdot \left(-\log \frac{1}{2} \right) + \frac{1}{2} \cdot \left(-\log \frac{1}{2} \right) = \log 2$$

底を 2 とすると、情報量の期待値はちょうど 1 になりますね。

次に、このコインに細工をして、表が出る確率を $\frac{3}{4}$、裏が出る確率を $\frac{1}{4}$ に変えたとします。このときのエントロピー（H' とします）は

$$H' = \frac{3}{4} \cdot \left(-\log \frac{3}{4} \right) + \frac{1}{4} \cdot \left(-\log \frac{1}{4} \right) = \log \frac{4}{3^{\frac{3}{4}}} \quad (\fallingdotseq \log 1.755)$$

となります。等確率の場合のエントロピーと比較すると、$H' < H$ となっていますね。表が出るよう偏らせたことで、表裏の確定により得られる情報量の期待値が減ったと解釈できます。カジュアルに述べると、"どうせだいたいの場合表が出るのだから、表裏のどちらが出たかを聞く意味はあまりない" ということです。

さらに極端な細工をして、表が出る確率を $\frac{15}{16}$、裏が出る確率を $\frac{1}{16}$ に変えたとします。このときのエントロピー（H'' とします）は次のようになります。

$$H'' = \frac{15}{16} \cdot \left(-\log \frac{15}{16}\right) + \frac{1}{16} \cdot \left(-\log \frac{1}{16}\right) = \log \frac{16}{15^{\frac{15}{16}}} \quad (\fallingdotseq \log 1.263)$$

ここまで極端だと、どうせほとんどの場合表が出るわけですから、情報量はさらに減少するわけです（$H'' < H' < H$）。

別の例も考えてみましょう。（通常の立方体の）サイコロを1回振ったときのエントロピー H は次のように計算できます。

$$H = \sum_{k=1}^{6} (k\,の目が出る確率) \cdot (k\,の目が出た場合の情報量)$$
$$= \sum_{k=1}^{6} \frac{1}{6} \cdot \left(-\log \frac{1}{6}\right) = \log 6$$

ここで、このサイコロに細工をして、1, 2 の目が出る確率を各々 $\frac{1}{4}$、3, 4, 5, 6 の目が出る確率を各々 $\frac{1}{8}$ に変えたとします。このときのエントロピー（H' とします）は次のようになります。

$$H' = 2 \cdot \frac{1}{4} \cdot \left(-\log \frac{1}{4}\right) + 4 \cdot \frac{1}{8} \cdot \left(-\log \frac{1}{8}\right) = \log \sqrt{32} \quad (\fallingdotseq \log 5.657)$$

やはり H' は H よりも小さくなっていますね。

こんどはもっと細工をして、1 の目が出る確率を $\frac{1}{2}$、2 の目が出る確率を $\frac{1}{4}$、3, 4, 5, 6 の目が出る確率を各々 $\frac{1}{16}$ に変えたとします。このときのエントロピー（H'' とします）は次のようになります。

$$H'' = \frac{1}{2} \cdot \left(-\log \frac{1}{2}\right) + \frac{1}{4} \cdot \left(-\log \frac{1}{4}\right) + 4 \cdot \frac{1}{16} \cdot \left(-\log \frac{1}{16}\right) = \log 4$$

したがって、確率の偏りが大きくなると、エントロピーはさらに減少することがわかります（$H'' < H' < H$）。

[3] エントロピーの最大値と凸不等式との関係

情報量の話をいきなり始めてしまいましたが、ここでいよいよ凸関数が関係してきます。$n \in \mathbb{Z}_+$ とします。とあるコンピュータは、ボタンを押すと1以上 n 以下の整数のうちちょうど一つを画面に出力するものとします。このとき、各数字の出力確率の分布をどのようなものにすれば、数字が出力される現象のエントロピーは最大となるでしょうか。

整数 k（$k \in \{1, 2, 3, \cdots, n\}$）を出力する確率を p_k とします。ただし、この p_k たちは次式をいずれもみたします。

$$(*): \begin{cases} \forall k \in \{1, 2, 3, \cdots, n\}, 0 < p_k \le 1 \\ \sum_{k=1}^{n} p_k = 1 \end{cases}$$

このとき、エントロピー H は次のようになります。

$$H = -\sum_{k=1}^{n} p_k \log p_k$$

$(*)$ のもとでこの H を最大化する確率分布を考えましょう。
0 以上 1 以下の実数に対し、次のような関数 $f(x)$ を定義します。

$$f(x) = \begin{cases} -x \log x & (0 < x \le 1) \\ 0 & (x = 0) \end{cases} \qquad \left(\text{このとき、} \lim_{x \to +0} f(x) = 0 = f(0) \right)$$

すると、$H = \sum_{k=1}^{n} f(p_k)$ と書けます。

さて、この関数 $f(x)$ の増減はどうなっているでしょうか。$0 < x < 1$ での 1 階・2 階の導関数を計算すると

$$\frac{d}{dx} f(x) = -\left\{ (x)' \log x + x (\log x)' \right\} = -(\log x + 1)$$

$$\frac{d^2}{dx^2} f(x) = -(\log x + 1)' = -\frac{1}{x} < 0$$

となります。常に $f''(x) < 0$ なので、曲線 $C : y = f(x)$ $(0 \le x \le 1)$ は図 5.6 のように上に凸です。

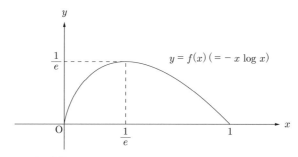

図 5.6: 曲線 $C : y = f(x)$ $(= -x \log x)$ は上に凸である。

よって、ここでも凸不等式を考えられそうです。曲線 C 上の点 $(p_k, f(p_k))$ $(k \in \{1, 2, 3, \cdots, n\})$ を P_k とし、$(*)$ にも注意すると次が成り立ちます。

$$(点\ \mathrm{P}_1, \mathrm{P}_2, \cdots, \mathrm{P}_n\ の重心の\ y\ 座標) \leq f\big((点\ \mathrm{P}_1, \mathrm{P}_2, \cdots, \mathrm{P}_n\ の重心の\ x\ 座標)\big)$$

$$\frac{f(p_1)+f(p_2)+\cdots+f(p_n)}{n} \leq f\left(\frac{p_1+p_2+\cdots+p_n}{n}\right) = -\frac{1}{n}\log\frac{1}{n} = \frac{1}{n}\log n$$

$$\therefore H \leq \log n$$

$H = \log n$ となるのは、点 $\mathrm{P}_1, \mathrm{P}_2, \cdots, \mathrm{P}_n$ が一致しているとき、すなわち

$$p_1 = p_2 = \cdots = p_n = \frac{1}{n}$$

のときのみです。つまり、どの数字を出力する確率も等しい場合に限り H は最大となります。このことからも、エントロピー H は起こりうる事象の不確実さの指標として悪くなさそうだと思えますね。なお、H が最大となるための確率分布は、第 2 章で学んだ未定乗数法により計算することもできます。ぜひ考えてみてください。

自己情報量やエントロピーの定義に基づき、さらに結合エントロピーや条件付きエントロピーといった量も定義できます。このあたりは高校生レベルの知識でも極端な困難なく理解できるはずなので、興味がある場合は情報理論について調べてみるとよいでしょう。

第 5 章を終えて

$\mathcal{K}$：前章の最後にも述べましたが、林さんはこういうの好きなんじゃないですか？

$\mathcal{H}$：はい、正直かなり好きです。高校数学の文脈では"凸不等式"という語やこうした体系化はあまり扱わないのですが、これまでに学んできた不等式の中には、凸不等式の例であるものがたくさんありそうです。

$\mathcal{K}$：ですね。教科書の範囲を一旦気にしないで勉強してみると、これまでに学んだ知識の間につながりが見えたり、伏線回収的に新しい概念が登場したりして楽しいです。

$\mathcal{H}$：凸不等式、少なくとも私にとってはだいぶ良いテーマチョイスでした。ありがとうございます。不等式に関してほかに面白そうなテーマはありますか？

$\mathcal{K}$：んー。どういうものがいいでしょうか。

$\mathcal{H}$：面白ければなんでも大丈夫です！できれば高校数学ではあまり扱わないやつで。

$\mathcal{K}$：雑なフリですね……。では、本章のものとは異なり、関数の"形"にのみ着目した評価についてお話ししましょう。

$\mathcal{H}$：（無理を聞き入れてくださり、ありがとうございます）

第6章
オーダー評価

前章では凸不等式について扱いました。等号が成り立つ条件も考えたくらいですから、あれはだいぶ "ギリギリ" な評価方法です。でも時と場合によっては、もっと大雑把に関数形だけを評価したい場面というのも存在します。

6.1 大雑把に見積もる $\mathcal{K}$
[1] 特色入試の問題より

とにかく大雑把に見積もることがテーマになっている特色入試の問題を取り上げてみましょう。

題材 2022 年 特色入試（理学部数理科学）第 1 問

n を正の整数とする。$P(x_1, x_2, ..., x_n)$ を $x_1, x_2, ..., x_n$ の n 個の文字についてのある実数係数の多項式とする。整数の列 $\{a_i\}$ が次の性質 $(*)$ をみたすと仮定する。

$(*)$ n より大きいすべての整数 i に対して
$$a_i = P(a_{i-n}, a_{i-n+1}, ..., a_{i-1})$$

ただし、$P(a_{i-n}, a_{i-n+1}, ..., a_{i-1})$ は多項式 $P(x_1, x_2, ..., x_n)$ の文字 $x_1, x_2, ..., x_n$ にそれぞれ $a_{i-n}, a_{i-n+1}, ..., a_{i-1}$ を代入したものである。

このとき、ある二つの正の実数 c, d が存在して、すべての正の整数 i に対して
$$a_i < c^{d^i}$$

が成り立つことを示せ。

ひとまず多項式を
$$P(x_1, ..., x_n) = \sum_{i_1, i_2, ..., i_n} b_{i_1 i_2 \cdots i_n} x_1^{i_1} x_2^{i_2} \cdots x_n^{i_n}$$

とおきましょう。ただし、添え字は

$$0 \leq i_1 \leq k_1, \quad 0 \leq i_2 \leq k_2, \quad ..., \quad 0 \leq i_n \leq k_n$$

の範囲を動く和をとっているものとします。つまり、P は $k_1 + k_2 + \cdots + k_n$（$=: K$ とおく）次以下の多項式です。このとき、三角不等式より以下の式が成り立ちます。

$$|P(a_{i-n}, ..., a_{i-1})| \leq \sum_{i_1, i_2, ..., i_n} \left| b_{i_1 i_2 \cdots i_n} a_{i-n}^{i_1} a_{i-n+1}^{i_2} \cdots a_{i-1}^{i_n} \right|$$

次に、$1, |a_{i-n}|, |a_{i-n+1}|, ..., |a_{i-1}|$ の中で最も大きいものを A_i とし（$A_i \geq 1$ です）、$i_1, ..., i_n$ が動いたときの $|b_{i_1 i_2 \cdots i_n}|$ および 2 の中で最も大きいものを B とします（$B > 1$ です）。すると、和の中身は

$$\left| b_{i_1 i_2 \cdots i_n} a_{i-n}^{i_1} a_{i-n+1}^{i_2} \cdots a_{i-1}^{i_n} \right| \leq B A_i^{i_1 + i_2 + \cdots + i_n} \leq B A_i^K$$

と抑えられます。和は最大 $(k_1 + 1)(k_2 + 1) \cdots (k_n + 1)$ 項にわたりますが、これも大雑把に見積もれば、$(K + 1)^n$ 項以下です。したがって、n より大きい i に対して

$$|a_i| \leq \sum_{i_1, i_2, ..., i_n} \left| b_{i_1 i_2 \cdots i_n} a_{i-n}^{i_1} a_{i-n+1}^{i_2} \cdots a_{i-1}^{i_n} \right| \leq B A_i^K (K + 1)^n$$

となります。このことから、$\alpha := A_{n+1}$（≥ 1）とすると

$$|a_{n+1}| \leq B A_{n+1}^K (K + 1)^n = B \alpha^K (K + 1)^n \ (=: c \text{ とおく})$$

であり、続いて

$$|a_{n+2}| \leq B A_{n+2}^K (K + 1)^n \leq B \Big(\max\{\alpha, c\} \Big)^K (K + 1)^n$$

ですが、$B, \alpha, K \geq 1$ であるので $\alpha \leq B \alpha^K (K + 1)^n = c$ が成り立ちますから

$$|a_{n+2}| \leq B c^K (K + 1)^n \leq c^{K+1}$$

です。さらに続けて

$$|a_{n+3}| \leq B A_{n+3}^K (K + 1)^n \leq B \Big(\max\{\alpha, c, c^{K+1}\} \Big)^K (K + 1)^n$$
$$\leq B (c^{K+1})^K (K + 1)^n \leq c^{K^2 + K + 1}$$

となるので、同様に $i > n$ なる i に対して

$$|a_i| \leq c^{K^{i-n-1} + K^{i-n-2} + \cdots + 1}$$

が帰納的にしたがいます。さらに、$d = \max\{K, 2\}$ とすると

$$|a_i| \leq c^{K^{i-n-1}+K^{i-n-2}+\cdots+1} \leq c^{d^{i-n-1}+d^{i-n-2}+\cdots+1}$$

ですが、$d - 1 \geq 1$ より

$$d^{i-n-1} + d^{i-n-2} + \cdots + 1 \leq (d^{i-n-1} + d^{i-n-2} + \cdots + 1)(d-1) = d^{i-n} - 1 < d^i$$

であるので、$c > 1$ であることと合わせて、$i > n$ なる i に対して

$$|a_i| < c^{d^i}$$

となります。

また、$i \leq n$ なる i に対しては

$$|a_i| \leq A_{n+1} = \alpha \leq c < c^{d^i}$$

と計算できますので、これで任意の正整数 i に対して、$|a_i| < c^{d^i}$ と示すことができました。

ところどころテクニカルな箇所がありますが、細かいところは適宜捨てて、大雑把に見積もっていくことを繰り返すことによって評価していることがわかりますでしょうか。

6.2 特定の関数形での評価にチャレンジ！ $\mathcal{H}$

このように、定数倍はさほど気にせず（or 簡単には評価できず）、でも何らかの形の関数で上下から評価したいという場面は大学以降の数学で時折出現します。京大の特色入試は、一般入試とは異なりその手の評価が要求される問題がよく出題されています。他にももう 1 題取り上げることとしました。

第 6 章 オーダー評価

題材　2021 年 特色入試（理学部数理科学）第 2 問

自然数 n, m に対して横 n 個、縦 m 個からなる $n \times m$ 個のマスを考え、それぞれのマスに一つずつ白玉または黒玉を入れる。その白玉と黒玉の入れ方のうち、黒玉が上下左右いずれにも隣り合わないような入れ方の総数を $a_{n,m}$ とする。例えば $n=5, m=3$ のとき、図 1 の入れ方は黒玉が上下左右いずれにも隣り合わないような入れ方であり、図 2 の入れ方は黒玉が左右に隣り合っている入れ方である。

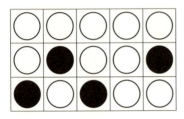
図 1

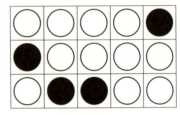
図 2

以下の設問に答えよ。

(1) $a_{n,2}$ を求めよ。

(2) ある正の実数 D が存在して、すべての自然数 n について

$$\frac{1}{2} \leq \frac{\log_2 a_{n,n}}{n^2} \leq \frac{1}{2}\log_2(1+\sqrt{2}) + \frac{D}{n}$$

となることを示せ。

[1]　(1) まずは地道に攻略

$a_{n,2}$ は、横 n マス×縦 2 マスに白玉 or 黒玉を入れ尽くす方法であって、黒玉が隣り合う箇所のないものの総数です。難しく感じるかもしれませんが、縦が 2 マスであれば常識的な量の計算で場合の数を求められます。早速やってみましょう！

まず、条件をみたす入れ方の右端は図 6.1 の 3 通りのいずれかです（黒玉が上下に並ぶことはないため）。

$a_{n,2}$ 通りの入れ方のうち、(i) に該当するものが b_n 通り、(iii) に該当するものが c_n 通りあるとしましょう。なお、(ii) に該当するものは (i) と同じく b_n 通りであり、$a_{n,2} = 2b_n + c_n$ が成り立ちます。

ここで、条件をみたす $n \times 2$ マスの入れ方について、その右端に横 1 マス×縦 2 マ

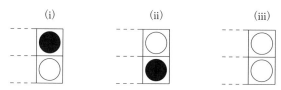

図 6.1: 条件をみたす入れ方の "右端" は、この 3 パターンに限られる。

スを足し、適切に白玉・黒玉を入れることで、条件をみたす $(n+1) \times 2$ マスの入れ方を生成することを考えましょう。(i), (ii), (iii) の各々について、右端に足せるものを調べると図 6.2 のようになります。

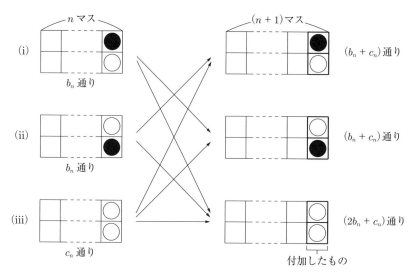

図 6.2: "$n \times 2$" マスから "$(n+1) \times 2$" マスの生成のしかた。

したがって、数列 $\{b_n\}$, $\{c_n\}$ は漸化式

$$\begin{pmatrix} b_{n+1} \\ c_{n+1} \end{pmatrix} = \begin{pmatrix} 1 & 1 \\ 2 & 1 \end{pmatrix} \begin{pmatrix} b_n \\ c_n \end{pmatrix}$$

をみたすことがわかります。あとはこれを解けば OK です。
$A := \begin{pmatrix} 1 & 1 \\ 2 & 1 \end{pmatrix}$ とすると、これの固有多項式は

$$\det(A - \lambda E) = \det \begin{pmatrix} 1-\lambda & 1 \\ 2 & 1-\lambda \end{pmatrix} = (1-\lambda)^2 - 2$$

となります。よって行列 A の固有値は $\lambda = 1 \pm \sqrt{2}$ です。ここで

$$\lambda_+ := (\text{固有値の大きい方}) = 1 + \sqrt{2}, \quad \lambda_- := (\text{固有値の小さい方}) = 1 - \sqrt{2}$$

と定めると、λ_+, λ_- に対応する固有ベクトル $\overrightarrow{v_+}, \overrightarrow{v_-}$ は次のように計算できます。

$$\overrightarrow{v_+} = \begin{pmatrix} 1 \\ \sqrt{2} \end{pmatrix}, \quad \overrightarrow{v_-} = \begin{pmatrix} 1 \\ -\sqrt{2} \end{pmatrix}$$

そして、初期値は固有値・固有ベクトルで

$$\begin{pmatrix} b_1 \\ c_1 \end{pmatrix} = \begin{pmatrix} 1 \\ 1 \end{pmatrix} = \frac{1+\sqrt{2}}{2\sqrt{2}} \begin{pmatrix} 1 \\ \sqrt{2} \end{pmatrix} - \frac{1-\sqrt{2}}{2\sqrt{2}} \begin{pmatrix} 1 \\ -\sqrt{2} \end{pmatrix}$$

$$= \frac{1}{2\sqrt{2}} (\lambda_+ \overrightarrow{v_+} - \lambda_- \overrightarrow{v_-})$$

と表せます。したがって b_n, c_n は

$$\begin{pmatrix} b_n \\ c_n \end{pmatrix} = \begin{pmatrix} 1 & 1 \\ 2 & 1 \end{pmatrix}^{n-1} \left(\frac{1}{2\sqrt{2}} (\lambda_+ \overrightarrow{v_+} - \lambda_- \overrightarrow{v_-}) \right)$$

$$= \frac{1}{2\sqrt{2}} (\lambda_+^n \overrightarrow{v_+} - \lambda_-^n \overrightarrow{v_-}) = \frac{1}{2\sqrt{2}} \left(\lambda_+^n \begin{pmatrix} 1 \\ \sqrt{2} \end{pmatrix} - \lambda_-^n \begin{pmatrix} 1 \\ -\sqrt{2} \end{pmatrix} \right)$$

と計算でき、これらより $a_{n,2}$ は次の値であることがわかります。

$$a_{n,2} = 2b_n + c_n = \frac{1}{2\sqrt{2}} \left\{ \left(2 \cdot 1 + \sqrt{2}\right) \lambda_+^n - \left(2 \cdot 1 - \sqrt{2}\right) \lambda_-^n \right\}$$

$$= \frac{1}{2} \left(\lambda_+^{n+1} + \lambda_-^{n+1} \right)$$

$$= \frac{1}{2} \left\{ \left(1+\sqrt{2}\right)^{n+1} + \left(1-\sqrt{2}\right)^{n+1} \right\}$$

これで (1) は終了です。

[2] (2) の方針

ここからが本番です。不等式

$$\frac{1}{2} \leq \frac{\log_2 a_{n,n}}{n^2} \leq \frac{1}{2} \log_2(1+\sqrt{2}) + \frac{D}{n} \quad \cdots \textcircled{0}$$

の各辺を n^2 倍したり、2 の肩に乗せて指数にしたりすると

$$\textcircled{0} \iff \frac{n^2}{2} \leq \log_2 a_{n,n} \leq \frac{n^2}{2} \log_2(1+\sqrt{2}) + Dn$$

$$\iff \begin{cases} 2^{\frac{n^2}{2}} \le a_{n,n} & \cdots ① \\ a_{n,n} \le \left(1+\sqrt{2}\right)^{\frac{n^2}{2}} \cdot 2^{Dn} & \cdots ② \end{cases}$$

となります。よって、本問は以下の二つを示すことで解決します。

(i) 任意の $n \in \mathbb{Z}_+$ に対し ① が成り立つこと

(ii) ある $D > 0$ が存在し、"任意の $n \in \mathbb{Z}_+$ に対し ② が成り立つ" こと

[3] (2) (i) の証明

まずは不等式 ①: $2^{\frac{n^2}{2}} \le a_{n,n}$ から。左辺の $2^{\frac{n^2}{2}}$ を何かの場合の数と対応させたいですね。

白玉・黒玉の入れ方の制約は "どの二つの黒玉も隣り合わない" ということのみでした。よって、例えば図 6.3 のように一つおきにマス目を選択し、

- 選択したマスには白玉・黒玉のうち任意のものを入れる
- 選択しなかったマスには白玉のみを入れる

とすれば、それは必ず問題文の条件をみたします。そもそも選択したマス自体がどの二つも隣り合っていないからです。

n が偶数の場合

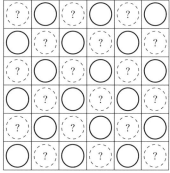

n が奇数の場合

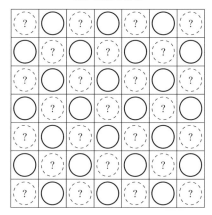

$\begin{pmatrix} ? \end{pmatrix}$: 選択したマス

(四隅が選択されるようにする)

図 6.3: 市松模様状にマス目を選択すれば、それらのマスの白・黒は自由に決められる。

n が偶数の場合は $\dfrac{n^2}{2}$ 個のマス目を、n が奇数の場合は $\dfrac{n^2+1}{2}$ 個のマス目を選択しているため、n の偶奇によらず、$2^{\frac{n^2}{2}}$ 以上の場合の数の入れ方を構成できたことになります。これで不等式 ① が示されました！

[4] (2) (ii) の証明

では次に、不等式 ② : $a_{n,n} \leq (1+\sqrt{2})^{\frac{n^2}{2}} \cdot 2^{Dn}$ を考えましょう。見た目からも察しがつくかもしれませんが、こちらの方が頭を使います。

$(1+\sqrt{2})^{\frac{n^2}{2}}$ という値は、おそらく (1) の結果

$$a_{n,2} = \frac{1}{2}\left\{(1+\sqrt{2})^{n+1} + (1-\sqrt{2})^{n+1}\right\} \quad \cdots ③$$

における $(1+\sqrt{2})^{n+1}$ に由来するのでしょう。でも、指数が $n+1$ ではなく $\frac{n^2}{2}$ になっているのが気になります。

ここで大切なのは、細かな値に気を取られすぎないことです。いまの場合、$n+1$ の "$+1$" を気にしないで一旦大雑把に考察するのが要です。すると、$1+\sqrt{2}$ の指数がだいたい $\frac{n}{2}$ 倍になっていることがわかりますね。

ではその $\frac{n}{2}$ 倍は何を意味しているのでしょうか。そもそも $a_{n,2}$ というのは、横 n マス×縦 2 マスのマス目に白玉・黒玉を入れ、どの二つの黒玉も隣り合わないようにする方法の総数でした。それも踏まえると、$\frac{n}{2}$ は "$n \times n$ マスを 2 段ごとに区切ったときのブロックの数" だと思えます。

n が奇数の場合は 2 段ごとにペアにすると 1 段余るわけですが、そのような細かいことは後から考えればよいでしょう。一旦 n は偶数の場合に限ることとし、とりあえず 2 段組 $\frac{n}{2}$ 個に分けたとします（図 6.4）。

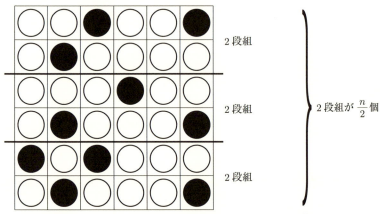

図 6.4: $n \times n$ のマス目を 2 段ごとに区切ると、2 段組は $\frac{n}{2}$ 個できる。

ここで、各 2 段組の中だけで考えると、黒玉が隣接しないような玉の入れ方は $a_{n,2}$ 通りです。実際は 2 段組の境目で黒玉が隣り合う可能性があるわけですが、それを無視す

ることで玉の入れ方を

$$a_{n,n} \le (a_{n,2})^{\frac{n}{2}} = \left(\frac{1}{2}\left\{\left(1+\sqrt{2}\right)^{n+1} + \left(1-\sqrt{2}\right)^{n+1}\right\}\right)^{\frac{n}{2}} \quad \cdots ④$$

という形で上から評価することができます。最右辺は厄介な形をしていますが、$1+\sqrt{2}$ の冪乗が主要項であり、そのオーダーを大雑把に評価すると

$$\left(\frac{1}{2}\left\{\left(1+\sqrt{2}\right)^{n+1} + \left(1-\sqrt{2}\right)^{n+1}\right\}\right)^{\frac{n}{2}} \sim \left(\left(1+\sqrt{2}\right)^n\right)^{\frac{n}{2}} = \left(1+\sqrt{2}\right)^{\frac{n^2}{2}}$$

となるので、どうやら評価の方針は誤っていないようです。あとは不等式 ② が厳密に成り立つように、n が奇数の場合も考えたり正定数 D の値をうまく決めてやったりすれば OK です。

[5]　n が偶数の場合

先ほどの式 ④ 自体は厳密に成り立ちます。④ の最右辺は複雑な形をしていますが、思いきって

$$\begin{aligned}
(④の最右辺) &= \left(\frac{1}{2}\left\{\left(1+\sqrt{2}\right)^{n+1} + \left(1-\sqrt{2}\right)^{n+1}\right\}\right)^{\frac{n}{2}} \\
&\le \left(\frac{1}{2}\left\{\left(1+\sqrt{2}\right)^{n+1} + \left(1+\sqrt{2}\right)^{n+1}\right\}\right)^{\frac{n}{2}} \\
&\le \left(\left(1+\sqrt{2}\right)^{n+1}\right)^{\frac{n}{2}} \\
&= \left(1+\sqrt{2}\right)^{\frac{n^2}{2}} \cdot \left(1+\sqrt{2}\right)^{\frac{n}{2}}
\end{aligned}$$

と評価してみましょう。これと

$$\left(1+\sqrt{2}\right)^{\frac{n}{2}} = \left(\sqrt{1+\sqrt{2}}\right)^n \le 2^n \quad \left(\because \sqrt{1+\sqrt{2}} \le \sqrt{4} = 2\right)$$

より

$$a_{n,n} \le (a_{n,2})^{\frac{n}{2}} \le \left(1+\sqrt{2}\right)^{\frac{n^2}{2}} \cdot \left(1+\sqrt{2}\right)^{\frac{n}{2}} \le \left(1+\sqrt{2}\right)^{\frac{n^2}{2}} \cdot 2^{1n}$$

なので、例えば $D=1$ とすれば任意の正の偶数 n に対し ② が成り立つとわかります。

[6]　n が奇数の場合

この場合、$n \times n$ のマス目で 2 段組をつくっていくと 1 段余ります（図 6.5）。$\frac{n-1}{2}$ 個できた 2 段組への玉の入れ方は、やはり 2 段組の境界での黒の隣接を無視すれば $(a_{n,2})^{\frac{n-1}{2}}$ で上から評価できます。最後に残った 1 段への玉の入れ方については、だいぶ雑ですが 2^n 通りで上から評価してしまいましょう。すると $a_{n,n}$ の上界を次のように与えることができます。

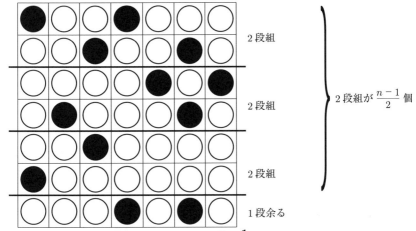

図 6.5: n が奇数の場合、2 段組は $\dfrac{n-1}{2}$ 個でき、最後に 1 段余る。

$$a_{n,n} \leq (a_{n,2})^{\frac{n-1}{2}} \cdot 2^n$$
$$\leq \left(\frac{1}{2}\left\{\left(1+\sqrt{2}\right)^{n+1} + \left(1-\sqrt{2}\right)^{n+1}\right\}\right)^{\frac{n-1}{2}} \cdot 2^n$$

そして、先ほど同様に $1+\sqrt{2}$ の冪乗も上から評価してしまえば

$$\left(\frac{1}{2}\left\{\left(1+\sqrt{2}\right)^{n+1} + \left(1-\sqrt{2}\right)^{n+1}\right\}\right)^{\frac{n-1}{2}} \cdot 2^n \leq \left(\left(1+\sqrt{2}\right)^{n+1}\right)^{\frac{n-1}{2}} \cdot 2^n$$
$$\leq \left(1+\sqrt{2}\right)^{\frac{n^2}{2}} \cdot \left(1+\sqrt{2}\right)^{-\frac{1}{2}} \cdot 2^n$$
$$\leq \left(1+\sqrt{2}\right)^{\frac{n^2}{2}} \cdot 2^n$$

したがって

$$a_{n,n} \leq (a_{n,2})^{\frac{n-1}{2}} \cdot 2^n \leq \left(1+\sqrt{2}\right)^{\frac{n^2}{2}} \cdot 2^{1n}$$

なので、やはり $D=1$ とすれば任意の正の奇数 n に対し ② が成り立ちます。

以上より、$D=1$ とすれば任意の $n \in \mathbb{Z}_+$ に対し

$$⓪: \quad \frac{1}{2} \leq \frac{\log_2 a_{n,n}}{n^2} \leq \frac{1}{2}\log_2(1+\sqrt{2}) + \frac{D}{n}$$

が成り立つことが示されました。やや面倒でしたが、これで (2) も証明完了です。 ■

高校でよく登場する相加平均・相乗平均の不等式やコーシー・シュワルツの不等式によるものと異なり、だいぶ大雑把な評価だと感じたかもしれません。でも、こうしたオー

ダー評価は大学以降の数学で結構たくさん登場します。その一例を古賀さんに紹介していただきましょう。

6.3 スターリングの公式 🦉

それでは、オーダー評価がテーマになっている、大学以降で非常によく用いられるスターリングの公式を紹介しましょう。n を自然数とします。$n \to \infty$ としたときの発散の度合いは、多項式関数 n^i $(i \in \mathbb{Z}_+)$ よりも指数関数 a^n $(a > 1)$ の方が速く、また指数関数よりも階乗 $n!$ の方が速いことが知られています。すなわち

$$\lim_{n \to \infty} \frac{a^n}{n^i} = \infty, \quad \lim_{n \to \infty} \frac{n!}{a^n} = \infty$$

などが成り立ちます。

ここで登場する階乗 $n!$ ですが、これは少し扱いづらいものです。そこで、例えば以下のような上下からの評価の式が用いられることがあります。

定理：$n!$ の評価

任意の 2 以上の整数 n について

$$e^{-n+\frac{1}{2}} n^{n+\frac{1}{2}} < n! < e^{-n+1} n^{n+\frac{1}{2}}$$

である。

この定理の証明を紹介しましょう。ここでも、$\log x$ が上に凸であることを用います。k を整数として、$k - 1 < x < k$ である x に対して

$$\{\log k - \log(k-1)\}(x - k) + \log k < \log x < \frac{1}{k}(x - k) + \log k$$

が成り立ちます。これを、$k - 1$ から k まで積分すると

$$\{\log k - \log(k-1)\} \int_{k-1}^{k} (x-k)dx + \log k < \int_{k-1}^{k} \log x\, dx$$

$$< \frac{1}{k} \int_{k-1}^{k} (x-k)dx + \log k$$

$$-\frac{1}{2}(\log k - \log(k-1)) + \log k < \int_{k-1}^{k} \log x\, dx < \log k - \frac{1}{2k}$$

よって

$$\int_{k-1}^{k} \log x\,dx + \frac{1}{2k} < \log k < \int_{k-1}^{k} \log x\,dx + \frac{1}{2}(\log k - \log(k-1))$$

これを、$k = 2, 3, ..., n$ にわたって足し合わせると

$$\int_{1}^{n} \log x\,dx + \sum_{k=2}^{n} \frac{1}{2k} < \log n! < \int_{1}^{n} \log x\,dx + \frac{\log n}{2}$$

$$n(\log n - 1) + 1 + \sum_{k=2}^{n} \frac{1}{2k} < \log n! < n(\log n - 1) + 1 + \frac{\log n}{2}$$

$e^x (= \exp(x))$ の肩に乗せると

$$n^n \cdot e^{-n+1} \exp\left(\sum_{k=2}^{n} \frac{1}{2k}\right) < n! < n^{n+\frac{1}{2}} \cdot e^{-n+1}$$

すなわち

$$n^n \cdot e^{-n+\frac{1}{2}} \exp\left(\sum_{k=1}^{n} \frac{1}{2k}\right) < n! < n^{n+\frac{1}{2}} \cdot e^{-n+1}$$

となります。ここで

$$\sum_{k=1}^{n} \frac{1}{2k} \geq \frac{1}{2} \int_{1}^{n} \frac{1}{x}\,dx = \frac{\log n}{2}$$

とさらに評価できるので

$$n^{n+\frac{1}{2}} \cdot e^{-n+\frac{1}{2}} < n! < n^{n+\frac{1}{2}} \cdot e^{-n+1}$$

となります。

さて、この定理を

$$e^{\frac{1}{2}} < \frac{n!}{n^{n+\frac{1}{2}} e^{-n}} < e$$

と変形してみましょう。数列 $\left\{\dfrac{n!}{n^{n+\frac{1}{2}} e^{-n}}\right\}$ は単調減少し、下からは $e^{\frac{1}{2}}$ で押さえられているので収束し、その値は $\sqrt{2\pi}$ であることが知られています。このことをまとめたのが次のスターリングの公式です。

> **定理：スターリング (Stirling) の公式**
>
> $n \to \infty$ であるとき
> $$n! \sim \sqrt{2\pi n}\left(\frac{n}{e}\right)^n$$
> である。ここで、$A \sim B$ とは
> $$\lim_{n\to\infty}\frac{B}{A}=1$$
> であることとして定義する。

証明は少々技術的ですので、ここでは省略します。

6.4　オーダー評価のそのほかの例：計算量 $\mathcal{H}$

数学というより情報系の話題ですが、"計算量" という概念も、どのような関数形で評価できるかを重視したものです。

[1]　行列の乗算は何回の計算で実行できるか

例えば、A, B を 2×2 の実数成分の行列とし、それらの積 AB を計算することを考えましょう。そして、例えば A の第 i 行第 j 列の成分を a_{ij} と表すこととします。このとき

$$AB = \begin{pmatrix} a_{11} & a_{12} \\ a_{21} & a_{22} \end{pmatrix}\begin{pmatrix} b_{11} & b_{12} \\ b_{21} & b_{22} \end{pmatrix} = \begin{pmatrix} a_{11}b_{11}+a_{12}b_{21} & a_{11}b_{12}+a_{12}b_{22} \\ a_{21}b_{11}+a_{22}b_{21} & a_{21}b_{12}+a_{22}b_{22} \end{pmatrix}$$

となります。例えば AB の第 1 行第 1 列の成分を計算する際は

1：$a_{11}b_{11}$ を計算する

2：$a_{12}b_{21}$ を計算する

3：前 2 項の結果を加算する（これが AB の第 1 行第 1 列の成分）

という手順を踏むわけです。この各ステップを "1 回" とカウントすると、積 AB の成分を一つ求めるのに 3 回の計算が必要となります。よって、AB の全成分を計算しきるのに必要な計算回数は

$$(一つの成分の計算に必要な回数) \cdot (行列の行数) \cdot (行列の列数) = 3 \cdot 2 \cdot 2$$
$$= 12\,回$$

となります。なお、実際には行列の成分が入った配列を参照したり、計算結果を配列に格納したりするときなどにも時間がかかりますが、ここでは単純に四則演算の回数のみを数えています。

3×3 の行列の乗算の場合はどうでしょうか。A, B を 3×3 行列としたとき

$$(AB \text{ の第 1 行第 1 列の成分}) = a_{11}b_{11} + a_{12}b_{21} + a_{13}b_{31}$$

となります。これに必要な計算量は 5 回（乗算 3 回、加算 2 回）ですね。よって、今度は積 AB を計算しきるのに

$$(\text{一つの成分の計算に必要な回数}) \cdot (\text{行列の行数}) \cdot (\text{行列の列数}) = 5 \cdot 3 \cdot 3$$
$$= 45 \text{ 回}$$

の計算が必要となります。

では、行列のサイズを一般の $N \times N$ $(N \in \mathbb{Z}_+)$ として定義どおり積を計算すると、いったい何回の計算が必要でしょうか。$N \times N$ 行列 A, B の積 AB の各成分は、例えば

$$(AB \text{ の第 1 行第 1 列の成分}) = a_{11}b_{11} + a_{12}b_{21} + a_{13}b_{31} + \cdots + a_{1N}b_{N1}$$
$$\left(= \sum_{j=1}^{N} a_{1j}b_{j1} \right)$$

のように計算できます。乗算 $a_{1j}b_{j1}$ を N 回、加算を $(N-1)$ 回行っているので、積 AB の成分を一つ求めるのに $N + (N-1) = 2N - 1$ 回の計算を要するわけです。よって、行列全体での必要計算回数は

$$(\text{一つの成分の計算に必要な回数}) \cdot (\text{行列の行数}) \cdot (\text{行列の列数}) = (2N-1) \cdot N \cdot N$$
$$= 2N^3 - N^2$$

とわかります。

[2] オーダー表記

$N \times N$ 行列の乗算では $2N^3 - N^2$ 回の四則演算が必要であるとわかりました。2×2 や 3×3 行列であればわれわれが手計算で実行できるレベルですが、何桁も大きいサイズの行列を処理するとなるとかなりの計算回数になりそうですね。そこで計算機が活躍するわけですが、その際どれほどの時間を要するのか見積もりたいことがあります。このときよく用いられるのが、**計算量のオーダー表記** $O(\cdot)$ です[1]。

オーダー表記を用いるときは、オーダー（関数形）のみ重視し、定数を無視します。また、N が十分大きいときに主要となる項のみ考えます。例えば先ほど扱った $N \times N$ 行

---

1 このあたりの記述は、AtCoder の Programmimg Guide for beginners の "W - 2.06. 計算量" を参考にしました（閲覧日：2024 年 7 月 2 日）。

列の乗算の場合、計算量は $O\left(2N^3 - N^2\right)$ や $O\left(2N^3\right)$ ではなく $O\left(N^3\right)$ と表記するわけです。

なお、先ほどの議論において、配列の値の参照や配列への値の格納を無視していました。実際はそれらにも時間を要するので違和感を抱いたかもしれません。しかし、仮に値の参照・格納の処理を考慮したとしてもその回数は $O\left(N^2\right)$ や $O\left(N^3\right)$ くらいにしかならず、結局計算量は $O\left(N^3\right)$ となります。オーダー表記を用いることで、値の参照・格納の所要時間を含めるか否かなどの細かいことを気にせず、後述するようにアルゴリズムの優秀さ自体にフォーカスできるのです。

いくつかの計算処理について計算量のオーダーを求めると、表 6.1 のようになります。

表 6.1: 計算量のオーダー表記の例

考えている処理	N が指すもの	オーダー
ベクトルの内積	ベクトルの次元	$O(N)$
配列中の最大値決定	配列の大きさ	$O(N)$
かけ算九九（NN）	表の一辺のマス数	$O\left(N^2\right)$
行列の乗算	正方行列の一辺の大きさ	$O\left(N^3\right)$
配列の値のソート	配列の長さ	?（後述）

[3]　オーダー表記の有用性：ソートを例に

主要項のみ残すのはまだしも、定数倍も無視していいの？ と思うかもしれません。もちろん、これにより小さくない悪影響が発生することもあります。例えば、先ほど $(2N^3 - N^2)$ 回の計算を $O\left(N^3\right)$ としましたが、N^3 回と $2N^3$ 回では計算量の比が $1:2$ です。極端な話、前者で 1 週間かかる計算は後者だと 2 週間かかるわけです。感覚的にはエラい差ですよね。

それでも、オーダー表記にはある程度の有用性があります。その例をご紹介しましょう。

並んだ数字を小さい順にソートすることを考えます。例えば次のような具合です。

$$[76, 17, 56, 41, 19, 10, 25, 31] \xrightarrow{\text{ソート}} [10, 17, 19, 25, 31, 41, 56, 76]$$

これくらいの操作は表計算ソフトなどの力を借りればすぐにできるわけですが、そもそもソートにはどのようなアルゴリズムがあるのでしょうか。

以下、ソートしたい数値が入っている配列を `a[1]`, `a[2]`, ..., `a[n]` とします。ソートには様々な手法がありますが、それらを構成するのは次の入替え操作です。

第6章 オーダー評価

> **配列の値の入替え（以下、この操作を S_j と呼ぶ）**
>
> a[j]，a[j+1] の大小を比較し、その結果に応じて以下のように操作を分岐させる。
> - a[j] $\leq$ a[j+1] の場合：そのまま
> - a[j] $>$ a[j+1] の場合：a[j]，a[j+1] の値を入れ替える

様々なソート手法のうち、最も原始的なものの一つにバブルソートがあります。これは以下のようなものです。

1 周目　まず $S_1, S_2, \cdots, S_{n-1}$ をこの順に行います。
　　　　　→ すると、n 個の値たちのうち最大のものが a[n] まで運ばれます。

2 周目　次は $S_1, S_2, \cdots, S_{n-2}$ を行います。
　　　　　→（最大の値はすでに a[n] にあるので）2 番目に大きい値が a[n-1] まで運ばれます。

k 周目　以下同様に、k 周目では $S_1, S_2, \cdots, S_{n-k}$ を行います。
　　　　　→ この k 周目では k 番目に大きい値が a[n-k+1] まで運ばれます。

終了条件　$(n-1)$ 周目の操作を終えたらソート完了です。

先ほどの例でバブルソートを実行すると、表 6.2 のようになります。

表 6.2: バブルソートの様子。最大の値から順に右端に詰めて置いていく格好になる。

タイミング	配列の状態	変化の様子
最初	[**76**, 17, 56, 41, 19, 10, 25, 31]	-
1 周目終了	[17, **56**, 41, 19, 10, 25, 31, **76**]	76 が右へ移動
2 周目終了	[17, **41**, 19, 10, 25, 31, 56, 76]	56 が右へ移動
3 周目終了	[17, 19, 10, 25, 31, **41**, 56, 76]	41 が右へ移動
4 周目終了	[17, 10, 19, 25, 31, 41, 56, 76]	
5 周目終了	[10, 17, 19, 25, 31, 41, 56, 76]	
6 周目終了	[10, 17, 19, 25, 31, 41, 56, 76]	変化なし
7 周目終了	[10, 17, 19, 25, 31, 41, 56, 76]	変化なし

太字＆下線にした数が、その周回で配列の後ろに移動していますね。このように、大きな値が他の数字をかいくぐって移動してくるさまが、"バブルソート" という名称の由来になっているそうです。

さて、このバブルソートの計算量を考えてみましょう。ここでいう計算とは、配列に入っている数値たちの大小比較のこととします。1 周目での大小比較は $(n-1)$ 回、2 周

目では $(n-2)$ 回、3周目では $(n-3)$ 回、……、$(n-1)$ 周目では 1 回です。よって

$$(大小比較の合計回数) = (n-1)+(n-2)+(n-3)+\cdots+1 = \frac{1}{2}(n-1)n \text{ (回)}$$

と計算できます。値の入替えの回数はこれより少ない場合がほとんどですが、値の比較自体は $\frac{1}{2}(n-1)n$ 回行うわけです。よって、長さ N の配列に対するバブルソートの計算量は $O(N^2)$ とわかりますね。

[4] オーダーが異なるソート手法

でも実は、$O(N^2)$ よりも小さいオーダーの計算量でソートできるアルゴリズムも存在します。ここでは"マージソート"という手法をご紹介します。これは、配列の値たちをいくつかのグループに分割し、各々でソートしてからそのグループを併合(マージ)していくものです。

先ほど同様、[76, 17, 56, 41, 19, 10, 25, 31] という配列を用いましょう。この値たちをマージソートにより並び替える流れは表 6.3 のとおりです。

表 6.3: マージソートの様子。配列を分割し、各々を並び替えてから併合していく。

操作手順	操作説明	配列の様子
最初	-	[76, 17, 56, 41, 19, 10, 25, 31]
#1	配列を分割する	[76, 17, 56, 41], [19, 10, 25, 31]
#2	配列を分割する	[76, 17], [56, 41], [19, 10], [25, 31]
#3	各々を並び替える	[17, 76], [41, 56], [10, 19], [25, 31]
#4	配列を併合する	[17, 41, 56, 76], [10, 19, 25, 31]
#5	配列を併合する	[10, 17, 19, 25, 31, 41, 56, 76]

このソートの計算量を調べましょう。ここでも、配列に入っている数値たちの大小比較の回数を計算量とします。なお、簡単のために配列の長さを 2^k ($k \in \mathbb{Z}_+$) とします。
長さ 2^k の配列を何度も 2 等分していくと、長さ 2 の配列が 2^{k-1} 個できます。その配列たちの各々において、入っている二つの値の大小を比較し、必要に応じて小さい順に並べ替えます。すると、配列の個数と同じ 2^{k-1} 回の大小比較を行うこととなりますね。
ここからいよいよ併合のスタートです。併合時の計算回数を知るには、そのアルゴリズムを理解する必要があります。
例えば最初は長さ 2 の配列を合併する際は、二つの配列の先頭にある値の大小を比較し、大きくない方を併合後の配列の先頭に入れます。その後も同じように、(残った値たちのうち)先頭の値を比較し、大きくない方を併合後の配列に左から詰めていくわけです。実行例を図 6.6 にまとめました。

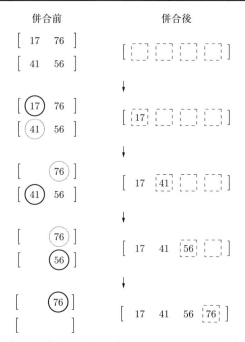

図 6.6: 長さ 2 の配列二つを併合する流れ。各配列の最も左にある値（これらはいずれも、その配列内で最小の値になっている）を比較し、小さい方を併合後の配列に左から入れていく。

要は、二つの配列各々の先頭にある数値の大小を比較し、小さい方を併合後の配列に左端から入れていくということです。これで、計 4 個の数を小さい順に配列に入れられますね。1 回大小比較をするごとに、併合後の配列に数が 1 個ずつ入るのですから、併合までに必要な大小比較は $4 - 1 = 3$ 回と計算できそうです。

なお、配列の値次第では、図 6.7 のように大小比較の回数が減少することもあります。

ただ、ここでは想定される計算量のうち最も大きいもの（"最悪計算量" と呼ばれます）を求めることとしましょう。すなわち、最初の例のように毎回大小比較をしなければならないケースを考えます。すると、ステップごとの大小比較の回数は図 6.8 のようになります。

最初に長さ 2 の配列 2^{k-1} 個の各々内で大小比較をしていることにも注意すると、配列を併合しきるまでに必要な大小比較の回数は

$$2^{k-1} + (2^2 - 1) \cdot 2^{k-2} + (2^3 - 1) \cdot 2^{k-3} + (2^4 - 1) \cdot 2^{k-4} + \cdots$$
$$+ (2^{k-2} - 1) \cdot 2^2 + (2^{k-1} - 1) \cdot 2^1 + (2^k - 1) \cdot 2^0$$

6.4 オーダー評価のそのほかの例：計算量

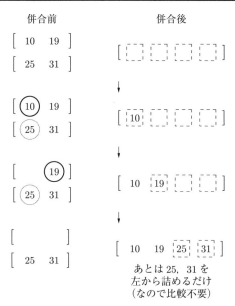

図 6.7: 配列の数値次第では、このように少ない比較回数で併合が完了することもある。最初の例では比較を 3 回行ったが、ここでは 2 回で済んでいる。

$$= 2^k \cdot k - 2^k + 1 \, (\text{回})$$

となります。配列の長さを N とすると、$k = \log_2 N$ より

$$2^k \cdot k - 2^k + 1 = N \log_2 N - N + 1$$

が成り立ちます。このうち主要項は $N \log_2 N$ なので、長さ $N = 2^k$ の配列でマージソートをする場合の（最悪）計算量は $O(N \log N)$ とわかりました。なお、対数の底を変換しても値は定数倍しか変わらないため、対数の底は明示せず単に $\log$ としています。

そんなわけで、マージソートの計算量は $O(N \log N)$ とわかりました。これはバブルソートの計算量 $O(N^2)$ よりも小さいです。よって、大小比較の回数のみに基づくとマージソートの方が優れたソートアルゴリズムであるとわかります[2]。

---

[2] マージソートの方が多くのメモリを使用するため、実際はバブルソートの方が短時間で済んでしまうことも多いです。ただ、配列の長さ N が大きくなればなるほど $\log N$ と N との差が効いてきて、マージソートの方が優位になります。扱うデータ量が多い、あるいはそれが見込まれる場合は、計算量の少ないアルゴリズムを採用するのが安全といえるでしょう。

第6章　オーダー評価

配列1個 あたりの長さ	配列の個数	配列2個 併合するのに 必要な計算回数	配列全部を2個ずつ 併合しきるのに 必要な計算回数
2^1	2^{k-1} 個		
		(2^2-1) 回	$(2^2-1)\cdot 2^{k-2}$ 回
2^2	2^{k-2} 個		
		(2^3-1) 回	$(2^3-1)\cdot 2^{k-3}$ 回
2^3	2^{k-3} 個		
		(2^4-1) 回	$(2^4-1)\cdot 2^{k-4}$ 回
⋮	⋮		
		$(2^{k-2}-1)$ 回	$(2^{k-2}-1)\cdot 2^2$ 回
2^{k-2}	2^2 個		
		$(2^{k-1}-1)$ 回	$(2^{k-1}-1)\cdot 2^1$ 回
2^{k-1}	2^1 個		
		(2^k-1) 回	$(2^k-1)\cdot 2^0$ 回
2^k	$2^0(=1)$ 個		

図 6.8: 各併合ステップで必要な計算回数

6.5　誤差を評価する 𝒦

ここまでは大雑把に見積もることがテーマでしたが、最後に誤差を評価することがテーマの、同じく 2022 年の問題を取り上げて、次の章へとつなげたいと思います。

> **題材**　**2022 年 文理共通問題 第 1 問**
>
> $5.4 < \log_4 2022 < 5.5$ であることを示せ。ただし、$0.301 < \log_{10} 2 < 0.3011$ であることは用いてよい。

$\log_4 2022$ の値を、0.1 の誤差の範囲で求めよ、という問題です。

京大はとにかく昔から log の値にまつわる問題を出題します。それも、「$\log_{10} 2 = 0.3010$ という近似値を用いて」という数学的にちょっと曖昧な出題の仕方ではなく、ほとんど決まって「$0.301 < \log_{10} 2 < 0.3011$」のように値の範囲を不等式で絞ったものを利用する数学的に厳密な出題のされ方です。大学に進んで解析学を学ぶようになると、不等式によって評価することが重要になってくることのメッセージであるとも捉えられます。

それでは考えていきましょう。

$$5.4 < \log_4 2022 < 5.5 \iff 5.4 < \frac{\log_{10} 2022}{2\log_{10} 2} < 5.5$$
$$\iff 10.8 \log_{10} 2 < \log_{10} 2022 < 11 \log_{10} 2 \cdots ①$$

であるので、①を示します。

まず、①の右の不等号については

$$\log_{10} 2022 < 11 \log_{10} 2 \iff 2022 < 2^{11}$$
$$\iff 2022 < 2048 \cdots ②$$

であり、②は正しいので、$\log_{10} 2022 < 11 \log_{10} 2$ は正しいです。

また、①の左の不等号については、$\log_{10} 2000 < \log_{10} 2022$ であるので

$$10.8 \log_{10} 2 < \log_{10} 2000$$

を示せば十分ですが、これは

$$10.8 \log_{10} 2 < \log_{10} 2000 \iff 10.8 \log_{10} 2 < 3 + \log_{10} 2$$
$$\iff 9.8 \log_{10} 2 < 3 \cdots ③$$

であることと、$9.8 \log_{10} 2 < 9.8 \cdot 0.3011 = 2.95078 < 3$ であることから③が正しいので、$10.8 \log_{10} 2 < \log_{10} 2000$ は正しいです。よって①は示され、$5.4 < \log_4 2022 < 5.5$ が示されました。

第 6 章を終えて

$\mathcal{H}$：定数倍の違いはあまり気にせず、関数形に着目する。これは高校数学だとあまり登場しない考え方で新鮮でした。

$\mathcal{K}$：そうですよね。その割に、大学でアルゴリズムや計算機、解析などを学ぶと急にたくさん登場するんです。

$\mathcal{H}$：本章の理解のために何か特殊な知識・技術が必要なわけではない気がするので、意欲的な高校生に対してはこうした話を数学の授業で導入してみると面白そうです。

$\mathcal{K}$：同感です。大雑把なオーダーを捉えるには、相加平均・相乗平均の不等式や前章の凸不等式とはまた違った感覚が必要です。早いうちから少しずつ慣らしておくと、その先の学びがいくらかスムーズになることでしょう。

$\mathcal{H}$：高校生の数学学習の延長として導入しやすい話題って、他に何かありますかね？

$\mathcal{K}$：んーそうですね（毎回こっちが考えさせられている気がするな……）。そういえば、林さんは物理学科の出身でしたね。では、次は物理とも関連の深いテーマにします。

第7章
テイラー展開

前章では、京大の特色入試を題材としてオーダー評価について扱いました。特色入試はかなりの難問揃いなのですが、数学科に入ることを前提とした試験ということもあってか、高校数学と大学数学をつなぐ奥深い問題が多い印象です。本章でも特色入試の問題を引用し、これを起点とします。前章の最後にみた誤差の評価とも関係する話です。

7.1 数学 III の知識をフル活用する問題に挑戦！ 𝒦

特色入試の中でも、背景が（比較的）わかりやすい問題を扱います。こちらをご覧ください。

題 材　2020 年 特色入試 第 1 問

$0 \leq x < 1$ の範囲で定義された連続関数 $f(x)$ は $f(0) = 0$ であり、$0 < x < 1$ において何回でも微分可能で次をみたすとする。

$$f(x) > 0, \quad \sin\left(\sqrt{f(x)}\right) = x$$

この関数 $f(x)$ に対して、$0 < x < 1$ で連続な関数 $f_n(x)$, $n = 1, 2, 3, \cdots$ を以下のように定義する。

$$f_n(x) = \frac{d^n}{dx^n} f(x)$$

以下の設問に答えよ。

(1) 関数 $-xf'(x) + (1 - x^2) f''(x)$ は $0 < x < 1$ において x によらない定数値をとることを示せ。

(2) $n = 1, 2, 3, \cdots$ に対して、極限 $a_n = \lim_{x \to +0} f_n(x)$ を求めよ。

(3) 極限 $\lim_{N \to \infty} \left(\sum_{n=1}^{N} \frac{a_n}{n! \, 2^{\frac{n}{2}}} \right)$ は存在することが知られている。この事実を認めたうえで、その極限値を小数第 1 位まで確定せよ。

7.1 数学 III の知識をフル活用する問題に挑戦！

極端に難しい問題ではなく、特に (1) は易しいです。パパッと解決してしまいましょう。

[1] (1)：ちょっと複雑な合成関数を微分

関係式 $\sin\left(\sqrt{f(x)}\right) = x$ $\cdots$① の両辺を x で微分すると

$$\cos\left(\sqrt{f(x)}\right) \cdot \left(\sqrt{f(x)}\right)' = 1 \quad \therefore \cos\left(\sqrt{f(x)}\right) \cdot f'(x) = 2\sqrt{f(x)} \quad \cdots ②$$

となります。② の両辺を 2 乗すると

$$\cos^2\left(\sqrt{f(x)}\right) \cdot \left(f'(x)\right)^2 = 4f(x) \quad \cdots ③$$

となります。ここで、$0 < x < 1$ において $\sin\left(\sqrt{f(x)}\right) = x$ より

$$\cos^2\left(\sqrt{f(x)}\right) = 1 - \sin^2\left(\sqrt{f(x)}\right) = 1 - x^2$$

ですから、③ は

$$\left(1 - x^2\right)\left(f'(x)\right)^2 = 4f(x)$$

と書き換えられます。この式の両辺をさらに x で微分すると

$$(-2x)\left(f'(x)\right)^2 + \left(1 - x^2\right) \cdot 2f'(x) \cdot f''(x) = 4f'(x) \quad \cdots ④$$

が得られます。ここで、② より $0 < x < 1$ で $f'(x) \neq 0$ なので、④ の両辺を $2f'(x)$ ($\neq 0$) で除算でき、除算すると

$$-xf'(x) + \left(1 - x^2\right)f''(x) = 2 \quad \cdots ⑤$$

が得られます。 ∎

(1) は楽勝でした。(2) 以降は少々面倒ですが、林さんにやっていただきましょう。

[2] (2)：予想→帰納法で証明 🦔

ここからは、$f(x)$ の n 階の導関数を（問題文で定められているとおり）$f_n(x)$ と表します。

さて、$f(x)$ は $0 \leq x < 1$ で連続であり、$f(0) = 0$ をみたすものでした。よって、式 ② で $x \to +0$ とすることで $\lim_{x \to +0} f'(x) = 0$, すなわち $a_1 = 0$ を得ます。

また、⑤ で $x \to +0$ とすることで

$$-0 \cdot a_1 + (1 - 0) \cdot a_2 = 2 \quad \therefore a_2 = 2$$

が得られます。

a_3 を求めるには、⑤ の両辺を x で微分します。すると

$$-f_1(x) - xf_2(x) + (-2x)f_2(x) + \left(1 - x^2\right) f_3(x) = 0$$
$$\therefore -f_1(x) - 3xf_2(x) + \left(1 - x^2\right) f_3(x) = 0 \quad \cdots ⑥$$

となり、$x \to +0$ とすることで

$$-a_1 - 3 \cdot 0 \cdot a_2 + (1 - 0) \cdot a_3 = 0 \quad \therefore a_3 = a_1 = 0$$

が得られます。そして今度は ⑥ の両辺を x で微分すれば a_4 が計算できる……というふうに、微分計算を繰り返し行うことで数列 $\{a_n\}$ の項を計算できるわけです。何度も微分計算をするのは大変なので正直このあたりでおしまいにしたいのですが、まだ a_n の一般項はよくわからないので、我慢して計算を続けてみます。実際に ⑥ の両辺を x で微分してみると

$$-f_2(x) - 3f_2(x) - 3xf_3(x) + (-2x)f_3(x) + \left(1 - x^2\right) f_4(x) = 0$$
$$\therefore -4f_2(x) - 5xf_3(x) + \left(1 - x^2\right) f_4(x) = 0$$

となり、さらに微分してみると

$$-4f_3(x) - 5f_3(x) - 5xf_4(x) + (-2x)f_4(x) + \left(1 - x^2\right) f_5(x) = 0$$
$$\therefore -9f_3(x) - 7xf_4(x) + \left(1 - x^2\right) f_5(x) = 0$$

となります。

一旦、ここまでで得られた f_n たちの関係式をまとめてみましょう。

$$\left(-xf'(x) + \left(1 - x^2\right) f''(x) = 2\right)$$
$$-f_1(x) - 3xf_2(x) + \left(1 - x^2\right) f_3(x) = 0$$
$$-4f_2(x) - 5xf_3(x) + \left(1 - x^2\right) f_4(x) = 0$$
$$-9f_3(x) - 7xf_4(x) + \left(1 - x^2\right) f_5(x) = 0$$

すると、正整数 n に対し

$$-n^2 f_n(x) - (2n+1)xf_{n+1}(x) + \left(1 - x^2\right) f_{n+2}(x) = 0 \quad \cdots (*)_n$$

が成り立つと予想できます。実際、上で調べたとおり $(*)_1, (*)_2, (*)_3$ は成り立ちます。また正整数 n が $(*)_n$ をみたすならば、$(*)_n$ の両辺を x で微分することで

$$-n^2 f_{n+1}(x) - (2n+1)f_{n+1}(x) - (2n+1)x f_{n+2}(x) + (-2x)f_{n+2}(x)$$
$$+ (1-x^2) f_{n+3}(x) = 0$$
$$-(n^2+2n+1)f_{n+1}(x) - \{(2n+1)+2\}x f_{n+2}(x)$$
$$+ (1-x^2) f_{n+3}(x) = 0$$
$$\therefore -(n+1)^2 f_{n+1}(x) - \{2(n+1)+1\}x f_{n+2}(x) + (1-x^2) f_{n+3}(x) = 0$$

となり、$(*)_n \Longrightarrow (*)_{n+1}$ もいえます。よって、任意の正整数 n に対し $(*)_n$ が成り立つことがいえました。

さて、$(*)_n$ で $x \to +0$ とすることにより
$$-n^2 a_n - (2n+1) \cdot 0 \cdot a_{n+1} + (1-0)a_{n+2} = 0 \quad \therefore a_{n+2} = n^2 a_n \quad \cdots \text{⑦}$$
を得ます。これと $a_1 = 0$ より、任意の正の奇数 n に対し $a_n = 0$ であることがいえますね。一方、n が偶数のときは、$n = 2k$ ($k \in \mathbb{Z}_+$) とすると
$$a_{2k} = (2k-2)^2 a_{2k-2} = (2k-2)^2(2k-4)^2 a_{2k-4} = \cdots$$
$$= \{(2k-2)(2k-4) \cdot \cdots \cdot 4 \cdot 2\}^2 a_2$$
$$= \{(k-1)!\}^2 \cdot 2^{2k-1}$$
が成り立つため、a_n の値は次のようになります。
$$a_n = \left\{\left(\frac{n}{2}-1\right)!\right\}^2 \cdot 2^{n-1} \quad \left(= 2\left((n-2)!!\right)^2\right)$$
ここで、$n!!$ は次のように定義されるもので、二重階乗と呼ばれます。
$$n!! := \begin{cases} n(n-2)(n-4) \cdot \cdots \cdot 4 \cdot 2 & (n \text{ が偶数の場合}) \\ n(n-2)(n-4) \cdot \cdots \cdot 3 \cdot 1 & (n \text{ が奇数の場合}) \end{cases}$$

[3] (3)：等比数列で抑えて解決

正整数 m に対し、$S_m := \sum_{k=1}^{m} \dfrac{a_{2k}}{(2k)! 2^{\frac{2k}{2}}}$ と定めます。n が奇数のとき $a_n = 0$ なので、本問の極限は $\lim_{m \to \infty} S_m$ と等しいです。ここで $a_{2k} = \{(k-1)!\}^2 \cdot 2^{2k-1}$ ですから

$$S_m = \sum_{k=1}^{m} \frac{\{(k-1)!\}^2 \cdot 2^{2k-1}}{(2k)! \, 2^{\frac{2k}{2}}} = \sum_{k=1}^{m} \frac{(k-1)!\,(k-1)!\,2^{k-1}}{(2k)!!\,(2k-1)!!}$$
$$= \sum_{k=1}^{m} \frac{(k-1)!\,(k-1)!\,2^{k-1}}{2^k \, k!\,(2k-1)!!} \quad \left(\because (2k)!! = 2^k k!\right)$$
$$= \sum_{k=1}^{m} \frac{(k-1)!}{2k \cdot (2k-1)!!} \quad \left(\because \frac{(k-1)!}{k!} = \frac{1}{k}\right)$$

となります。

　ここで、$b_k := \dfrac{(k-1)!}{2k \cdot (2k-1)!!}$ と定め、この項をいくつか具体的に計算してみましょう。すると次のようになります。

$$b_1 = \frac{0!}{2 \cdot 1 \cdot 1!!} = \frac{1}{2}, \quad b_2 = \frac{1!}{2 \cdot 2 \cdot 3!!} = \frac{1}{12}, \quad b_3 = \frac{2!}{2 \cdot 3 \cdot 5!!} = \frac{1}{45}, \quad \cdots$$

だいぶ勢いよく減衰していますね。たしかに問題文の極限は存在しそうです。そして、とりあえず b_3 までの和 S_3 を計算してみると

$$S_4 = \frac{1}{2} + \frac{1}{12} + \frac{1}{45} = \frac{109}{180} = 0.60\dot{5}$$

となります。よって、答えは $0.6\cdots$ なのでしょう。幸い 0.7 までは結構余裕があるので、緩めの評価でもなんとかなりそうです。

　以上を踏まえ、b_k の和 S_m を等比数列の和で上から抑えます。例えば b_k と b_{k+1} の比を考えると

$$\begin{aligned}
\frac{b_{k+1}}{b_k} &= \frac{k!}{2(k+1) \cdot (2k+1)!!} \cdot \frac{2k \cdot (2k-1)!!}{(k-1)!} \\
&= \frac{k^2}{(k+1)(2k+1)} = \frac{k}{k+1} \cdot \frac{k}{2k+1} \\
&< 1 \cdot \frac{1}{2} = \frac{1}{2}
\end{aligned}$$

と評価できますね。よって、$m \geq 4$ のとき

$$\begin{aligned}
S_m &= b_1 + b_2 + b_3 + \sum_{k=4}^{m} b_k \\
&< b_1 + b_2 + b_3 + \sum_{k=4}^{m} b_3 \cdot \left(\frac{1}{2}\right)^{k-3} = \frac{109}{180} + \frac{1}{45} \cdot \frac{1}{2} \cdot \frac{1 - \left(\frac{1}{2}\right)^{m-3}}{1 - \frac{1}{2}} \\
&< \frac{109}{180} + \frac{1}{45} \cdot \frac{1}{2} \cdot \frac{1}{1 - \frac{1}{2}} = \frac{109}{180} + \frac{1}{45} = \frac{113}{180} = 0.62\dot{7}
\end{aligned}$$

が成り立ちます。これと $S_3 > 0.6$ より、$\displaystyle\lim_{m \to \infty} S_m = 0.6\cdots$ と決定できますね。

7.2　背景にあるのは "テイラー展開" $\mathcal{H}$

[1]　結局何を計算したのか

　というわけで問題自体は解決したわけですが、結局われわれは何を計算したのでしょうか。そもそも関数 $f(x)$ は、$0 \leq x < 1$ で定義され $\sin\left(\sqrt{f(x)}\right) = x$ をみたすものでした。そこで、関数 $\sin x$ の定義域を $0 \leq x < \dfrac{\pi}{2}$ に制限したときの逆関数を考えま

しょう。これは $0 \leq x < 1$ を定義域とし、$0 \leq y < \dfrac{\pi}{2}$ を値域とするものです。一般にこの関数は $y = \arcsin x$ と書かれます[1]。これを用いると、$0 \leq x < 1$ において
$$\sqrt{f(x)} = \arcsin x \quad \therefore f(x) = \arcsin^2 x$$
が成り立ちますね。

そして、本問で計算した $a_n \left(:= \displaystyle\lim_{x \to +0} f_n(x) \right)$ は $f^{(n)}(0)$ の値になっています（この計算は省略します）。よって、(3) の lim の中身は
$$\sum_{n=1}^{N} \frac{f^{(n)}(0)}{n! \, 2^{\frac{n}{2}}} = \sum_{n=1}^{N} \left\{ \frac{f^{(n)}(0)}{n!} \left(\frac{1}{\sqrt{2}} \right)^n \right\} \quad \cdots \text{⑧}$$
となります。

上式を見て、何か連想するものはないでしょうか。……そう、テイラー展開です[2]。$\arcsin^2 x$ の関数のテイラー展開は
$$\arcsin^2 x = \sum_{n=1}^{\infty} \frac{f^{(n)}(0)}{n!} x^n$$
であり、⑧で $N \to \infty$ としたものはこれに $x = \dfrac{1}{\sqrt{2}}$ を代入したものに相当します。つまり
$$\lim_{N \to \infty} \left(\sum_{n=1}^{N} \frac{a_n}{n! \, 2^{\frac{n}{2}}} \right) = \arcsin^2 \frac{1}{\sqrt{2}} = \left(\frac{\pi}{4} \right)^2$$
であり、(3) でわれわれは $\left(\dfrac{\pi}{4} \right)^2$ の小数第 1 位を決定したことになるのです！

なお、正整数 m の値に対する部分和 $S_m \left(= \displaystyle\sum_{n=1}^{2m} \frac{a_n}{n! \, 2^{\frac{n}{2}}} \right)$、そして正確な値 $\left(\dfrac{\pi}{4} \right)^2$ との差 $\left| S_m - \left(\dfrac{\pi}{4} \right)^2 \right|$ をまとめると表 7.1 のようになります。

前述のとおり数列 $\{b_n\}$ の各項は公比 $\dfrac{1}{2}$ の等比数列の項で上から抑えられるのですが、改めて隣接する 2 項の比を眺めると
$$\frac{b_{n+1}}{b_n} = \frac{n}{n+1} \cdot \frac{n}{2n+1} \xrightarrow{n \to \infty} 1 \cdot \frac{1}{2} = \frac{1}{2}$$
となっていますね。つまり、数列 $\{b_n\}$ は、n が大きくなるとだいたい公比 $\dfrac{1}{2}$ の等比数

---

[1] 通常、$\arcsin x$ の定義域は $-1 \leq x \leq 1$、値域は $-\dfrac{\pi}{2} \leq y \leq \dfrac{\pi}{2}$ とします。
[2] $x = 0$ でのテイラー展開は特にマクローリン展開と呼ばれることもありますが、ここでは前者に統一します。

第 7 章　テイラー展開

表 7.1: N の値と部分和の値の関係

m	1	2	3	4	5
S_m	0.5	$0.5833\cdots$	$0.6055\cdots$	$0.6126\cdots$	$0.6152\cdots$
$\left\|S_m - \left(\frac{\pi}{4}\right)^2\right\|$	1.168×10^{-1}	3.351×10^{-2}	1.129×10^{-2}	4.151×10^{-3}	1.612×10^{-3}
m	6	7	8	9	10
S_m	$0.6162\cdots$	$0.6165\cdots$	$0.6167\cdots$	$0.6168\cdots$	$0.6168\cdots$
$\left\|S_m - \left(\frac{\pi}{4}\right)^2\right\|$	6.501×10^{-4}	2.696×10^{-4}	1.142×10^{-4}	4.920×10^{-5}	2.149×10^{-5}

列のようになります。これは、m の値を 1 だけ大きくすると、収束値 $\left(\frac{\pi}{4}\right)^2$ までの差がおおよそ $\frac{1}{2}$ 倍に縮まることを意味します[3]。表 7.1 のうち m が大きい方のいくつかを改めて眺めると、極限値との差 $\left|S_m - \left(\frac{\pi}{4}\right)^2\right|$ が確かにおよそ $\frac{1}{2}$ 倍ずつ小さくなっていますね。

本問は、実は sin の逆関数の 2 乗をテイラー展開したものに関する問題だったのです。背景が見えると、入試問題について考えるのも楽しくなりますね。

7.3　テイラー展開と関連づけられる問題 $\mathcal{H}$

本章冒頭の問題以外にも、テイラー展開と関連づけられるものはいくらか存在します。せっかくなので、そのうち一つをご紹介します。

題材　1998 年 後期 理系 第 4 問

a は $0 < a < \pi$ をみたす定数とする。$n = 0, 1, 2, \cdots$ に対し、$n\pi < x < (n+1)\pi$ の範囲に $\sin(x+a) = x\sin x$ をみたす x がただ一つ存在するので、この x の値を x_n とする。
 (1) 極限値 $\lim_{n\to\infty} (x_n - n\pi)$ を求めよ。
 (2) 極限値 $\lim_{n\to\infty} n(x_n - n\pi)$ を求めよ。

---

[3] 理解しづらい場合は、例えば初項 $\frac{1}{2}$、公比 $\frac{1}{2}$ の無限等比級数を考えてみるとよいでしょう。これは 1 に収束しますが、部分和と収束値 1 との差もまた $\frac{1}{2}, \frac{1}{4}, \frac{1}{8}, \cdots$ というふうに、公比 $\frac{1}{2}$ の等比数列になっています。

7.3 テイラー展開と関連づけられる問題

ここでは、テイラー展開を活用して (1), (2) 各々の極限値を推測してみます。
$n\pi < x < (n+1)\pi$ の範囲にある解を考えていることを踏まえ、$\xi := x - n\pi$ と定めます。すると

$$\sin(x+a) = x\sin x \iff \sin\left((\xi + n\pi) + a\right) = (\xi + n\pi)\sin(\xi + n\pi)$$
$$\iff (-1)^n \sin(\xi + a) = (-1)^n (\xi + n\pi)\sin\xi$$
$$\iff \sin(\xi + a) = (\xi + n\pi)\sin\xi$$

と書き換えられます。よって、ξy 平面における 2 曲線

$$C_1: \quad y = \sin(\xi + a), \qquad C_2: \quad y = (\xi + n\pi)\sin\xi$$

の交点（これがただ一つ存在することは問題文で述べられています）のうち $0 < \xi < \pi$ にあるものの ξ 座標がちょうど $\xi_n := x_n - n\pi$ です。
n が十分大きいときの C_1, C_2 の概形はどのようになるのか。それを調べるためにテイラー展開が役立ちます。$f(\xi) := \sin(\xi + a), g(\xi) := (\xi + n\pi)\sin\xi$ と定め、各々を $\xi = 0$ の周りで展開してみるのです。

まず $f(\xi)$ について考えましょう。$f(0) = \sin a$ であり

$$f'(\xi) = \cos(\xi + a) \qquad \therefore f'(0) = \cos a$$

なので（プライムは ξ での微分を表します）、$f(\xi)$ は次のように展開できますね。

$$f(\xi) = \sin a + (\cos a)\xi + O\left(\xi^2\right)$$

つまり、C_1 は $x = 0$ 付近において直線 $y = \sin a + (\cos a)\xi$ で近似できるのです。
次は $g(\xi)$ です。$g(0) = 0$ であり

$$g'(\xi) = \sin\xi + (\xi + n\pi)\cos\xi \qquad \therefore g'(0) = n\pi$$

なので、$g(\xi)$ は次のように展開できます。

$$g(\xi) = n\pi\xi + O\left(\xi^2\right)$$

C_2 は $x = 0$ 付近において直線 $y = n\pi\xi$ で近似できることがわかりました。
以上より、$x = 0$ 付近での曲線 C_1, C_2 の概形はおおよそ図 7.1 のようになります。これをもとにすると

$$n\pi\xi_n \fallingdotseq \sin a + (\cos a)\xi_n \quad \text{すなわち} \quad x_n - n\pi \fallingdotseq \frac{\sin a}{n\pi - \cos a}$$

127

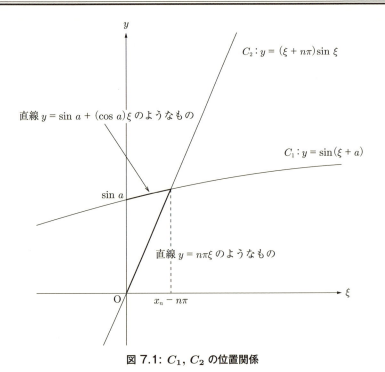

図 7.1: C_1, C_2 の位置関係

と見積もれます。ここで $\dfrac{\sin a}{n\pi - \cos a} \xrightarrow{n \to \infty} 0$ なので、(1) の極限値は 0 であると容易に推測できますね。そして

$$n \cdot \frac{\sin a}{n\pi - \cos a} = \frac{\sin a}{\pi - \dfrac{\cos a}{n}} \xrightarrow{n \to \infty} \frac{\sin a}{\pi}$$

ですから、(2) の極限値が $\dfrac{\sin a}{\pi}$ であることも推測できます。

以上はあくまで大雑把な見積もりなので、これで答案とするわけにはいきません。しかし、極限値を予想できればそれを踏まえた天下り的な証明を組み立てられる場合がありますし、そうでなくても検算の代わりにすることができます。何かと便利ですよね。

見積もりではなくちゃんと極限値を議論する場合は、例えば以下のようにすれば OK です。

(1) x_n がみたす方程式 $\sin(x_n + a) = x_n \sin x_n$ $\cdots$ ① は次のように変形できます。

$$① \iff \sin x_n = \frac{\sin(x_n + a)}{x_n}$$

いま $\begin{cases} n\pi < x_n < (n+1)\pi \\ |\sin(x_n+a)| \le 1 \end{cases}$ より $\dfrac{\sin(x_n+a)}{x_n} \xrightarrow{n\to\infty} 0$ であり、$\sin x_n \xrightarrow{n\to\infty} 0$

…② を得ます。また、① の両辺は同符号ですから $x_n < (n+1)\pi < x_n+a$ となることはなく

$$x_n + a \le (n+1)\pi \quad \therefore (0<)\; x_n - n\pi \le \pi - a \quad \cdots ③$$

が成り立ちます。②, ③ より $\lim_{n\to\infty}(x_n - n\pi) = \underline{0}$ です。

(2) $\xi_n := x_n - n\pi$ と定めます。すると

$$① \iff \sin(\xi_n + a) = (\xi_n + n\pi)\sin\xi_n$$
$$\iff n\xi_n = \frac{1}{\pi}\left\{\frac{\xi_n \sin(\xi_n+a)}{\sin \xi_n} - \xi_n^2\right\}$$

が成り立ちます。(1) より $\xi_n \xrightarrow{n\to\infty} 0$ であり

$$\frac{1}{\pi}\left\{\frac{\xi_n \sin(\xi_n+a)}{\sin \xi_n} - \xi_n^2\right\} = \frac{1}{\pi}\left\{\frac{\xi_n}{\sin \xi_n}\cdot \sin(\xi_n+a) - \xi_n^2\right\}$$
$$\xrightarrow{\xi_n \to 0} \frac{1}{\pi}\{1\cdot \sin a - 0\}$$
$$= \frac{\sin a}{\pi}$$

ですから、$\lim_{n\to\infty} n(x_n - n\pi) = \underline{\dfrac{\sin a}{\pi}}$ とわかります。

7.4 物理におけるテイラー展開 $\mathcal{H}$

林は物理学科の出身なのですが、物理ではこのテイラー展開が山ほど登場します。その中でも、前提とされる知識が少ないと思えるものをいくつかご紹介します。

[1] 単振り子の運動方程式

図 7.2 のような振り子を考えます。高校の物理なんかで勉強した記憶があるかもしれません。

図 7.2 のように、長さ l の糸に質量 m のおもりがついているとします。図で灰色で示したのが、重力と糸の張力がつり合っている状態です。糸が張った状態を保ったまま、いくらかおもりの位置を変えて手を離すと、おもりは動きます。

おもりにかかっている力を図示したのが図 7.3 です。このおもりは、適切な張力 T を糸の方向に受けることで、半径 l の円上に拘束されつつ運動します。よって、運動の変数はつり合いの位置からの偏角 θ のみです。この偏角は、図 7.2 にある矢印の方向を正とした符号付きのものです。そしてこの θ は時間の関数であることにも注意してください。

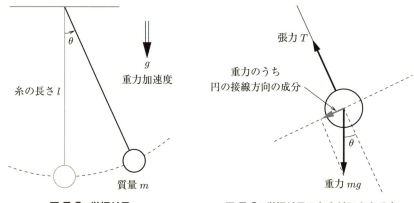

図 7.2: 単振り子　　　　図 7.3: 単振り子のおもりにかかる力

おもりにかかっている重力のうち円の接線方向の成分（その瞬間において糸と垂直な成分）は $mg\sin\theta$ であり、これは θ の符号とは逆向きにかかっています。よって、運動方程式は

$$m \cdot l \frac{d^2\theta}{dt^2} = (重力のうち、円の接線方向の成分) = -mg\sin\theta$$
$$\therefore \frac{d^2\theta}{dt^2} = -\frac{g}{l}\sin\theta \quad \cdots ①$$

となります。

ただ、運動方程式 ① の厳密な解を求めるためには、第一種完全楕円積分というものが必要で、突然数学的に高度な話題になってしまいます。少なくとも、紙とペンでやすやすと扱えるものではありません。

そこでテイラー展開の出番です。① で厄介なのは $\sin\theta$ ですが、これは次のように展開できます。

$$\sin\theta = \theta - \frac{1}{6}\theta^3 + \frac{1}{120}\theta^5 - \cdots \quad \left(= \sum_{n=0}^{\infty} \frac{(-1)^n}{(2n+1)!}\theta^{2n+1} \right)$$

よって、振り子の振れ幅 θ が十分小さければ $\sin\theta \fallingdotseq \theta$ が成り立ち、運動方程式 ① を次のようにシンプルなものに近似できるのです。

$$\frac{d^2\theta}{dt^2} = -\frac{g}{l}\theta \quad \cdots ①'$$

①′ は容易に解くことができ、次のようになります。

$$\theta = A\sin\left(\sqrt{\frac{g}{l}}t + \alpha\right) \quad (A, \alpha \text{ は定数})$$

つまり、振れ幅が小さい単振り子の運動はおおよそ単振動になるということがわかります。

[2] 単振動に近似する

単振り子の例に限らず、物理では"単振動に近似"というのをよくします。

何らかのポテンシャル $U(x)$（とりあえず一次元にします）からのみ影響を受けて運動する、質量 m の質点があったとしましょう。この質点の運動方程式は

$$m\frac{d^2x}{dt^2} = -\frac{d}{dx}U(x)$$

と書けますね。ここで、ポテンシャル $U(x)$ が極小点 $x = x_0$ をもつとしましょう。すなわち

$$\frac{dU}{dx}(x_0) = 0, \qquad \frac{d^2U}{dx^2}(x_0) > 0$$

を仮定します。このとき、$x = x_0$ の周りで $\frac{dU}{dx}(x)$ をテイラー展開することで

$$\frac{dU}{dx}(x) \fallingdotseq \frac{dU}{dx}(x_0) + \left(\frac{d^2U}{dx^2}(x_0)\right)x \fallingdotseq \left(\frac{d^2U}{dx^2}(x_0)\right)x$$

と近似できます。したがって、質点がこの極小点の周りを運動している場合、その質点の運動方程式は近似的に

$$m\frac{d^2x}{dt^2} = -\left(\frac{d^2U}{dx^2}(x_0)\right)x$$

となり、2 階の微分係数の値が正であることにも注意すると、単振動の運動方程式に帰着できるというわけです。

[3] 光波の干渉実験

次は、高校の物理でも登場する光波の干渉実験です。

図 7.4 のようなセットアップで振幅や位相が揃った光波を二つのスリット A, B から出すと、スクリーン上で光波が干渉し、明線・暗線ができます。どのような位置にそれらの線ができるのか考えてみましょう。ただし、スリット A, B から出ている光の波長は λ で等しく、振幅や位相もピッタリ揃っているものとします。

このような理想的な状況のとき、A, B からスクリーン上の点 X までの距離の差 $\Delta(x) :=$ AX $-$ BX が波長の整数倍になれば二つの波が強め合い、距離の差が半整数倍になる場合は二つの波が弱め合います。

第 7 章　テイラー展開

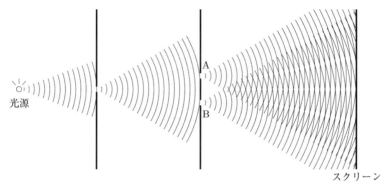

図 7.4: ヤングの干渉実験のセットアップ。まず単スリットを通し、その後二重スリットを通すことで、ある程度振幅や位相が揃った光波を二つのスリット A, B から出している。なお、実際のスクリーンは（少なくともスリット間隔と比べると、文字どおり桁違いに）離れている。

長さの設定は図 7.5 のとおりとします。また、スリット AB がある面とスクリーンは平行であり、AB の中点と O を結ぶ直線は x 軸と垂直です。そして、L は d, $|x|$ よりも十分大きいものとします[4]。

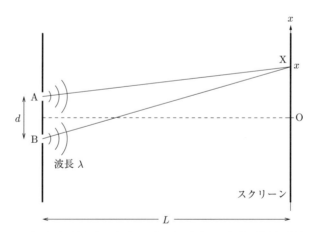

図 7.5: 二つのスリット A, B からスクリーン上の点 X までの距離の差が、光波の強め合い・弱め合いを左右する。

さて、ここから先の近似計算は大学受験や大学初年度レベルの物理で頻繁に登場しま

---

[4] "十分" というのは何とも曖昧な表現ですが、"これから行う近似が成り立つ程度には" という意味だと思ってください。物理の文献では、時折このような表現が用いられます。

132

す。林はだいぶ見慣れてしまいましたし、この章はいまのところ私の説明タイムが長いので、古賀さんに計算を進めていただきましょう！

K 三平方の定理より

$$\mathrm{AX} = \sqrt{L^2 + \left(x - \frac{d}{2}\right)^2}, \qquad \mathrm{BX} = \sqrt{L^2 + \left(x + \frac{d}{2}\right)^2}$$

であるので、$\Delta(x)$ は次のように表せます。

$$\Delta(x) = \mathrm{AX} - \mathrm{BX} = \sqrt{L^2 + \left(x - \frac{d}{2}\right)^2} - \sqrt{L^2 + \left(x + \frac{d}{2}\right)^2}$$

とはいえ、このままでは関数形がだいぶ複雑で、関数の様子がよくわかりませんね。そこで、テイラー展開を活用し、$|x|$ が十分小さいときの $\Delta(x)$ の近似式を求めます。

ここで用いるのは、$|x| \ll 1$ なる実数 x と実数 α に関する近似式

$$(1+x)^\alpha \fallingdotseq 1 + \alpha x \quad \cdots ②$$

です。これは、$f(x) := (1+x)^\alpha$ とすると

$$f'(x) = \alpha (1+x)^{\alpha - 1} \qquad \therefore f'(0) = \alpha$$

であることからしたがいます。二次以上の項は無視した一次までの展開を利用しましょう。

$d, |x|$ が L より十分小さいことにも注意すると、② より AX は次のように近似できます。

$$(\mathrm{AX} =) \quad \sqrt{L^2 + \left(x - \frac{d}{2}\right)^2} = L\sqrt{1 + \left\{\frac{1}{L}\left(x - \frac{d}{2}\right)\right\}^2}$$

$$\fallingdotseq L\left[1 + \frac{1}{2}\cdot\left\{\frac{1}{L}\left(x - \frac{d}{2}\right)\right\}^2\right]$$

$$= L + \frac{1}{2L}\left(x - \frac{d}{2}\right)^2$$

同様に BX について

$$(\mathrm{BX} =) \quad \sqrt{L^2 + \left(x + \frac{d}{2}\right)^2} \fallingdotseq L + \frac{1}{2L}\left(x + \frac{d}{2}\right)^2$$

が成り立つため、$|x|$ が小さい領域での距離差 $\Delta(x)$ は次のように近似できます。

$$\Delta(x) = \mathrm{AX} - \mathrm{BX} \fallingdotseq \left\{ L + \frac{1}{2L}\left(x - \frac{d}{2}\right)^2 \right\} - \left\{ L + \frac{1}{2L}\left(x + \frac{d}{2}\right)^2 \right\} = -\frac{dx}{L}$$

よって、Oの近くでの明線・暗線の発生条件は次のように求められます。なお、ここで登場する整数 m は負でもかまわないため、$\Delta(x) = -\dfrac{dx}{L}$ のマイナスは無視しています。

- $m \in \mathbb{Z}$ を用いて $\dfrac{dx}{L} = m\lambda$ と書ける x のあたりで明線が発生
- $m \in \mathbb{Z}$ を用いて $\dfrac{dx}{L} = \left(m + \dfrac{1}{2}\right)\lambda$ と書ける x のあたりで暗線が発生

久しぶりに物理の計算をしました。物理でたまに登場する二次以上の項は無視するという考え方は、テイラー展開したときの二次以上の項を捨てて一次近似することなのだと改めて確認できました。

[4] 相対論的エネルギーと古典的運動エネルギー 𝓗

特殊相対論において、静止質量 m、速度 v の物体がもつエネルギー E は次式により与えられます。

$$E = \frac{mc^2}{\sqrt{1-\beta^2}} \qquad \left(\beta := \frac{v}{c}\right)$$

これを認め、物体の速度 v が光速 c に比べて十分小さい場合、つまり $|\beta| \ll 1$ の場合に、エネルギー E を β についてテイラー展開することを考えましょう。

ここでも近似式 ② を用いてみます。すると、相対論的なエネルギー E は次のように近似できます。

$$\begin{aligned}
E = \frac{mc^2}{\sqrt{1-\beta^2}} = mc^2\left(1-\beta^2\right)^{-\frac{1}{2}} &\fallingdotseq mc^2\left(1 - \left(-\frac{1}{2}\right)\beta^2\right) \\
&= mc^2 + mc^2 \cdot \frac{1}{2}\beta^2 \\
&= mc^2 + \frac{1}{2}mv^2 \qquad \left(\because \beta = \frac{v}{c}\right)
\end{aligned}$$

$\dfrac{1}{2}mv^2$ は古典的な運動エネルギーにほかなりません。つまり、物体が速度をもつことで生じるエネルギーのみに着目すると、特殊相対論は古典力学と矛盾しないことがわかりますね。

第7章を終えて

𝓚：光波の干渉における経路差の近似計算なんて、久々にやりました。あれに限らず、物理ではテイラー展開がたくさん登場するんですね。

$\mathcal{H}$:はい。単振子や光波の干渉など、高校物理の段階からテイラー展開による近似はいくつも登場します。そして、大学で学ぶ物理でもテイラー展開は大活躍です。

$\mathcal{K}$:本章では理論的な側面にはあまり触れませんでしたが、理系の大学生であれば教養レベルの解析の講義でテイラー展開について詳しく学習します。林さんもやりましたよね？

$\mathcal{H}$:1年生の頃に「微分積分学」という講義で学びました。正直内容はあまり覚えていませんが……。

$\mathcal{K}$:本章を読んでテイラー展開自体について詳しく学びたいと思った方は、ぜひ大学の解析の教科書や講義ノートを探してみてください。背伸びして先のことを学んでみると、大変ですが楽しいですよ。

$\mathcal{H}$:さて、そろそろ本書も折り返しです。ここまでは解析関連の内容がメインでしたね。

$\mathcal{K}$:ですね。なので、次章ではちょっと方針を変えて、解析と確率の融合的な内容に触れたいと思います。

第8章
確率と母関数

林が大学受験の指導をしていると、確率分野を苦手とする受験生によく出会います。例えば積分計算であれば"これを計算すればよい"というものがあるのに対し、確率関連の問題はいきなり計算に飛びつくことができないのがしんどいようです。でも、多角的に問題を眺めることで、その奥深さをきっと楽しめるはずです。

8.1 線型代数で確率の問題を攻略する 𝓗

本書の姉妹書である「語りかける東大数学」の第5章では、次のような確率の問題を扱いました。

> **題材** 東京大学 1982 年 理系数学 第 6 問
>
> サイコロが1の目を上面にして置いてある。向かいあった1組の面の中心を通る直線のまわりに 90° 回転する操作を繰り返すことにより、サイコロの置きかたを変えていく。ただし、各回ごとに、回転軸および回転する向きの選びかたは、それぞれ同様に確からしいとする。第 n 回目の操作の後に1の目が上面にある確率を p_n、側面のどこかにある確率を q_n、底面にある確率を r_n とする。
> (1) p_1, q_1, r_1 を求めよ。
> (2) p_n, q_n, r_n を $p_{n-1}, q_{n-1}, r_{n-1}$ で表せ。
> (3) $p = \lim_{n\to\infty} p_n, q = \lim_{n\to\infty} q_n, r = \lim_{n\to\infty} r_n$ を求めよ。

高校数学の範囲では、(2) で漸化式を求めたらそれらを変形したり組み合わせたりして等比数列の形にし、p_n, q_n, r_n の一般項を求めるという流れをよく見かけます。しかし、行列の力を借りることで、より一般的な手続きにより見通しよく (3) の結論を出せます。ここでも大まかにその手順をご紹介します。

[1] 遷移を行列で表現する

まず、次のように状態 P, Q, R を定めます。
- 状態 P：サイコロの1の目が上面にある状態
- 状態 Q：サイコロの1の目が側面のどこかにある状態

- 状態 R：サイコロの 1 の目が底面にある状態

第 n 回目 $(n \in \mathbb{Z}_+)$ の操作後にサイコロが P, Q, R の各状態であった場合について、次にどの状態に遷移するかをまとめると図 8.1, 8.2, 8.3 のようになります。

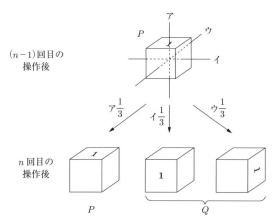

図 8.1: P の次の状態はどうなるか

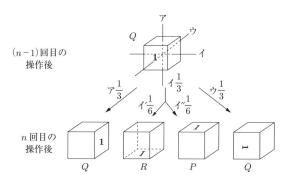

図 8.2: Q の次の状態はどうなるか

(1) はたった 1 ステップですし、図 8.1 より正解がただちにわかりますね。

$$p_1 = \frac{2}{6} = \underline{\frac{1}{3}}, \quad q_1 = \frac{4}{6} = \underline{\frac{2}{3}}, \quad r_1 = \underline{0}$$

次は (2) です。ここで、確率 p_n, q_n, r_n を縦に並べたベクトル $\overrightarrow{p_n} := {}^t(p_n, q_n, r_n)$ を定めます。また、$p_0 = 1, q_0 = r_0 = 0$ とし、n の範囲を非負整数に拡張しておきます。

このとき、やはり図を参照することで次のような漸化式を立てられます。

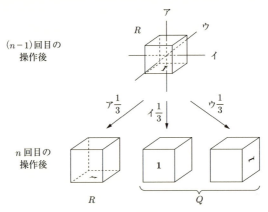

図 8.3: R の次の状態はどうなるか

$$\begin{pmatrix} p_n \\ q_n \\ r_n \end{pmatrix} = \begin{pmatrix} \frac{1}{3} & \frac{1}{6} & \\ \frac{2}{3} & \frac{2}{3} & \frac{2}{3} \\ & \frac{1}{6} & \frac{1}{3} \end{pmatrix} \begin{pmatrix} p_{n-1} \\ q_{n-1} \\ r_{n-1} \end{pmatrix} \quad (n \geq 1)$$

上式に登場する 3×3 の行列を A とすると、状態遷移は $\vec{p_n} = A\vec{p_{n-1}}$ となるわけです。そこで行列 A の固有値・固有ベクトルを求めてみます。まず

$$\det(A - \lambda E) = \cdots = \lambda \left(\frac{1}{3} - \lambda\right)(\lambda - 1)$$

より行列 A の固有値は $0, \dfrac{1}{3}, 1$ であり、各々に対応する固有ベクトル (の一つ) は次のようになります。

固有値 $\lambda_1 := 0$ $\cdots$ 固有ベクトル $\vec{v_1} := {}^t(1, -2, 1)$
固有値 $\lambda_2 := \dfrac{1}{3}$ $\cdots$ 固有ベクトル $\vec{v_2} := {}^t(1, 0, -1)$
固有値 $\lambda_3 := 1$ $\cdots$ 固有ベクトル $\vec{v_3} := {}^t(1, 4, 1)$

初期値は $\vec{p_0} = {}^t(1, 0, 0)$ だったわけですが、これは

$$\begin{pmatrix} 1 \\ 0 \\ 0 \end{pmatrix} = \frac{1}{3}\begin{pmatrix} 1 \\ -2 \\ 1 \end{pmatrix} + \frac{1}{2}\begin{pmatrix} 1 \\ 0 \\ -1 \end{pmatrix} + \frac{1}{6}\begin{pmatrix} 1 \\ 4 \\ 1 \end{pmatrix} \quad \therefore \vec{p_0} = \frac{1}{3}\vec{v_1} + \frac{1}{2}\vec{v_2} + \frac{1}{6}\vec{v_3}$$

という具合に $\vec{v_1}, \vec{v_2}, \vec{v_3}$ の実数係数での線型結合で表すことができます。

$i = 1, 2, 3$ について、$\vec{v_i}$ は行列 A を 1 回作用させるごとに係数が λ_i 倍されます。$\lambda_1 = 0$ ですから、A を 1 回作用させた時点で $\vec{v_1}$ の係数は 0 となり、以後変化しません。$|\lambda_2| = \dfrac{1}{3} < 1$ ですから、$\vec{v_2}$ の係数は、A を 1 回作用させるごとに指数関数的に減衰していきます。一方 $\lambda_3 = 1$ ですから、行列 A を何回作用させても $\vec{v_3}$ の係数は不変です。よって

$$\vec{p_n} \xrightarrow{n \to \infty} \dfrac{1}{6}\vec{v_3} \quad \left(= {}^t\left(\dfrac{1}{6}, \dfrac{2}{3}, \dfrac{1}{6}\right) \right)$$

がしたがい、具体的に漸化式を解くことなしに $p = \dfrac{1}{6}, q = \dfrac{2}{3}, r = \dfrac{1}{6}$ とわかるのです。

高校生の頃の自分（林）は、頑張って漸化式を立ててそれを解くという手段ばかり用いていたのですが、線型代数の知識を用いたこうした解法を初めて目にしたとき、たいへん驚いた記憶があります。

でも、確率の問題を解決する手段はほかにもあるようなのです。それについて、古賀さんに教えていただきましょう。

8.2 母関数を活用して確率の問題を解く 🄚

ここでは母関数という道具を紹介します。

[1] 二項定理から

二項定理には、場合の数で用いられる組合せ $_n\mathrm{C}_r$ が登場しました。それに関連する問題から振り返ってみましょう。

題材　　二項定理

n 個の異なる要素からなる集合 $\{x_1, x_2, ..., x_n\}$ の部分集合は何個か。また、要素が k 個からなる部分集合は何個か。

部分集合の要素として選ぶか選ばないかを、x_1 から順に選択していきます。例えば、x_1 を選ぶか選ばないかは $1 + x_1$ という多項式で表すことにします。1 が「選ばない」こと、x_1 が「選ぶ」ことを表しています。すると

$$(1 + x_1)(1 + x_2) \cdots (1 + x_n) \quad \cdots ①$$

という積によって、$x_1, ..., x_n$ のそれぞれの選択を表すことができます。というのも、これを展開したときの項は

- 一つ目のカッコ $(1 + x_1)$ から、1 と x_1 のどちらか
- 二つ目のカッコ $(1 + x_2)$ から、1 と x_2 のどちらか　$\cdots$

- n つ目のカッコ $(1+x_n)$ から、1 と x_n のどちらか

を選んでかけ合わせた単項式になっていて、これらの単項式がそれぞれの選択の方法を表しているからです。例えば、展開したときの項の一つ、$x_2 x_4$ は 2 個目のカッコで x_2、4 個目のカッコで x_4 を選び、それ以外は 1 を選んだ場合を表していて、部分集合 $\{x_2, x_4\}$ に対応します。

この多項式を利用して、問題を解きましょう。まず、部分集合の個数は、この単項式の総数に対応します。それは、①を展開したときの係数の総和で、$x_1 = x_2 = \cdots = x_n = 1$ として求めることができ

$$(1+1)(1+1)\cdots(1+1) = \underline{2^n}$$

と求めることができます。また、要素が k 個からなる部分集合の個数は、①を展開したときの k 次の項の係数の総和で、それは $x_1 = x_2 = \cdots = x_n = x$ としたときの x^k の係数に対応します。$(1+x)^n$ の x^k の係数は $\underline{{}_n C_k}$ です。

以上のように、多項式①、すなわち

$$(1+x_1)(1+x_2)\cdots(1+x_n)$$

は、すべての部分集合の情報を含んだ多項式であるといえます。このような多項式を母関数といいます。何かしらの場合の数を求める際に、その場合の数だけでなくすべての場合に関する情報を含んだ母関数を考察して、特定の場合の数を求める方法が有効なことがあります。入試問題を通してみていきましょう。

題材　2017 年 理系数学 第 6 問

> n を自然数とする。n 個の箱すべてに、$\boxed{1}, \boxed{2}, \boxed{3}, \boxed{4}, \boxed{5}$ の 5 種類のカードがそれぞれ 1 枚ずつ計 5 枚入っている。各々の箱から 1 枚ずつカードを取り出し、取り出した順に左から並べて n 桁の数 X を作る。このとき、X が 3 で割り切れる確率を求めよ。

X が 3 の倍数であることの必要十分条件は、X の各位の和が 3 の倍数であることです。突然ですが、$f(x) = x + x^2 + x^3 + x^4 + x^5$ という多項式を考えます。ここで、x, x^2, x^3, x^4, x^5 はそれぞれ $\boxed{1}, \boxed{2}, \boxed{3}, \boxed{4}, \boxed{5}$ のカードに対応します。

$$f(x)^2 = (x + x^2 + x^3 + x^4 + x^5)(x + x^2 + x^3 + x^4 + x^5)$$

を考え、それを展開すると

$$f(x)^2 = x^2 + 2x^3 + 3x^4 + 4x^5 + 5x^6 + 4x^7 + 3x^8 + 2x^9 + x^{10}$$

となりますが、ここで x^i の係数は各位の和が i となる 2 桁の X の場合の数になっています。同様にして

$$f(x)^n = (x + x^2 + x^3 + x^4 + x^5)^n$$

を展開したときの x^i の係数は、各位の和が i となる n 桁の X の場合の数になります。

したがって、今求めたい X が 3 で割り切れるような場合の数は、3 の倍数の次数の単項式の係数の合計に等しくなります。それを求めるには、虚数の 1 の 3 乗根を ω として

$$f(\omega)^n = (\omega + \omega^2 + \omega^3 + \omega^4 + \omega^5)^n = (\omega + \omega^2 + 1 + \omega + \omega^2)^n = (-1)^n$$
$$f(\omega^2)^n = (\omega^2 + \omega^4 + \omega^6 + \omega^8 + \omega^{10})^n = (\omega^2 + \omega + 1 + \omega^2 + \omega)^n = (-1)^n$$
$$f(1)^n = (1 + 1 + 1 + 1 + 1)^n = 5^n$$

を利用します。一方、$f(x)^n = \sum_{i=0}^{5n} a_i x^i$, $b_0 = a_0 + a_3 + \cdots$, $b_1 = a_1 + a_4 + \cdots$, $b_2 = a_2 + a_5 + \cdots$ とおくと

$$f(\omega)^n = a_0 + a_1\omega + a_2\omega^2 + a_3 + \cdots = b_0 + b_1\omega + b_2\omega^2$$
$$f(\omega^2)^n = a_0 + a_1\omega^2 + a_2\omega + a_3 + \cdots = b_0 + b_1\omega^2 + b_2\omega$$
$$f(1)^n = a_0 + a_1 + a_2 + a_3 + \cdots = b_0 + b_1 + b_2$$

であるので

$$\begin{cases} b_0 + b_1\omega + b_2\omega^2 = (-1)^n \cdots ① \\ b_0 + b_1\omega^2 + b_2\omega = (-1)^n \cdots ② \\ b_0 + b_1 + b_2 = 5^n \cdots ③ \end{cases}$$

です。ゆえに、$\dfrac{①+②+③}{3}$ より、$b_0 = \dfrac{2(-1)^n + 5^n}{3}$ です。これが X が 3 で割り切れる場合の数ですが、すべての場合は同様に確からしく 5^n 通りあるので、求める確率は

$$\frac{b_0}{5^n} = \underline{\frac{2}{3}\left(-\frac{1}{5}\right)^n + \frac{1}{3}}$$

となります。

8.3　京大入試における、母関数の様々な応用例 $\mathcal{H}$

せっかく古賀さんに面白い手法を教えていただいたので、それを活用して自分（林）も京大の入試問題を解いてみます。

第 8 章 確率と母関数

[1] 例題その 1

> **題材** 2023 年 理系数学 第 3 問
>
> n を自然数とする。1 個のさいころを n 回投げ、出た目を順に X_1, $X_2, \ldots\ldots, X_n$ とし、n 個の数の積 $X_1 X_2 \cdots\cdots X_n$ を Y とする。
> (1) Y が 5 で割り切れる確率を求めよ。
> (2) Y が 15 で割り切れる確率を求めよ。

本問は、出目の積 Y がもつ素因数 $3, 5$ の個数について考えるものです。そこで、素因数 $3, 5$ をそれぞれ a, b に対応させた次の関数 f を用意します。

$$f(a, b) := \frac{1}{6^n}(1 + 1 + a + 1 + b + a)^n \quad \left(= \frac{1}{6^n}(2a + b + 3)^n \right)$$

例えば $n = 2$ の場合（さいころを 2 回振る場合）の f は次のようになります。

$$f(a, b) = \frac{1}{6^2}(2a + b + 3)^2 = \frac{1}{36}\left(4a^2 + 4ab + b^2 + 12a + 6b + 9\right)$$

出目の積 $Y\, (= X_1 X_2)$ が 5 で割り切れる確率 $P(5|Y)$（以後同様の記号を用います）を知りたいときは、素因数 5 に対応する文字 b を含む項の係数を次式のように足し合わせます。

$$P(5|Y) = \frac{1}{36}(4 + 1 + 6) = \frac{11}{36}$$

出目の積 $Y\, (= X_1 X_2)$ が 15 で割り切れる確率を知りたいときは、素因数 $3, 5$ に対応する a, b がともに含まれている項の係数を足し合わせれば OK です。といってもそのような項は $\frac{1}{36} \cdot 4ab$ のみなので、$P(15|Y) = \frac{4}{36}$ とわかります。

[2] (1) b を 1 個以上含む項の係数和は？

ではいよいよ、先ほどの問題を攻略してみましょう。まず (1) からです。Y が 5 で割り切れる確率は

$$f(a, b) = \frac{1}{6^n}(2a + b + 3)^n$$

の項たちのうち b を含むものについて、その係数和を計算したものにほかなりません。先ほどの例では $n = 2$ という小さな値でしたので、$(2a + b + 3)^n$ をストレートに展開できました。しかし、一般の n に対してもその展開計算をするわけにはいきません。何らかの工夫が必要そうです。どうすればよいでしょうか。

$(2a + b + 3)^n$ を展開して得られる項たちのうち、Y が 5 の倍数となる事象に対応す

るもの（b を含むもの）とそうでないもの（b を含まないもの）の文字の部分を列挙すると次のようになります。

(i) b を含むもの　　　: $b, ab, b^2, a^2b, ab^2, b^3, \cdots$
(ii) b を含まないもの : (定数項), $a, a^2, a^3, a^4, \cdots$

いま計算したいのは、(i) の係数の和です。一見計算しづらそうですが
- $(a, b) = (1, 1)$ とすると (i) および (ii) の係数和を計算できる
- $(a, b) = (1, 0)$ とすると (ii) の係数和を計算できる

ことに着目すると、求める確率は次のように計算できます。ただし、多項式 f の項たちのうち条件☆をみたすものたちの係数和を $\sigma[☆]$ と表すことにします。また、項が b を含むという条件を B、b を含まないという条件を $\overline{B}$ のように表します。

$$P(5 \mid Y) = \sigma[B] = \sigma[すべて] - \sigma[\overline{B}] = f(1,1) - f(1,0) = \underline{1 - \frac{5^n}{6^n}}$$

[3]　(2) x, y をいずれも含む項の係数和は？

こんどは Y が 15 の倍数になる、すなわち、Y が素因数 3, 5 をいずれも含む確率を考えます。これは、a, b をいずれも含む項たちの係数和と等しく、次のように計算できます。ただし、項が a を含むという条件を A、a を含まないという条件を $\overline{A}$ のように表します。

$$P(15 \mid Y) = \sigma[A \wedge B] = 1 - \sigma[\overline{A} \vee \overline{B}] = 1 - \left(\sigma[\overline{A}] + \sigma[\overline{B}] - \sigma[\overline{A} \wedge \overline{B}]\right)$$
$$= 1 - (f(0,1) + f(1,0) - f(0,0))$$
$$= \underline{1 - \frac{4^n + 5^n - 3^n}{6^n}}$$

……ただ、冷静にお読みになっている方であれば、上の解法が高校数学っぽく解いたものと大差ないことがわかるはずです。できれば、多項式を導入することで通常よりもスマートに解決できる例もほしいですよね。そこで、もうちょっと捻った設定の問題を考えてみましょう。

[4]　例題その 2

> **題材**　東京大学 2003 年 理系数学 第 5 問
>
> さいころを n 回振り、第 1 回目から第 n 回目までに出たさいころの目の数 n 個の積を X_n とする。
> (1) X_n が 5 で割り切れる確率を求めよ。
> (2) X_n が 4 で割り切れる確率を求めよ。
> (3) X_n が 20 で割り切れる確率を p_n とおく。$\displaystyle\lim_{n \to \infty} \frac{1}{n} \log(1 - p_n)$ を求めよ。

(1) の確率と全く同じものを先ほど計算しました。ここでは (2) を攻略します。

同じような問題に見えるかもしれませんが、4 は $4 = 2^2$ と素因数分解できるため、先ほどと全く同じようには攻略できません。例えば 4 という目自体が出なくても、2 という目が 2 回出れば X_n は 4 で割り切れてしまいます。ちょっと難しくなっているわけです。

困ったようですが、うまい策があります。まず、さいころの目 1, 2, 3, 4, 5, 6 に含まれる素因数 2 の個数はそれぞれ 0, 1, 0, 2, 0, 1 個です。それをふまえ

$$f(x) := \left(\frac{1}{6} + \frac{1}{6}x + \frac{1}{6} + \frac{1}{6}x^2 + \frac{1}{6} + \frac{1}{6}x\right)^n \quad \left(= \frac{1}{6^n}\left(x^2 + 2x + 3\right)^n\right)$$

という関数を定義してみます。x を素因数 2 に対応させているわけです。

いま定義した $f(x)$ は、X_n の素因数 2 の個数の確率分布を与えてくれます。例えば $n = 2$ の場合は

$$f(x) = \frac{1}{6^2}\left(x^2 + 2x + 3\right)^2$$
$$= \frac{1}{36}x^4 + \frac{4}{36}x^3 + \frac{10}{36}x^2 + \frac{12}{36}x + \frac{9}{36}$$

となり、これを見ることで X_2 について、例えば次のようなことがわかるのです。

$$P(2 \nmid X_2) = (f(x) \text{ の定数項}) = \frac{9}{36}$$
$$P(8 \mid X_2) = (f(x) \text{ の三次以上の項の係数和}) = \frac{1}{36} + \frac{4}{36} = \frac{5}{36}$$

一般の n について出目の積 X_n が 4 の倍数となる確率は、この $f(x)$ を用いて次のように表せます。

$$P(4 \mid X_n) = 1 - (f(x) \text{ の定数項}) - (f(x) \text{ の一次の係数})$$

$f(x)$ の定数項は $f(0)$ であり、これは

$$f(0) = \frac{3^n}{6^n} = \frac{1}{2^n}$$

とすぐ計算できますね。

悩ましいのは $f(x)$ の一次の係数の計算方法ですが、$f'(0)$ (つまり $f'(x)$ の $x = 0$ での値) がまさにそれです。その理由を簡単に述べておきます。いま $f(x)$ は多項式ですから、n 乗を展開して整理することで

$$f(x) = a_0 + a_1 x + a_2 x^2 + (x \text{ の三次以上の項})$$

という形に整理できますね。この $f(x)$ の導関数は

$$f'(x) = a_1 + 2a_2 x + (x\text{の二次以上の項})$$

であり、$x = 0$ とすると $f'(0) = a_1$ となります。たしかに一次の係数のみ取り出せていますね。

そういうわけなので $f'(0)$ を計算すると

$$f'(x) = \frac{1}{6^n} \cdot n \left(x^2 + 2x + 3\right)^{n-1} \cdot \left(x^2 + 2x + 3\right)' = \frac{2n(x+1)\left(x^2 + 2x + 3\right)^{n-1}}{6^n}$$

$$\therefore f'(0) = \frac{2n \cdot 1 \cdot 3^{n-1}}{6^n} = \frac{1}{2^n} \cdot \frac{2}{3} n$$

となります。よって、求める確率 $P(4 \mid X_n)$ は次のようになります。

$$\begin{aligned} P(4 \mid X_n) &= 1 - f(0) - f'(0) \\ &= 1 - \frac{1}{2^n} - \frac{1}{2^n} \cdot \frac{2}{3} n \\ &= \underline{1 - \frac{1}{2^n}\left(1 + \frac{2}{3} n\right)} \end{aligned}$$

こうした少々複雑な設定になると、母関数の利便性が際立つのではないでしょうか。

[5] 例題その3

せっかくなので、全く異なる設定の問題でも母関数を活用してみます。

> **題材** 2021 年 理系数学 第 1 問 問 2
>
> 赤玉、白玉、青玉、黄玉が1個ずつ入った袋がある。よくかきまぜた後に袋から玉を1個取り出し、その玉の色を記録してから袋に戻す。この試行を繰り返すとき、n 回目の試行で初めて赤玉が取り出されて4種類すべての色が記録済みとなる確率を求めよ。ただし n は4以上の整数とする。

これも多項式を用いて攻略してみましょう。問題文の条件は、次の2条件の連立に言い換えられます。

(a) $(n-1)$ 回目までで白玉・青玉・黄玉がいずれも1回以上記録されており、かつ赤玉は記録されていない
(b) n 回目の試行で赤が記録される

そこで、次のような関数 f を用意します。r, x, y, z をそれぞれ赤玉、白玉、青玉、黄玉に対応させているつもりです。

$$f(r, x, y, z) := \left(\frac{1}{4}r + \frac{1}{4}x + \frac{1}{4}y + \frac{1}{4}z\right)^{n-1}$$

この $f(r, x, y, z)$ を展開したときの項たちのうち $x^{(1\,以上)} y^{(1\,以上)} z^{(1\,以上)}$ という形をしているものが条件 (a) に対応し、その係数和は次のように計算できます。ただし、例えば項が x, y 以外の文字をもたないという条件を "X, Y" のように表します。

$$\sigma[x^{(1\,以上)} y^{(1\,以上)} z^{(1\,以上)}]$$
$$= \sigma[X, Y, Z] - \sigma[Y, Z] - \sigma[Z, X] - \sigma[X, Y] + \sigma[X] + \sigma[Y] + \sigma[Z]$$
$$= f(0, 1, 1, 1) - f(0, 0, 1, 1) - f(0, 1, 0, 1) - f(0, 1, 1, 0)$$
$$\quad + f(0, 1, 0, 0) + f(0, 0, 1, 0) + f(0, 0, 0, 1)$$
$$= \left(\frac{3}{4}\right)^{n-1} - 3 \cdot \left(\frac{2}{4}\right)^{n-1} + 3 \cdot \left(\frac{1}{4}\right)^{n-1}$$

条件 (b) は単に "n 回目に赤玉が記録されている" というだけのことなので、上の係数和に $\dfrac{1}{4}$ を乗算したもの（次式）が本問の答えとなるわけです。

$$(\text{求める確率}) = \frac{1}{4} \cdot \sigma[x^{(1\,以上)} y^{(1\,以上)} z^{(1\,以上)}] = \frac{3^{n-1} - 3 \cdot 2^{n-1} + 3}{4^n}$$

これで本問は解決です！ $f(r, x, y, z)$ の r, x, y, z に様々な値の組を代入するところが少々テクニカルですが、それさえ理解してしまえばラクに答えを出すことができます。

ちなみに、いま求めた $\sigma[x^{(1\,以上)} y^{(1\,以上)} z^{(1\,以上)}]$ は、同じ母関数を用いて次のように表すこともできます[1]。

$$\sigma[x^{(1\,以上)} y^{(1\,以上)} z^{(1\,以上)}]$$
$$= \int_0^z \int_0^y \int_0^x \left\{ \frac{\partial}{\partial x} \frac{\partial}{\partial y} \frac{\partial}{\partial z} f(r, x, y, z) \right\} dx\, dy\, dz \bigg|_{(r, x, y, z) = (0, 1, 1, 1)}$$

なお、束縛変数と自由変数が同じ x, y, z となっていますが、別の文字を導入すると見た目がより複雑になってしまうため、紛らわしいですが重複させたままにしてあります。

さて、上式が成り立つ理由を考えてみましょう。$f(r, x, y, z)$ を展開して得られる項たちのうち

$$x^k y^l z^m \ (k, l, m \in \mathbb{Z}_{\geq 0})$$

に着目します（係数は一旦無視します）。いきなり x, y, z の 3 変数で微分・積分をするのはやめて、例えば x についてのみ微分・積分しましょう。すると次のようになります。

---
[1] この手法は古賀さんに教えていただきました。

- $k = 0$ の場合

$$\frac{\partial}{\partial x}\left(x^k y^l z^m\right) = 0, \qquad \int_0^x 0\, dx = 0$$

- $k > 0$ の場合

$$\frac{\partial}{\partial x}\left(x^k y^l z^m\right) = kx^{k-1}y^l z^m, \qquad \int_0^x kx^{k-1}y^l z^m\, dx = \left[x^k y^l z^m\right]_0^x = x^k y^l z^m$$

ご覧のとおり、$k = 0$ の場合のみ微分・積分により項がなくなり、それ以外の場合は項が復元されるのです。もちろん y, z での操作においても同様のことがいえます。よって、x, y, z のうちどれか 1 種の文字でも抜けている項 (x^3 や yz^2 など) は一連の微分・積分により消え、お目当ての $x^{(1\text{ 以上})} y^{(1\text{ 以上})} z^{(1\text{ 以上})}$ の項たちのみ残ってくれます。最後に $(r, x, y, z) = (0, 1, 1, 1)$ を代入することにより、それらの項たちの係数和を計算できるというわけです。

この方法を早速実践してみましょう。$f(r, x, y, z)\ \left(= \dfrac{1}{4^{n-1}}(r+x+y+z)^{n-1}\right)$ を x, y, z で偏微分すると

$$\frac{\partial}{\partial x}\frac{\partial}{\partial y}\frac{\partial}{\partial z} f(r, x, y, z) = \frac{(n-1)(n-2)(n-3)}{4^{n-1}}(r+x+y+z)^{n-4} \quad \cdots ①$$

となります。こんどはこれを x, y, z で積分するわけです。

$$\int_0^x (①)\, dx = \frac{(n-1)(n-2)}{4^{n-1}}\left[(r+x+y+z)^{n-3}\right]_0^x$$

$$= \frac{(n-1)(n-2)}{4^{n-1}}\left\{(r+x+y+z)^{n-3} - (r+y+z)^{n-3}\right\} \quad \cdots ②$$

$$\int_0^y (②)\, dy = \frac{(n-1)}{4^{n-1}}\left[(r+x+y+z)^{n-2} - (r+y+z)^{n-2}\right]_0^y$$

$$= \frac{(n-1)}{4^{n-1}}\left\{(r+x+y+z)^{n-2} - (r+x+z)^{n-2}\right.$$

$$\left. - (r+y+z)^{n-2} + (r+z)^{n-2}\right\} \quad \cdots ③$$

$$\int_0^z (③)\, dz = \frac{1}{4^{n-1}}\left[(r+x+y+z)^{n-1} - (r+x+z)^{n-1}\right.$$

$$\left. - (r+y+z)^{n-1} + (r+z)^{n-1}\right]_0^z$$

$$= \frac{1}{4^{n-1}}\left\{(r+x+y+z)^{n-1} - (r+x+y)^{n-1}\right.$$

$$- (r+x+z)^{n-1} + (r+x)^{n-1}$$

$$- (r+y+z)^{n-1} + (r+y)^{n-1}$$

$$\left. + (r+z)^{n-1} - r^{n-1}\right\} \quad \cdots ④$$

最後に $(r, x, y, z) = (0, 1, 1, 1)$ を代入することで

$$
\begin{aligned}
④|_{(r,x,y,z)=(0,1,1,1)} &= \frac{1}{4^{n-1}}(3^{n-1} - 2^{n-1} - 2^{n-1} + 1^{n-1} - 2^{n-1} + 1^{n-1} + 1^{n-1} - 0) \\
&= \frac{3^{n-1} - 3 \cdot 2^{n-1} + 3}{4^{n-1}}
\end{aligned}
$$

となり、$\sigma[x^{(1\,以上)} y^{(1\,以上)} z^{(1\,以上)}]$ が計算できました。これに $\frac{1}{4}$ ($= n$ 回目の試行で赤玉が取り出される確率) を乗算すれば、先ほどと同じ答えが得られます。

このように母関数は案外いろいろな問題に応用できます。使い慣れると便利で楽しいので、ぜひあなたも母関数を用いた問題攻略に挑戦してみてください！

8.4 数え上げの問題における母関数の活用例

ここまでは、状況にあてはまる多項式をうまく利用することで解ける問題を扱いました。最後に、場合の数を各次数の係数に並べた無限級数の形をした母関数の計算によって威力を発揮する問題を取り上げましょう。

題材 凸 n 角形を三角形に分割する

凸 n 角形がある。端点以外では交わらない $(n-3)$ 本の対角線を引いて、$(n-2)$ 個の三角形に分割したい。その分割の仕方は何通りか。

この分割の仕方の場合の数を D_n とおくと

$$D_3 = 1, \quad D_4 = 2, \quad D_5 = 5, \ldots$$

であることがわかります。例えば図 8.4 は五角形の分割の $D_5 = 5$ 通りを表した図です。

図 8.4: 五角形の分割のすべて

一般の n に対してこれを求めてみましょう。n 角形の一つの辺を e とします。三角形分割をしたときに、e を含む三角形が一つあり、その三角形に分断される形で多角形が二つないし一つできるはずです。例えば図 8.5 はともに八角形を分割する例ですが、左の方は四角形と五角形ができていて、右は七角形のみができています。

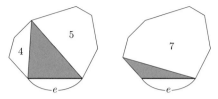

図 8.5: 八角形にまず一つの三角形をつくる

一般に、三角形の両脇にできる多角形の組合せは

$$(\times, n-1), (3, n-2), (4, n-3), ..., (n-2, 3), (n-1, \times)$$

です（× は多角形ができないことを表します）。それぞれの場合において、n 角形より頂点の数が少ない多角形ができていますから、帰納的に場合の数を求めることで

$$D_n = D_{n-1} + D_3 D_{n-2} + D_4 D_{n-3} + \cdots + D_{n-2} D_3 + D_{n-1} \cdots ①$$

という漸化式が得られます。これにしたがえば D_n が求められるのですが、ここでは母関数を利用して計算しましょう。

便宜上 $D_2 = 1$ とおき、母関数

$$f(x) = D_2 x^2 + D_3 x^3 + D_4 x^4 + \cdots + D_n x^n + \cdots$$

を設定します。D_2 を用いると、①の式は

$$D_n = D_2 D_{n-1} + D_3 D_{n-2} + D_4 D_{n-3} + \cdots + D_{n-2} D_3 + D_{n-1} D_2 \cdots ②$$

と表せますが、この右辺のそれぞれの項は $f(x)^2$ を展開したときに現れます。そのことに着目すると

$$\begin{aligned}
f(x)^2 &= (D_2 x^2 + D_3 x^3 + D_4 x^4 + \cdots)(D_2 x^2 + D_3 x^3 + D_4 x^4 + \cdots) \\
&= D_2 D_2 x^4 + (D_2 D_3 + D_3 D_2) x^5 + (D_2 D_4 + D_3 D_3 + D_4 D_2) x^6 + \cdots \\
&= D_3 x^4 + D_4 x^5 + D_5 x^6 + \cdots + D_{n-1} x^n + \cdots \\
&= -D_2 x^3 + x(D_2 x^2 + D_3 x^3 + D_4 x^4 + \cdots + D_{n-1} x^{n-1} + \cdots) \\
&= -x^3 + x f(x)
\end{aligned}$$

と計算できます。そこで

$$f(x)^2 - x f(x) + x^3 = 0$$

を、$f(x)$ の二次方程式だと思って無理やり解くと

149

$$f(x) = \frac{x \pm x\sqrt{1-4x}}{2} \cdots ③$$

となります。ここで、$\sqrt{1-4x}$ の部分をテイラー展開して

$$\sqrt{1-4x} = 1 + \sum_{k=1}^{\infty} \binom{1/2}{k}(-4)^k x^k \cdots ④$$

を考えたときに、$f(x)$ には一次の項がないことも合わせると、③の $\pm$ は $-$ の方にするべきだと考えられます。ただし、$a \in \mathbb{R}, k \in \mathbb{Z}_{\geq 0}$ に対して一般二項係数[2]を

$$\binom{a}{k} := \frac{a(a-1)\cdots(a-k+1)}{k!}$$

と定義しています。このとき、さらに④の計算については $k \geq 2$ に対し

$$\binom{1/2}{k}(-4)^k = \frac{\frac{1}{2}(-\frac{1}{2})(-\frac{3}{2})\cdots(-\frac{2k-3}{2})}{k!}(-4)^k$$
$$= -\frac{1 \cdot 3 \cdots (2k-3)}{k!} \cdot 2^k$$
$$= -\frac{2 \cdot 2 \cdot 6 \cdot 10 \cdots (4k-6)}{1 \cdot 2 \cdot 3 \cdots \cdot k}$$

であるので

$$f(x) = \frac{x}{2}\left(1 - 1 + 2x + \sum_{k=2}^{\infty} \frac{2 \cdot 2 \cdot 6 \cdot 10 \cdots (4k-6)}{1 \cdot 2 \cdot 3 \cdots k} x^k\right)$$
$$= x^2 + \sum_{k=3}^{\infty} \frac{2 \cdot 6 \cdot 10 \cdots (4k-10)}{1 \cdot 2 \cdot 3 \cdots (k-1)} x^k$$

となり

$$D_n = \frac{2 \cdot 6 \cdot 10 \cdots (4n-10)}{1 \cdot 2 \cdot 3 \cdots (n-1)} \qquad (n \geq 3)$$

が求められます。D_n は**カタラン数**と呼ばれ、二項係数を用いるともう少し簡単に表せますが、それは読者への宿題としましょう。

---

[2] $a \in \mathbb{Z}_+$ のときは通常の二項係数です。それと同じ定義式を用いて $a \in \mathbb{R}$ に拡張しています。一般に $(1+x)^a$ の $x=0$ でのテイラー展開は

$$(1+x)^a = 1 + \binom{a}{1}x + \binom{a}{2}x^2 + \cdots$$

となります。

第 8 章を終えて

$\mathcal{K}$：確率の問題というと、遷移図を描き、漸化式を立てて、それを頑張って解いて……というのをつい連想してしまうかもしれません。でも、実際は多様な解決策があるんです。

$\mathcal{H}$：姉妹書の「語りかける東大数学」では、本章の冒頭でも紹介したように固有ベクトルを用いる解法について調べたのですが、多項式を用いた解法は初めて知りました。

$\mathcal{K}$：初見だとだいぶ驚きますよね。そもそも多項式と確率の関係自体がイメージしづらいですし。

$\mathcal{H}$：そうなんです。でも、いくらか実験をしてみると確かに密接に関係していることがわかり面白かったです。ほかの問題でも母関数を使えないか、考えてみたくなりました。

$\mathcal{K}$：実は、入試問題に限らず様々な箇所で母関数の概念は登場します。例えば統計を学ぶと"確率母関数""積率母関数"というものが登場します。

$\mathcal{H}$：おー、なるほど。だいぶ奥が深そうなテーマですね。

$\mathcal{K}$：さて、次はどうしましょうか。この第 8 章の冒頭は、「語りかける東大数学」の内容の抜粋からスタートしました。再度深掘りできそうなテーマはほかにありそうですか？（よし、これで自分がネタを考えずに済むぞ）

$\mathcal{H}$：では、大学で物理を学ぶとたくさん登場するアレを本書でも扱います。

第9章
微分方程式

前章の冒頭では、私（林）が書いた姉妹書「語りかける東大数学」の内容をもとに、線型代数の知識を活用して確率の問題を攻略する手段を述べました。同書もやはり高校数学と大学数学をつなぐ入試問題を題材としているのですが、そこからもう一つテーマを連れてきます。

9.1 入試問題で微分方程式が登場！ 𝓗

「語りかける東大数学」の第6章では、次のような微分方程式の問題を扱いました。

> **題材** 東京大学 1996年 後期 理科一類 第3問
>
> 直円柱形の石油タンクが、図のように側面の一母線で水平な地面と接する形に横倒しになり、地面と接する一点に穴が開いて石油が流出し始めた。倒壊前の石油タンクは一杯で、1時間後の現在までに半分の石油が流出した。単位時間あたりの流出量は穴から測った油面の高さの平方根に比例するという。微分方程式を立てて、この後何時間何分で全部の石油が流出するか予測せよ。ただし、分未満は切り捨てよ。
>
>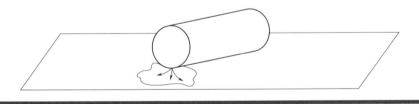

現在、微分方程式は数学 III の発展事項として扱われることがある程度であり、入試ではほとんど姿を見せません。しかし、大学で力学や電磁気学を学ぶようになると、微分方程式は当たり前のように登場します。解の存在や一意性などの議論をしだすとそれなりに難しいようなのですが、解を求めることのみに集中すれば高度な知識が必要なわけでもないので、今のうちにちょっと勉強してしまいましょう。

上の問題は「語りかける東大数学」で詳しく解説しましたが、ここでも概要を抜粋します。まず、問題文の状況を整理すると、図 9.1 のようになります。

9.1 入試問題で微分方程式が登場！

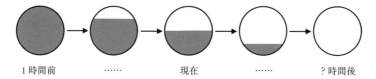

1時間前　　　……　　　現在　　　……　　　？時間後

図 9.1: 横（タンクの底面）から油面を観察したようす。

ここで必要な定数・変数の設定を行います（図 9.2 にもまとめてあります）。

- タンクの底面の半径を R、長さ（高さ）を L とします。
- 時刻を t〔hr〕、流出開始時刻を $t = 0$ とします（問題文中の "現在" は $t = 1$ に相当）。
- 時刻 t における高さ h を時刻の関数と思い、これを $h(t)$ とします。
- 油面の高さの平方根に石油の流出速度は比例しますが、この比例定数を k とします。すなわち、高さが $h(t)$ である瞬間の単位時間あたりの石油の流出量 $v(t)$ は $v(t) = k\sqrt{h(t)}$ とするということです。ここで $v(t)$ の次元は (長さ)^3(時間)$^{-1}$ であり、k の次元は (長さ)$^{\frac{5}{2}}$(時間)$^{-1}$ です。
- 時刻 t での油面の面積を $S(t)$ と定めます。

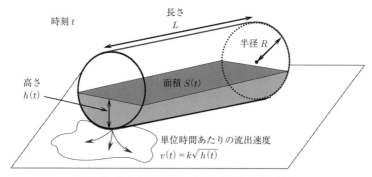

図 9.2: 微分方程式を立て、解くための文字設定。

石油が流出している途中の、時刻 $t = t_0$ の瞬間を考えます。ここから微小時間 Δt_0 が経過したとして、高さ $h(t)$ がどれほど変化するかを考察してみましょう。前後の変化は図 9.3 のようになります。

時間が Δt_0 経過する間に流出した石油量は、図 9.3 の点線で囲まれた面と色の濃い面との間にある領域の体積と等しく、それは底面積 $S(t_0)$、高さ $-\Delta h$ の直方体の体積で近似できます（これは認めてしまいます）。このとき、時間 Δt_0 の間の石油流出量 ($=: \Delta V$) はおよそ $\Delta V \fallingdotseq -S(t_0) \cdot \Delta h$ です。なお、$\Delta h < 0$ であることに注意しましょう。

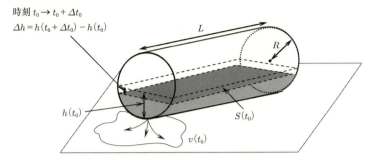

図 9.3: 時刻 t_0 から $t_0 + \Delta t_0$ の間の変化。

$\Delta h(t)$ は高さの変化量ですが、$h(t)$ が微分可能であることを認めれば、微小時間 Δt_0 を用いて次のように近似できます。

$$\Delta h = h(t_0 + \Delta t_0) - h(t_0) \fallingdotseq h'(t_0) \cdot \Delta t_0 \tag{9.1}$$

ここで、高さ $h(t_0)$ の油面は長方形をなしていることに着目すると、タンクの底面と平行である方の辺の長さは三平方の定理より

$$2\sqrt{R^2 - (h(t_0) - R)^2} = 2\sqrt{2Rh(t_0) - h(t_0)^2}$$

と計算できます。よって

$$S(t_0) = L \cdot 2\sqrt{2Rh(t_0) - h(t_0)^2} = 2L\sqrt{2Rh(t_0) - h(t_0)^2}$$

が成り立ちますね。以上を踏まえると、Δt_0 の間の石油流出量はおおよそ

$$\Delta V \fallingdotseq -S(t_0) \cdot h'(t_0) \cdot \Delta t_0 = -2L\sqrt{2Rh(t_0) - h(t_0)^2} \cdot h'(t_0) \cdot \Delta t_0$$

であることがわかりました。一方、Δt_0 は微小時間ですから、この時間が経過する間の流出速度 $v(t)$ は $v(t_0)$ でおおよそ一定とみなせるでしょう。すると石油流出量は次のように表すこともできます。

$$\Delta V \fallingdotseq v(t_0) \cdot \Delta t = k\sqrt{h(t_0)} \cdot \Delta t_0$$

このように2通りの表し方をした石油流出量は等しい値であるべきですから、設定した微小量の間には

$$-2L\sqrt{2Rh(t_0) - h(t_0)^2} \cdot h'(t_0) \cdot \Delta t_0 \fallingdotseq k\sqrt{h(t_0)} \cdot \Delta t_0$$

9.2 こんどは京大の微分方程式の問題に挑戦

$$\therefore -2L\sqrt{2R - h(t_0)} \cdot h'(t_0) \fallingdotseq k$$

という関係が成り立ちます。したがって、高さ $h(t)$ は微分方程式

$$-2L\sqrt{2R - h(t)} \cdot \frac{dh(t)}{dt} = k \quad (= \text{const.})$$

をみたすと考えられます（近似ではなく等号でよいものとしました）。この微分方程式を条件 $h(0) = 2R, h(1) = R$ のもとで解くことにより、時刻 t における油面の高さ $h(t)$ は $\frac{h(t)}{R} = 2 - t^{\frac{2}{3}}$ と求められます。この値が 0 となるのは $t = 2\sqrt{2}$ 〔hr〕であり、それは問題文中の"現在"、すなわち $t = 1$ からの経過時間でいうと $(2\sqrt{2} - 1)$ 時間、すなわち<u>約 1 時間 49 分後</u>とわかるのです。

9.2 こんどは京大の微分方程式の問題に挑戦 $\mathcal{K}$

京大も、2014 年までは（指導要領外であった時期も）微分方程式が出題範囲とされていました。そのような問題を取り上げてみましょう。

> **題材** 2006 年 後期 理系 第 5 問
>
> $H > 0, R > 0$ とする。空間内において、原点 O と点 P$(R, 0, H)$ を結ぶ線分を、z 軸のまわりに回転させてできる容器がある。この容器に水を満たし、原点から水面までの高さが h のとき単位時間あたりの排水量が $\sqrt{h}$ となるように、水を排出する。すなわち、時刻 t までに排出された水の総量を $V(t)$ とおくとき、$\frac{dV}{dt} = \sqrt{h}$ が成り立つ。このときすべての水を排出するのに要する時間を求めよ。

容器の定義が複雑ですが、要は高さが H で底面の半径が R の円錐形をしていて、底面の部分から水を注ぐことのできるコーン型の容器です（後出の図 9.5）。$V(t)$ は時刻 t までに「排出された」水の量として定義されているのがややこしいので、$W(t)$ を時刻 t での容器に「残っている」水の量として定義します。すると、排出された水の量 $V(t)$ は、$W(t)$ の減少量を表すので、$\frac{dV}{dt} = -\frac{dW}{dt}$ が成り立つことに注意しましょう。

まず、容器の体積は、$\frac{1}{3}\pi R^2 H$ ですから、高さが $h(t)$ のときの水の量 $W(t)$ は、相似比を用いて

$$W(t) = \frac{1}{3}\pi R^2 H \cdot \left(\frac{h(t)}{H}\right)^3 = Ch(t)^3$$

と計算できます。ここで、$C = \dfrac{\pi R^2}{3H^2}$ とおきました。両辺を t で微分することで

$$\frac{dW}{dt}(t) = C \cdot 3h(t)^2 \frac{dh}{dt}(t)$$

すなわち

$$-\sqrt{h(t)} = C \cdot 3h(t)^2 \frac{dh}{dt}(t)$$

を得ますが、さらに変形して

$$h(t)^{\frac{3}{2}} \frac{dh}{dt}(t) = -\frac{1}{3C} \cdots ①$$

となります。ここで、容器がすべての水を排出する時刻を T とします。両辺を $t = 0$ から T まで積分すると

$$\int_0^T h(t)^{\frac{3}{2}} \frac{dh}{dt}(t) dt = -\frac{1}{3C} \int_0^T dt$$

$$\left[\frac{2}{5} h(t)^{\frac{5}{2}}\right]_0^T = -\frac{1}{3C} \cdot T$$

$$\frac{2}{5} h(T)^{\frac{5}{2}} - \frac{2}{5} h(0)^{\frac{5}{2}} = -\frac{1}{3C} \cdot T$$

ですが、$h(T) = 0, h(0) = H$ であるので

$$-\frac{2}{5} H^{\frac{5}{2}} = -\frac{1}{3C} \cdot T \qquad \text{ゆえに}$$

$$T = \frac{2}{5} H^{\frac{5}{2}} \cdot 3C = \frac{2}{5} H^{\frac{5}{2}} \cdot \frac{\pi R^2}{H^2} = \underline{\frac{2}{5} \pi R^2 \sqrt{H}}$$

となります。

高さや水の量などの関係が煩雑ですが、登場した微分方程式①はシンプルなものでした。

9.3 流出速度が水深の平方根に比例するという仮定の根拠 $\mathcal{H}$

「語りかける東大数学」で扱った問題、そしていま扱った問題のいずれにおいても、液体の流出速度(単位時間あたりに容器から流出する液体の体積)は水深の平方根に比例することが仮定されていました。これはテキトーに決めたものではなく、いくらか根拠があります。「語りかける東大数学」でも述べた内容を、より詳しくお伝えします。

[1] 力学的エネルギー

高校で力学を勉強したことのある方であれば、"力学的エネルギー"という語を聞いたことがあるはずです。これは運動エネルギーとポテンシャルエネルギーを合計したものでした。

質量 m の質点が速さ v で運動している場合、その質点の（古典的な）運動エネルギー（K とします）は $K := \dfrac{1}{2}mv^2$ と定義されます。

一方、ポテンシャルエネルギーはその系で考えている保存力（同じ質点であれば位置のみに依存する力）に基づいて定義され、質点の位置に依存する量です。基準点を $\vec{r_0}$ とし、質点の位置が $\vec{r}$ であるときのポテンシャルエネルギー $U(\vec{r})$ は次式により定められます。

$$U(\vec{r}) := -\int_C \vec{F}(\vec{r}) \cdot d\vec{r}$$

この積分は、位置 $\vec{r_0}$ から $\vec{r}$ までの経路に沿ってベクトル $\vec{r}$ を動かしていき、その場その場での力 $\vec{F}$ との内積を計算し足し合わせていくというものであり、線積分と呼ばれます。力 $\vec{F}$ が保存力であれば、この $U(\vec{r})$ が（$\vec{r_0}$ と $\vec{r}$ を結ぶ経路によらず）定まるというわけです。

さて、適切な系を設定することにより、力学的エネルギーが保存することがあるのでした。これを用いることで物体の運動の様子を調べることができます。ここでは本書第7章 (p.129) でも登場した単振り子について考えましょう。

p.129 同様、長さ l の糸に質量 m のおもりをぶら下げた振り子を考えます（図 9.4）。糸が張った状態にしつつ、おもりを角度 θ_0 だけ反時計回りに回転させた位置（位置ア）

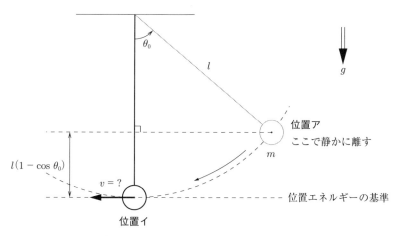

図 9.4: 単振り子の力学的エネルギーを考える。

に持っていき、そこで初速を与えず静かにおもりを離します。すると振り子は時計回りに運動を始めますね。この状況で、おもりが最下点（位置イ）に来たときのおもりの速さ v を求めてみましょう。

おもりにはたらく力は、重力と糸からの張力のみです。ただし、糸からの張力はおもりの運動と垂直な方向にのみ発生するため、おもりに対し仕事をしません。よって、重力による位置エネルギーと運動エネルギーのみ考えれば力学的エネルギーの保存が成り立ちます。

位置ア、位置イにおける運動エネルギーはそれぞれ 0, $\frac{1}{2}mv^2$ です。これは明快でしょう。問題は位置エネルギーです。ここでは位置イを基準点としましょう。すると、位置アの高さはそれより $l(1-\cos\theta_0)$ だけ高いため、そこでの位置エネルギーは次のように計算できます。

$$（重力）\cdot（それに逆らって進む距離）= mg \cdot l(1-\cos\theta_0) = mgl(1-\cos\theta_0)$$

以上の結果をまとめると表 9.1 のとおりとなります。

表 9.1: 手を離した位置と最下点での力学的エネルギー

	運動エネルギー	位置エネルギー
位置ア	0	$mgl(1-\cos\theta_0)$
位置イ	$\frac{1}{2}mv^2$	0

二つの位置で力学的エネルギーは保存するため

$$0 + mgl(1-\cos\theta_0) = \frac{1}{2}mv^2 + 0$$

が成り立ち、これより位置イでのおもりの速さは $\underline{v = \sqrt{2gl(1-\cos\theta_0)}}$ と計算できます。

[2] 流体の場合はどうか

おもりの運動における力学的エネルギーについてご紹介しました。以上の話を踏まえると、流体の場合の議論を理解しやすいことでしょう。

第 3 章（ジューコフスキー変換）でもそうでしたが、流体の運動を計算で扱うのは一般にかなり大変なので、だいぶ都合のよい仮定を必要とします。

まず、扱う流体の非圧縮性を仮定しましょう。読んで字の如く、圧力を加えても体積が減少しないということです。例えばシリンダーに水を詰め、シリンダーの先端をゴム板などに押し当てつつピストンを押しても、常識的な力では水の体積は減少しません。あのような状態を考えれば OK です。非圧縮性を仮定することで、その流体の密度はどこでも同じであると思えるのが便利なところです。

そして、以下扱う流体に粘性は全くないものとします。粘性があると、流体中でエネルギーの散逸が起こり、やはりエネルギーの数学的な取扱いが難しくなるためです。なお、こうした仮定をもつ流体（体積が変化せず、粘性がないもの）は理想流体と呼ばれます。

理想流体の流れのうち定常のもの、つまり時間が経過しても流れの様子が変化しないものを考えます。例えば太さが一定のホースを蛇口に取り付け、ホースを地面に置いて一定の勢いで水を流し続けたとします。ホースの一部をずっと観察しても、時間経過とともに何か様子が変わることはありません。こうした定常流について、次のような法則が成り立ちます。

ベルヌーイの定理

理想流体の定常流において、外部とのエネルギーのやり取りが無視できるとき、同一流線上の2点のエネルギーは保存する。すなわち、次式が成り立つ。

$$\frac{1}{2}\rho v^2 + \rho g h + p = \text{const.}$$

これはいわば、力学的エネルギー保存則の流体版です。登場する項たちについて簡単に説明します。

質点や剛体と異なり、流体はその形状を柔軟に変えることができます。したがって、ある瞬間に1か所に集中していた流体も、時間が経てば分布が広くなり、もはや同じ位置にあるものとして扱えなくなることは十分に考えられます。よって、流体のうちいくらかをまとめてその"質量"を扱うのではなく、単位体積あたりの質量である"密度"を考えるのが合理的でしょう。

いま考えている流体は非圧縮性ですから、この密度は定常流のどこをとっても同じ値となるわけですが、これを ρ としておきます。すると、単位体積あたりの流体の運動エネルギーは $\frac{1}{2}\rho v^2$ と表せますね。また、位置エネルギーについてもやはり単位体積で考えるのが合理的です。単位体積あたりの流体の位置エネルギーは $\rho g h$ ということになります。

これで運動エネルギー・位置エネルギーは揃いましたが、流体の場合にはこれらの他に"圧力"も考慮する必要があります。例えばバネにおもりを取り付け、おもりを手で動かしてバネを縮めた場合、バネには弾性力に伴う位置エネルギーが発生します。それと同じように、流体も圧力の分だけエネルギーが蓄えられていると考えるわけです。実はそのエネルギーの量はその圧力 p で表すことができ、したがって上式にも p が入っているのです。

このベルヌーイの法則を用いると、ここまでにご紹介した二つの問題において、単位時間あたりに容器から流出する流体の量が水深の平方根に比例することが納得できます。二つ目の問題を再掲します。

> **題材　2006 年 後期 理系 第 5 問（再掲）**
>
> $H > 0, R > 0$ とする。空間内において、原点 O と点 $P(R, 0, H)$ を結ぶ線分を、z 軸のまわりに回転させてできる容器がある。この容器に水を満たし、原点から水面までの高さが h のとき単位時間あたりの排水量が $\sqrt{h}$ となるように、水を排出する。すなわち、時刻 t までに排出された水の総量を $V(t)$ とおくとき、$\dfrac{dV}{dt} = \sqrt{h}$ が成り立つ。このときすべての水を排出するのに要する時間を求めよ。

よく読んでみると、本問では容器からどのように水を排出しているか明記されていませんが、"すべての水を排出する" と述べられていますし、容器の底に穴を開けて排出しているものとしましょう。排出の様子を図示すると図 9.5 のようになります。

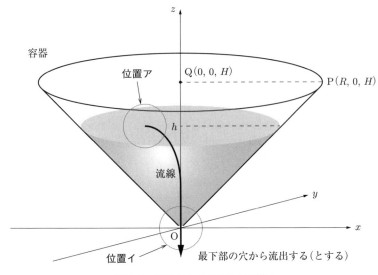

図 9.5: 容器から水が流れ出る様子

容器の中の水量を減らしているわけですから、これは厳密には定常流ではありません。しかし、例えば容器のサイズに対して穴が十分小さければ、だいたい定常流だと思えそ

うです。例えば風呂の湯を排出する際、栓を抜いても一瞬で湯がなくなるわけではなく、それなりに注視しないと水位が減っているようには見えません。それよりもさらに穴を小さくすれば、ほとんど変化がわからなくなります。そのような状況を想定しているわけです。

水面から穴に至るまでの流線たちは、z 軸に集まるような格好をしています[1]。そのうち一つが図 9.5 の太矢印です。この流線上にある位置ア・位置イにおいてベルヌーイの法則を適用してみましょう。

位置アではほとんど水が動いていません。穴は十分小さいわけですし、水面の水全体がいきなり一定の速さで穴に殺到しているとは考えられないですね[2]。ここでの流体の速度は 0 と近似しましょう。次は位置エネルギーですが、xy 平面を基準にすると、単位体積あたりの位置エネルギーは $\rho g h$ ということになりますね。そして、ここでの水圧は大気圧（p_0 とします）と等しいです。

次に 位置イについて考えてみます。水が排出されているわけですから、当然速さは 0 ではありません。ここでの流体の速さを v としましょう。すると運動エネルギーは $\frac{1}{2}\rho v^2$ と書けます。一方、前述のとおり位置エネルギーの基準は xy 平面としているので、ここでの位置エネルギーは 0 です。そして、ここでも水は大気と接しているので、圧力はやはり大気圧 p_0 と等しいです。

以上の仮定の下での各物理量は、表 9.2 のようになります。

表 9.2: 液面付近・底付近の流体のエネルギー

水のある場所	運動エネルギー	位置エネルギー	水圧
位置ア	0	$\rho g h$	p_0
位置イ	$\frac{1}{2}\rho v^2$	0	p_0

これにベルヌーイの定理を適用すると

$$\underset{\text{位置ア}}{0 + \rho g h + p_0} = \underset{\text{位置イ}}{\frac{1}{2}\rho v^2 + 0 + p_0}$$

より $v = \sqrt{2gh}$ がしたがいます。この結果を見ると、水の排出速度は確かに水深の平方根 $\sqrt{h}$ に比例していますね！

---

1 風呂の湯を抜く際、水位がだいぶ下がると、穴の真上あたりがすり鉢状に凹むことから納得できることでしょう。
2 風呂の湯を抜く際、水面の様子をよく観察していると実感できます。

第 9 章　微分方程式

なお、この水の排出と先ほどの振り子の運動は、エネルギーの観点では似たようなものです。実際、最下点での振り子の速度の式は次のように書き直せますからね。

$$v = \sqrt{2gl\left(1-\cos\theta_0\right)} = \sqrt{2g \cdot (\text{高低差})}$$

9.4　ガソリンの使い方を最適化する 🅗

微分方程式は、なにも水の排出のモデルでのみ使えるわけではありません。京大では過去に、こんな問題も出題されています。

> **題材**　1996 年 理系数学 第 6 問
>
> ガソリンを x kg 積んだ状態で時速 v km で走るとき、毎時 $\dfrac{100+x}{100}e^{kv}$ kg のガソリンを消費する車がある。ここで k は正の定数である。この車を用いて 100 km 離れた地点へ一定速度で行くとき、ガソリンの消費量を最小にするには、最初に積むガソリンの量と走行速度をどのようにすればよいか。ただし、ガソリンがなくなれば車は直ちに停止するものとする。

速度を上げると単位時間あたりのガソリンの消費量（以下、"時間燃費" と呼びます）が多くなる。かといって速度を下げると走行時間が長くなる。ガソリンの消費量を最小にするうまい塩梅を見出す問題です。これまでの内容も踏まえ、早速取り組んでみましょう。

[1]　ガソリンの量の時間変化を追う

本問で面倒なのは、車が走行することによりガソリンの質量が減少し、時間燃費が刻々と変化することです。速度の最適化の前に、まずはガソリンの質量の時間変化を調べる必要がありますね。

車を走らせ始めてから t 時間後のガソリンの質量（残量）は時刻 t の関数ですから、以下これを $x(t)$ 〔kg〕と表すこととします。時刻 t における時間燃費は $\dfrac{100+x(t)}{100}e^{kv}$ 〔kg/hr〕なので、そこから微小時間 Δt だけ経過したときのガソリンの残量変化 Δx は、Δt を用いて

$$\Delta x \,\text{〔kg〕} \fallingdotseq -\frac{100+x(t)}{100}e^{kv}\text{〔kg/hr〕} \cdot \Delta t \,\text{〔hr〕}$$

と表せます[3]。これより、$x(t)$ がみたす微分方程式は次のようになるとわかります。

$$\frac{d}{dt}x(t) = -\frac{100+x(t)}{100}e^{kv}$$

---

[3]　ガソリンは消費されることで減少するので、$\Delta x < 0$ となることに注意してください。

単純な形の方程式なので、いわゆる変数分離法により容易に解けます。

$$\frac{dx}{100+x} = -\frac{e^{kv}}{100}dt$$

$$\log(100+x) = -\frac{e^{kv}}{100}t + \text{const.}$$

$$100+x = C\exp\left(-\frac{e^{kv}}{100}t\right) \quad (C:\text{定数})$$

時刻 $t=0$ におけるガソリン量を x_0 とすると、定数 C は

$$100+x_0 = C\exp\left(-\frac{e^{kv}}{100}\cdot 0\right) = C \qquad \therefore\ C = 100+x_0$$

と決定でき、これより $x(t)$ は次のように求められます。

$$100+x(t) = (100+x_0)\exp\left(-\frac{e^{kv}}{100}t\right)$$

$$\therefore x(t) = (100+x_0)\exp\left(-\frac{e^{kv}}{100}t\right) - 100$$

[2] ガソリンの総消費量を求め、それを速度 v の関数とみる

これでガソリン残量の時間変化がわかりました。速度 v〔km/hr〕で 100 km 走行するときの所要時間は $\dfrac{100}{v}$〔hr〕ですから

$$\begin{aligned}
(\text{ガソリンの総消費量}) &= x(0) - x\left(\frac{100}{v}\right) \\
&= (100+x_0)\left\{\exp\left(-\frac{e^{kv}}{100}\cdot 0\right) - \exp\left(-\frac{e^{kv}}{100}\cdot\frac{100}{v}\right)\right\} \\
&= (100+x_0)\left\{1 - \exp\left(-\frac{e^{kv}}{v}\right)\right\}
\end{aligned}$$

と計算できます。なお、この消費量は x_0 より大きいとマズい（ガソリンが足りない）わけですが、その条件は後で考えます。

以下、その消費量を最小にするような $v\,(>0)$ を求めます。$g(v) := 1 - \exp\left(-\dfrac{e^{kv}}{v}\right)$ とすると、$g(v)$ の導関数は

$$g'(v) = -\exp\left(-\frac{e^{kv}}{v}\right)\cdot\left(-\frac{e^{kv}}{v}\right)' = \exp\left(-\frac{e^{kv}}{v}\right)\cdot\frac{(kv-1)e^{kv}}{v^2}$$

となるため、$v>0$ における $g(v)$ の増減とグラフは表 9.3、図 9.6 のようになります。

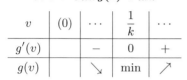

表 9.3: 関数 $g(v)$ の増減

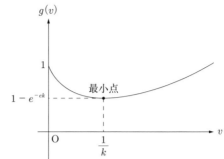

図 9.6: 関数 $g(v) = 1 - \exp\left(-\dfrac{e^{kv}}{v}\right)$ の増減

$$g_{\min} = g\left(\frac{1}{k}\right) = 1 - \exp\left(-\frac{e^{k\cdot(1/k)}}{1/k}\right) = 1 - e^{-ek}$$

以上より、最初に積むガソリンの量 x_0 を固定した場合、$v = \dfrac{1}{k}$ とすればガソリンの総消費量を最小にできます。あとは x_0 をどうするかですが、同じ速度でも $x(t)$ が小さいほど時間燃費がよくなるわけですから、100 km 進んだところでちょうど使い切る量が最適となります。そのような x_0 の値は

$$(100 + x_0) \cdot g_{\min} = x_0 \qquad \therefore x_0 = 100\left(e^{ek} - 1\right)$$

です。つまり、最初に $100\left(e^{ek} - 1\right)$ [kg] のガソリンを積み、時速 $\dfrac{1}{k}$ [km/hr] にすることで、ガソリンの消費量を最小化できます。

第 9 章を終えて

$\mathcal{K}$：微分方程式の話題だと、さすがに林さん元気そうですね。

$\mathcal{H}$：物理では山ほど登場しますからね。個人的にも、微分方程式を立てたりその解を探したりする作業は、どういうわけか楽しいんです。

$\mathcal{K}$：そういえば、高校の物理だと微分・積分を通常扱わないですよね。

$\mathcal{H}$：そうそう。微分・積分を用いて物理を学ぶことは、受験界隈だと"微積物理"なんて呼ばれることもあります。大学で物理を少し学んだ身からすると、そういう呼称があること自体に違和感がありますが。

$\mathcal{K}$：物理で必要になる微分・積分の計算は、たしか高校数学だと数学 II・III あたりまで登場しませんよね。ただでさえ現在の高校生は学習科目が多いので、これ以上の学習を要求するのは酷かもしれません。

$\mathcal{H}$：まあそれもそうかー。

$\mathcal{K}$：物理の授業内で逆に微分・積分を導入するのは一案かもしれません。時間の制約もあるでしょうが、うまく導入すればその分の時間は浮く気もしますし。

$\mathcal{H}$：たしかに、そういう工夫はできそうですね。考えてみれば、自分が微分方程式を学んだのも、物理の学習がきっかけでした。

$\mathcal{K}$：さて、微分・積分に関するテーマをもう一つ扱って、解析パートはおしまいにしようと思います。

第10章
点の運動と面積計算

前章では微分方程式について扱いました。時刻に依存する物理量 $A(t)$ の時刻 t についての導関数 $A'(t)$ がその物理量の時間変化を表すことから、$A'(t)$ 単体や $A(t)$, $A'(t)$ の双方を含む方程式を立てることで、$A(t)$ を求められたというわけです。

こんどは、運動する点の位置ベクトルが明らかになっている状態で、そこから速度ベクトルを適宜計算することで、点の軌跡が囲む図形の面積を計算する方法について調べます。

10.1 曲線により囲まれた図形の面積 $\mathcal{H}$

媒介変数表示された曲線があり、それによって囲まれる図形の面積を求めるという問題は、理系の大学入試問題で定番のものの一つです。

> **題材** 1999 年 前期 理系 第 6 問
>
> x, y は t を媒介変数として、次のように表示されているものとする。
>
> $$x = \frac{3t - t^2}{t+1}, \qquad y = \frac{3t^2 - t^3}{t+1}$$
>
> 変数 t が $0 \leq t \leq 3$ を動くとき、x と y の動く範囲をそれぞれ求めよ。さらに、この (x, y) が描くグラフが囲む図形と領域 $y \geq x$ の共通部分の面積を求めよ。

[1] まずは地道に攻略

まずは淡々と問題を解いてみましょう。問題文にある x, y を座標とする点 (x, y) を P とします。これは媒介変数 t に依存して動く点です。そして、t が $[0, 3]$ の範囲を動いてできる曲線を C とします。

x は $x = -t + \dfrac{4t}{t+1}$ と変形でき、これより x の変化率

$$\frac{dx}{dt} = -1 + \frac{(4t)'(t+1) - 4t(t+1)'}{(t+1)^2} = -1 + \frac{4}{(t+1)^2} = \frac{(3+t)(1-t)}{(t+1)^2}$$

とわかります。また、y は $y = -(t-2)^2 + \dfrac{4}{t+1}$ と変形できるため、その変化率は

$$\frac{dy}{dt} = -2(t-2) - \frac{4}{(t+1)^2} = \frac{-2t\left(t+\sqrt{3}\right)\left(t-\sqrt{3}\right)}{(t+1)^2}$$

となります。また、x, y の変化率より、この曲線の接線の傾きは

$$\frac{dy}{dx} = \frac{\dfrac{dy}{dt}}{\dfrac{dx}{dt}} = \frac{\dfrac{-2t\left(t+\sqrt{3}\right)\left(t-\sqrt{3}\right)}{(t+1)^2}}{\dfrac{(3+t)(1-t)}{(t+1)^2}} = \frac{-2t\left(t+\sqrt{3}\right)\left(t-\sqrt{3}\right)}{(3+t)(1-t)}$$

となります。よって、点 P の動きは表 10.1, 10.2 のようになります。ここで、$\vec{v} := \left(\dfrac{dx}{dt}, \dfrac{dy}{dt}\right)$ は点 P の t に関する速度ベクトルです。

表 10.1: x, y の増減

t	0	$\cdots$	1	$\cdots$	$\sqrt{3}$	$\cdots$	3
$\dfrac{dx}{dt}$	$+$	$+$	0	$-$	$-$	$-$	
x	0	$\nearrow$	1	$\searrow$	$6 - 3\sqrt{3}$	$\searrow$	0
$\dfrac{dy}{dt}$	$+$	$+$	$+$	$+$	0	$-$	$-$
y	0	$\nearrow$	1	$\nearrow$	$6\sqrt{3} - 9$	$\searrow$	0

表 10.2: 速度ベクトルと点 P の座標

t	0	$\cdots$	1	$\cdots$	$\sqrt{3}$	$\cdots$	3
$\vec{v}$	$\nearrow$	$\nearrow$	$\uparrow$	$\nwarrow$	$\leftarrow$	$\swarrow$	$\swarrow$
P の座標	(0,0)	$\cdots$	(1,1)	$\cdots$	$(6-3\sqrt{3}, 6\sqrt{3}-9)$	$\cdots$	(0,0)

これより、x, y のとりうる値の範囲はそれぞれ $\underline{0 \le x \le 1,\ 0 \le y \le 6\sqrt{3} - 9}$ とわかります。そして、曲線 C の概形は図 10.1 のようになります。

さて、x, y のとりうる値の範囲を求めたので、あとは後半の問いに答えるだけです。C が囲む図形と領域 $y \ge x$ の共通部分（D とします）は図 10.1 の影をつけた部分です。D の "上" の輪郭は、曲線 C の $1 \le t \le 3$ の部分がなしており、この区間において x は単調に減少しています。よって、D の面積は次式により計算できます。

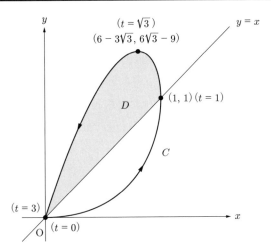

図 10.1: 曲線 C の概形

$$
\begin{aligned}
(D \text{の面積}) &= \int_0^1 \{(D \text{の上の輪郭をグラフにもつ} x \text{の関数}) - x\}\, dx \\
&= \int_3^1 y \cdot \frac{dx}{dt}\, dt - \frac{1}{2} \\
&= \int_3^1 \frac{3t^2 - t^3}{t+1} \cdot \frac{(3+t)(1-t)}{(t+1)^2}\, dt - \frac{1}{2} \\
&= \underbrace{\int_3^1 \frac{t^2(3-t)(3+t)(1-t)}{(t+1)^3}\, dt}_{=:I} - \frac{1}{2}
\end{aligned}
$$

積分 I の計算はだいぶ面倒ですが、例えば $u := t+1$ と変数変換することで次のように計算できます。

$$
\begin{aligned}
I &= \int_4^2 \frac{(u-1)^2(4-u)(2+u)(2-u)}{u^3}\, du \\
&= \int_2^4 \frac{(u-1)^2(4-u)(u+2)(u-2)}{u^3}\, du \\
&= \int_2^4 \frac{-u^5 + 6u^4 - 5u^3 - 20u^2 + 36u - 16}{u^3}\, du \\
&= \int_2^4 \left(-u^2 + 6u - 5 - \frac{20}{u} + \frac{36}{u^2} - \frac{16}{u^3}\right) du
\end{aligned}
$$

$$= \left[-\frac{1}{3}u^3 + 3u^2 - 5u - 20\log u - \frac{36}{u} + \frac{8}{u^2}\right]_2^4$$
$$= -\frac{1}{3}\cdot 56 + 3\cdot 12 - 5\cdot 2 - 20\log 2 - 36\cdot\left(-\frac{1}{4}\right) + 8\cdot\left(\frac{1}{16} - \frac{1}{4}\right)$$
$$= -\frac{56}{3} + 36 - 10 - 20\log 2 + 9 - \frac{3}{2}$$
$$= \frac{89}{6} - 20\log 2$$

以上より、D の面積は次のようになります。

$$(D \text{の面積}) = I - \frac{1}{2} = \left(\frac{89}{6} - 20\log 2\right) - \frac{1}{2} = \underline{\frac{43}{3} - 20\log 2}$$

高校数学の範囲で冒頭の問題の答えを無理なく導けたわけですが、それまでの過程がだいぶ長く、何かしら遠回りをしている雰囲気満載ですよね。実は、面積を計算するうまい方法がちゃんと存在します。古賀さんにそれを教えていただきましょう。

10.2　座標平面上の三角形の面積公式をあらためて 𝒦

次の定理は、第 4 章でも紹介しました。今回の章でも重要になってくるので、もう一度復習しましょう。

定理：座標平面上の三角形の面積

同一直線上にない 3 点 O, A(a,b), B(c,d) とすると

$$\triangle\text{OAB} = \frac{1}{2}|ad - bc|$$

今回用いるのは、この公式を向きをこめて表現した次の定理です。

定理：座標平面上の三角形の符号付き面積

同一直線上にない 3 点 O, A(a,b), B(c,d) とすると

$$(\triangle\text{OAB の符号付き面積}) = \frac{1}{2}(ad - bc)$$

である。ここで、「△OAB の符号付き面積」とは、$\overrightarrow{\text{OA}}$ から $\overrightarrow{\text{OB}}$ にかけて三角形の内部を通るように角を測ったとき、偏角が増加する場合は $+$、減少する場合は $-$ で測ったものである（図 10.2）。

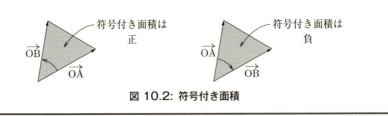

図 10.2: 符号付き面積

まずは、この定理の証明をしましょう。図 10.3 のように、$\overrightarrow{OA}, \overrightarrow{OB}$ と x 軸の正の方向とのなす角を、x 軸から反時計回りに測ったものをそれぞれ α, β とします。ただし、$\alpha \in [0, 2\pi)$ とし、β に関しては $\beta \geq \alpha$ となるものの中で最小の角としてとります ($\beta > 2\pi$ となってもかまいません)。すると、$\beta - \alpha \in [0, 2\pi)$ となることに注意しましょう。このとき

$$(\triangle\text{OAB の符号付き面積}) = \frac{1}{2}|\overrightarrow{OA}| \cdot |\overrightarrow{OB}|\sin(\beta - \alpha)$$

と表せます。両辺の符号が等しくなることを確認しておきましょう。$\beta - \alpha \in [0, \pi)$ のときは $\triangle$OAB において $\overrightarrow{OA}$ から $\overrightarrow{OB}$ にかけて偏角は増加する方に測るので符号付き面積は 0 以上ですが、ちょうど $\sin(\beta - \alpha) \geq 0$ となってくれています。また、$\beta - \alpha \in [\pi, 2\pi)$ のときは $\triangle$OAB において $\overrightarrow{OA}$ から $\overrightarrow{OB}$ にかけて偏角は減少する方に測るので符号付き面積は 0 以下ですが、ちょうど $\sin(\beta - \alpha) \leq 0$ となってくれています。

さらに計算を進めて

$$\begin{aligned}(\triangle\text{OAB の符号付き面積}) &= \frac{1}{2}|\overrightarrow{OA}| \cdot |\overrightarrow{OB}|\sin(\beta - \alpha) \\ &= \frac{1}{2}|\overrightarrow{OA}| \cdot |\overrightarrow{OB}|(\sin\beta\cos\alpha - \cos\beta\sin\alpha)\end{aligned}$$

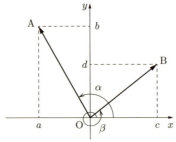

図 10.3: α, β のとり方は $\beta \geq \alpha$ となるようにとるので、図の状況だと $\beta > 2\pi$ となる。このとき、$\beta - \alpha \in (\pi, 2\pi)$ で $\triangle$OAB の符号付き面積は負である。

$$= \frac{1}{2}(|\overrightarrow{OA}|\cos\alpha \cdot |\overrightarrow{OB}|\sin\beta - |\overrightarrow{OB}|\cos\beta \cdot |\overrightarrow{OA}|\sin\alpha)$$
$$= \frac{1}{2}(ad - bc)$$

を得ます。 ∎

10.3　三角形の面積公式の応用（ガウス・グリーンの定理）

[1]　定理の紹介

先ほどの符号付きの三角形の面積の公式を用いて、ガウス・グリーンの定理を紹介しましょう。

定理：ガウス・グリーンの定理

$x = x(t), y = y(t)$ でパラメータ表示された曲線 C がある。点 P が C 上の $t = \alpha$ の点から $t = \beta$ の点まで動いたときに、線分 OP が通過する部分の面積を、反時計回りを正の向きとして測ったものは

$$\frac{1}{2}\int_\alpha^\beta \{x(t)y'(t) - x'(t)y(t)\}dt$$

で計算される（図 10.4）。

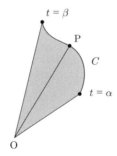

図 10.4: ガウス・グリーンの定理

点 $P(x(t), y(t))$ と表します。t が $t + \Delta t$ でわずかに変化した後の点を P' とすると、線分 OP が OP$'$ までに通過する範囲の符号付き面積 ΔS は、$\triangle$OPP$'$ で近似されて（図 10.5）、先ほどの公式によって

$$\Delta S = \frac{1}{2}\{x(t)y(t + \Delta t) - x(t + \Delta t)y(t)\}$$

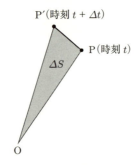

図 10.5: 線分 OP が微小時間 Δt で通過する範囲の符号付き面積 ΔS。

となります。すると

$$\Delta S = \frac{1}{2}\{x(t)y(t+\Delta t) - x(t+\Delta t)y(t)\}$$
$$= \frac{1}{2}\{x(t)y(t+\Delta t) - x(t)y(t) + x(t)y(t) - x(t+\Delta t)y(t)\}$$
$$= \frac{1}{2}[x(t)\{y(t+\Delta t) - y(t)\} - \{x(t+\Delta t) - x(t)\}y(t)]$$

ですから

$$\frac{\Delta S}{\Delta t} = \frac{1}{2}\left\{x(t) \cdot \frac{y(t+\Delta t) - y(t)}{\Delta t} - \frac{x(t+\Delta t) - x(t)}{\Delta t} \cdot y(t)\right\}$$

となって、$\Delta t \to 0$ とすると

$$\frac{dS}{dt} = \frac{1}{2}\{x(t)y'(t) - x'(t)y(t)\}$$

これを $t = \alpha$ から $t = \beta$ まで積分することで、公式を得ます。

[2] ケプラーの第 1 法則

第 1 章 (p.25) で、角運動量を紹介しました。位置 $\vec{r}$、運動量 $\vec{p}$ をもつ質点の角運動量は、$\vec{l} = \vec{r} \times \vec{p}$ で定義されました。外積 $\vec{r} \times \vec{p}$ の大きさが、$\vec{r}$ と $\vec{p}$ が張る平行四辺形の面積であったこと、運動量 $\vec{p}$ は質量 m と速度ベクトル $\vec{v}$ の積であったことに注意すると、$\dfrac{\vec{l}}{2m}$ の大きさが瞬間の面積の増加量 $\triangle \text{OPP}'$ (面積速度) に相当することがわかります。そして、これを二次元にしてパラメータ t を用いて計算したものが今回の被積分関数 $\dfrac{1}{2}\{x(t)y'(t) - x'(t)y(t)\}$ と等しいというわけなんですね。たしかにこの式の形は外積の成分表示に出てくるものに似ています。

10.4 ガウス・グリーンの定理を用いて攻略 $\mathcal{H}$

では、この定理を用いて、冒頭の問題における面積計算を行ってみましょう。問題と面積を求めるべき領域 D を再掲します。

題 材　　**1999 年 前期 理系 第 6 問（再掲）**

x, y は t を媒介変数として、次のように表示されているものとする。
$$x = \frac{3t-t^2}{t+1}, \qquad y = \frac{3t^2-t^3}{t+1}$$

変数 t が $0 \leq t \leq 3$ を動くとき、x と y の動く範囲をそれぞれ求めよ。さらに、この (x,y) が描くグラフが囲む図形と領域 $y \geq x$ の共通部分の面積を求めよ。

曲線 C は途中で交差していません。精巧にグラフを書かずとも、$0 < t < 3$ において

$$\frac{(\text{点 P の } y \text{ 座標})}{(\text{点 P の } x \text{ 座標})} = \frac{\dfrac{3t^2-t^3}{t+1}}{\dfrac{3t-t^2}{t+1}} = t$$

であり、直線 OP の傾きが単調増加であることからそれがわかりますね。それも踏まえると、D の概形は図 10.6 のようになります。

ここでいよいよガウス・グリーンの定理を用います。すると、D の面積は次のように計算できます。

$$
\begin{aligned}
(D \text{ の面積}) &= \int_1^3 \frac{1}{2} \left(x(t)y'(t) - x'(t)y(t) \right) dt \\
&= \int_1^3 \frac{1}{2} \left(\frac{3t-t^2}{t+1} \cdot \frac{-2t(t+\sqrt{3})(t-\sqrt{3})}{(t+1)^2} - \frac{(3+t)(1-t)}{(t+1)^2} \cdot \frac{3t^2-t^3}{t+1} \right) dt \\
&= -\frac{1}{2} \int_1^3 \frac{t^2(3-t)}{(t+1)^3} \cdot \left\{ 2(t+\sqrt{3})(t-\sqrt{3}) + (3+t)(1-t) \right\} dt \\
&= -\frac{1}{2} \int_1^3 \frac{t^2(3-t)}{(t+1)^3} \cdot (t+1)(t-3) \, dt \\
&= \frac{1}{2} \int_1^3 \frac{t^2(t-3)^2}{(t+1)^2} dt = \frac{1}{2} \int_1^3 \left(t^2 - 8t + 24 - \frac{40}{t+1} + \frac{16}{(t+1)^2} \right) dt
\end{aligned}
$$

第 10 章 点の運動と面積計算

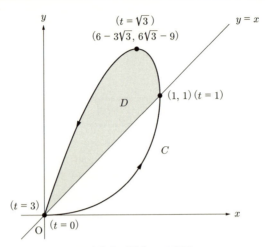

図 10.6: 領域 D の概形

$$
\begin{aligned}
&= \left[\frac{1}{6}t^3 - 2t^2 + 12t - 20\log(t+1) - \frac{8}{t+1}\right]_1^3 \\
&= \frac{1}{6}\cdot 26 - 2\cdot 8 + 12\cdot 2 - 20\cdot \log 2 - 8\cdot\left(-\frac{1}{4}\right) \\
&= \frac{43}{3} - 20\log 2
\end{aligned}
$$

数式の見た目ではさほど変わっていないように見えるかもしれませんが、積分変数を x から t に変える作業を丸々カットできており、しかも被積分関数の分母が途中で $(t+1)^3$ から $(t+1)^2$ になっているので、計算はだいぶラクになっています。

いきなり媒介変数での積分に持ち込むことができ、設定次第では積分計算自体もラクになる。ガウス・グリーンの定理の便利さを実感できたのではないでしょうか。

第 10 章を終えて

$\mathcal{H}$：ガウス・グリーンの定理というのは初めて知りました。本章で扱ったような媒介変数表示された曲線に関する面積計算をする際、たいへん便利そうですね。

$\mathcal{K}$：でもこの定理は理解不能なものではない、というのはすでに述べたとおりです。要はこれ、動点の位置ベクトルと速度ベクトルの外積から面積速度を算出し、それを媒介変数で積分しているだけです。

$\mathcal{H}$：そうやってカジュアルに説明していただくと、物理学科卒としては非常に理解しやすいです。

$\mathcal{K}$：関数の増減がどうなっていても使えるのか、微分不可能な関数で媒介変数表示されている場合はどうするのか、などを厳密に考えるのも大切です。でも、こうして定理の意味を大雑把に捉えることで、すんなり頭に入りますよね。

$\mathcal{H}$：さて、ここまでは解析関連の話題ばかりでしたが、ここから先は少しずつ代数の内容になるのでしたね。

$\mathcal{K}$：そうです。代数は、私が大学で主に学んでいた分野でもあります。ただ、いきなり本格的な組み立てに入るとしんどいでしょうから、まずは前章・本章に引き続き、とある数列の"動き"について調べます。

$\mathcal{H}$：代数の入門を勉強し始めたばかりなので、ついていけるか不安ですが……精一杯頑張ります！

第 11 章
無理数の性質

前々章・前章では、時刻という連続量に依存した動きを扱いました。時間の経過とともに、物理量や点が滑らかに動くということです。

一方、高校数学で学んだ"数列"では、$n = 1, 2, 3, \cdots$ というふうに離散的に値が変化するものを扱いました。本章ではそれについて深掘りしていきます。

11.1 無理数の定義 $\mathcal{K}$

この章で扱う数列は、無理数がキーになってくるものです。そこで、無理数の定義を念のため確認しておきましょう。

定義：無理数

有理数でない実数を**無理数**という。

無理数の定義は至ってシンプルですが、有理数「でない」というネガティブな定義になっています。そのため、扱いづらい点が多々あります。

無理数の代数的な性質は特に第 14 章で扱うことにして、この章では、無理数の解析的な性質に着目したいと思います。有理数と無理数によって振る舞いが変わってくる数列に着目しましょう。

11.2 "いつか戻ってくる"条件は？ $\mathcal{H}$

有理数と無理数で決定的な違いが現れる問題には、例えばこんなものがあります。

11.2 "いつか戻ってくる"条件は？

題材　2002年 前期 理系 第6問

$0 < \theta < 90$ とし、a は正の数とする。複素数平面上の点 $z_0, z_1, z_2, \cdots$ を次の条件 (i), (ii) をみたすように定める。
(i)　$z_0 = 0$, $z_1 = a$
(ii)　$n \geq 1$ のとき、点 $z_n - z_{n-1}$ を原点のまわりに $\theta°$ 回転すると点 $z_{n+1} - z_n$ に一致する。

このとき点 z_n $(n \geq 1)$ が点 z_0 と一致するような n が存在するための必要十分条件は、θ が有理数であることを示せ。

[1]　一般項を求める

条件 (ii) がやや難解に見えますが、要は図 11.1 のように点をとっていくということです。

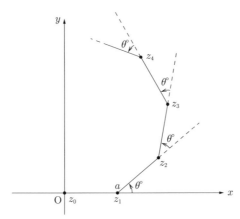

図 11.1: $z_0, z_1, z_2, \cdots$ のつくりかた。なお、ここでは回転の向きを（普通に）反時計回りとしている。

それも踏まえ、問題に取り組んでみましょう。点のとりかたから

$$z_{n+1} - z_n = e^{i\frac{\pi\theta}{180}}(z_n - z_{n-1}) \quad (n \geq 1)$$

がいえ、$0 < \theta < 90$ より $e^{i\frac{\pi\theta}{180}} \neq 1$ だから $n \geq 1$ において次式が成り立ちます。

$$z_n = z_0 + \sum_{k=0}^{n-1}(z_{k+1} - z_k) = a\sum_{k=0}^{n-1}\left(e^{i\frac{\pi\theta}{180}}\right)^k = a \cdot \frac{e^{in\frac{\pi\theta}{180}} - 1}{e^{i\frac{\pi\theta}{180}} - 1}$$

したがって、本問の条件は次のように言い換えられます。

$$\exists n \in \mathbb{Z}_+, z_n = z_0 \iff \exists n \in \mathbb{Z}_+, a \cdot \frac{e^{in\frac{\pi\theta}{180}} - 1}{e^{i\frac{\pi\theta}{180}} - 1} = 0$$

$$\iff \exists n \in \mathbb{Z}_+, e^{in\frac{\pi\theta}{180}} = 1$$

ここで $e^{in\frac{\pi\theta}{180}} = 1 \iff \exists m \in \mathbb{Z}, n\frac{\pi\theta}{180} = 2m\pi$ ですから、本問の条件は

$$\exists n \in \mathbb{Z}_+ \left[\exists m \in \mathbb{Z}, n\frac{\pi\theta}{180} = 2m\pi\right] \quad \left(\iff \exists m, n \in \mathbb{Z}, \frac{\theta}{360} = \frac{m}{n}\right)$$

です。これは $\frac{\theta}{360} \in \mathbb{Q}$、すなわち $\theta \in \mathbb{Q}$ と同じことです。 ∎

オイラーの公式 $e^{i\theta} = \cos\theta + i\sin\theta$ を用いましたが、まあいいんじゃないでしょうか。

[2] 様々な θ に対する点列 $\{z_n\}$ の図示

問題自体の攻略は以上なのですが、これだけでは味気ないですね。そこで、いくつかの θ の値について、点列 $\{z_n\}$ を線分でつないでいったものがどのような見た目になるのか図示してみます（図 11.2～図 11.7）。

いくつかの具体例を挙げたのみですが、θ が有理数であれば閉じた折れ線になり、θ が無理数であればいつまで経っても折れ線が閉じないことがわかりますね。

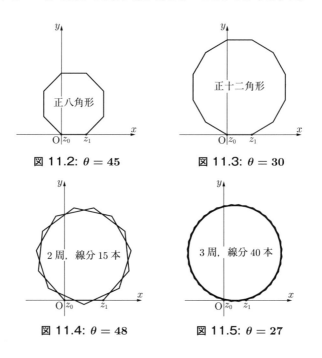

図 11.2: $\theta = 45$　　図 11.3: $\theta = 30$

図 11.4: $\theta = 48$　　図 11.5: $\theta = 27$

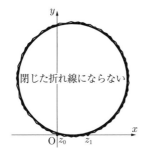
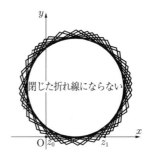

図 11.6: $\theta = \sqrt{1000}$ ($\fallingdotseq 31.6$)　　図 11.7: $\theta = 20\pi$ ($\fallingdotseq 62.8$)

11.3　稠密性に関連した難問に挑戦！ $\mathcal{H}$

無理数の稠密性が背景にある難問に挑戦してみましょう。

題材　2019 年 特色入試（数理科学）第 3 問

c を正の実数とする。このとき、実数 q に対して、次の条件により数列 $x_1, x_2, x_3, \cdots$ を定めることを考える。

(A)　$x_1 = q$,　　(B)　$x_{n+1} = \dfrac{1}{2c - x_n}$　($n = 1, 2, 3, \cdots$)

ここで、ある自然数 k に対して $x_k = 2c$ となる場合、x_{k+1} の値を漸化式 (B) によって定義することはできないので、このときは上記の数列を第 k 番目の項 x_k で停止させ、これをこの数列の末項とする。このように、条件 (A), (B) により定まる数列において、ある自然数 k について $x_k = 2c$ となるとき、q を漸化式 (B) の不都合な初項と呼ぶことにする。例えば $q = 2c$ のとき、$x_1 = 2c$ となるので、$2c$ は漸化式 (B) の不都合な初項である。以下の設問に答えよ。

(1) $c > 1$ ならば、漸化式 (B) の不都合な初項は無限に多く存在することを示せ。

(2) $c > 1$ とする。実数 q が漸化式 (B) の不都合な初項であるとき、次の不等式を示せ。
$$c + \sqrt{c^2 - 1} < q \leq 2c$$

(3) 次の命題 (P) が成り立つような実数 c が $0 < c < 1$ の範囲に存在することを示せ。

　　(P) 任意に自然数 M を与えるとき、漸化式 (B) の不都合な初項 q であって、不等式 $|q| > M$ をみたすものが存在する。

[1] (1), (2) 遡って項を生成していく

(1), (2) はいずれも $c > 1$ の場合に関するものです。同時に解決してしまいましょう。
$n \in \mathbb{Z}_+$ に対し、$x_n \neq 2c$ ならば $x_{n+1} \neq 0$ です。そのような n について、問題文の漸化式 (B) は

$$x_{n+1} = \frac{1}{2c - x_n} \iff x_n = 2c - \frac{1}{x_{n+1}} \quad \cdots ①$$

と書き換えられます。① を用いれば、不都合な初項を"逆探知"できそうですね。そこで、数列 $\{y_n\}$ を

$$y_1 = 2c, \qquad y_{n+1} = 2c - \frac{1}{y_n} \quad (n \in \mathbb{Z}_+) \quad \cdots ②$$

により定めます。そして以下 $c > 1$ とします。(1), (2) の証明のために、以下の補題を考えます。

(i) $\forall n \in \mathbb{Z}_+, y_n > 1$
(ii) $\alpha := c + \sqrt{c^2 - 1}, \Delta_n := y_n - \alpha \ (n \in \mathbb{Z}_+)$ とする。このとき、数列 $\{\Delta_n\}$ は常に正の値をとり、かつ狭義単調減少である。

補題 (i) の証明

$c > 1$ に注意すると、数列の定義より $y_1 = 2c > 2 > 1$、すなわち $y_1 > 1$ がいえますね。また、$n \in \mathbb{Z}_+$ に対し $y_n > 1$ が成り立つとすると

$$y_{n+1} = 2c - \frac{1}{y_n} > 2c - \frac{1}{1} > 2 - 1 = 1$$

より $y_{n+1} > 1$ も成り立ちます。 ∎

補題 (ii) の証明

$\alpha \left(= c + \sqrt{c^2 - 1}\right)$ の導入が唐突に見えるかもしれませんが、これは漸化式 ② の不動点（すなわち $\alpha = 2c - \frac{1}{\alpha}$ をみたす値）の一つです。

漸化式 ②: $y_{n+1} = 2c - \frac{1}{y_n}$ および $\alpha = 2c - \frac{1}{\alpha}$ の辺々の差を考えると

$$y_{n+1} - \alpha = \left(2c - \frac{1}{y_n}\right) - \left(2c - \frac{1}{\alpha}\right) = \frac{y_n - \alpha}{\alpha y_n} \qquad \therefore \Delta_{n+1} = \frac{\Delta_n}{\alpha y_n} \quad \cdots ③$$

が成り立ちます。ここで

$$\Delta_1 = 2c - \left(c + \sqrt{c^2 - 1}\right) = c - \sqrt{c^2 - 1} > 0$$

であり、これと ③ より $\Delta_n > 0$ がいえます。また、$\alpha > 1$ と補題 (i) より $\alpha y_n > 1$ もいえますね。よって

$$0 < \Delta_{n+1} = \frac{\Delta_n}{\alpha y_n} < \frac{\Delta_n}{1 \cdot 1} = \Delta_n \qquad \therefore 0 < \Delta_{n+1} < \Delta_n \quad \cdots ④$$

がしたがいます。④ はまさに補題 (ii) を意味していますね。 ■

以上より次のことがいえます。

$$0 < \Delta_n < \Delta_{n-1} < \Delta_{n-2} < \cdots < \Delta_2 < \Delta_1$$
$$\therefore \left(c + \sqrt{c^2-1}=\right)\alpha < y_n < y_{n-1} < y_{n-2} < \cdots < y_2 < y_1 (= 2c)$$

そもそも数列 $\{y_n\}$ は $2c$ という値から "逆探知" して生成した数列なのでした。よってその項のうちからどれを選んで数列 $\{x_n\}$ の初項 q としても、それは必ず不都合な初項となります。そして、いま示したとおり数列 $\{y_n\}$ の項には重複がないため、不都合な初項は無限に多く存在するのです。また、(2) の不等式が成り立つことも上式よりいえます。これで (1), (2) は証明終了です。 ■

[2] (1), (2) のおまけ：不都合な初項と不動点までの距離

以上の議論は正直だいぶ難しいので、何をやっているのかよくわからなかったかもしれません。そこで（無理数の話から少々逸れてしまいますが）、不都合な初項を生成する具体例をご紹介します。

$c > 1$ が必要ですが、ここでは $c = 2$ とします。このとき $\alpha = 2 + \sqrt{3}$ であり、問題文の数列は

(A) $x_1 = q$ 　　　　(B) $x_{n+1} = \dfrac{1}{4 - x_n}$ 　$(n \in \mathbb{Z}_+)$

ということになりますね。このとき、途中で $x_n = 4$ となるような初項 q が不都合な初項ということになりますが、これは次の数列 $\{y_n\}$ により "逆探知" できます。

$$y_1 = 4, \qquad y_{n+1} = 4 - \frac{1}{y_n} \quad (n \in \mathbb{Z}_+)$$

これを用いて数列 y_n の各項の値を計算すると、表 11.1 のようになります。
例えば $(x_1 =) q = \dfrac{209}{56}$ としてやれば

$$x_2 = \frac{1}{4 - x_1} = \frac{1}{4 - \dfrac{209}{56}} = \frac{1}{\dfrac{15}{56}} = \frac{56}{15}$$

$$x_3 = \frac{1}{4 - x_2} = \frac{1}{4 - \dfrac{56}{15}} = \frac{1}{\dfrac{4}{15}} = \frac{15}{4}$$

$$x_4 = \frac{1}{4 - x_3} = \frac{1}{4 - \dfrac{15}{4}} = \frac{1}{\dfrac{1}{4}} = 4 \ (= 2c)$$

表 11.1: 数列 $\{y_n\}$ の項の値および α からのズレ

n	1	2	3	4	5
y_n	4	$\dfrac{15}{4}$	$\dfrac{56}{15}$	$\dfrac{209}{56}$	$\dfrac{780}{209}$
$y_n - \alpha$	2.679×10^{-1}	1.795×10^{-2}	1.283×10^{-3}	9.205×10^{-5}	6.609×10^{-6}
n	6	7	8	9	10
y_n	$\dfrac{2911}{780}$	$\dfrac{10864}{2911}$	$\dfrac{40545}{10864}$	$\dfrac{151316}{40545}$	$\dfrac{564719}{151316}$
$y_n - \alpha$	4.745×10^{-7}	3.407×10^{-8}	2.446×10^{-9}	1.756×10^{-10}	1.261×10^{-11}

となるため、たしかに $q = \dfrac{209}{56}$ は不都合な初項になっているというわけです。

また、数列 $\{y_n\}$ は狭義単調減少になっており、指数関数的に $\alpha \left(= 2 + \sqrt{3}\right)$ に収束していることもわかりますね。

[3] (3) 無理数の性質を利用し、超難問を攻略!

ではいよいよ (3) を攻略します。そもそも問題文の意味を理解できないかもしれませんが、カジュアルに表現すると次のようになります。

c の値次第では、不都合な初項の絶対値をいくらでも大きくできることがある。
そのような c が $0 < c < 1$ の範囲に存在することを示せ。

この条件をみたすような c の値を提示し、それが条件をみたすことを示せばそれでクリア。ですが、これがかなりの難問なのです。

$0 < c < 1$ であろうと、不都合な初項を生み出してくれる数列 $\{y_n\}$ が頼みの綱なのは変わりません。定義を再掲しますね。

$$y_1 = 2c, \qquad y_{n+1} = 2c - \dfrac{1}{y_n} \quad (n \in \mathbb{Z}_+) \quad \cdots ②$$

本問でやりたいことを数列 $\{y_n\}$ の言葉で表現すると、"うまく c を決めてあげることで、(そもそも数列 y_n を無限に生成でき、かつ) この数列の項の絶対値に上限がないようにしたい" ということになります。そのような y は、どうやって見つければよいでしょうか。

いくらか実験をしてみましょう。例えば計算しやすそうな $c = \dfrac{1}{2}$ という値を選ぶと

$$y_1 = 1, \qquad y_{n+1} = 1 - \dfrac{1}{y_n} \quad (n \in \mathbb{Z}_+)$$

となりますが、これだと y_2 を定義できません。そもそも不都合な初項が有限個しか存在しない場合、条件 (P) は成り立ちようがありませんね。

次は $c = \dfrac{1}{3}$ とします。すると

$$y_1 = \frac{2}{3}, \qquad y_{n+1} = \frac{2}{3} - \frac{1}{y_n} \quad (n \in \mathbb{Z}_+)$$

であり、数列 $\{y_n\}$ の項は表 11.2 のようになります。

表 11.2: $c = \dfrac{1}{3}$ とした場合の、数列 $\{y_n\}$ の項の値。

n	1	2	3	4	5	6	7	8	9	10	$\cdots$
y_n	$\dfrac{2}{3}$	$-\dfrac{5}{6}$	$\dfrac{28}{15}$	$\dfrac{11}{84}$	$-\dfrac{230}{33}$	$\dfrac{559}{690}$	$-\dfrac{952}{1677}$	$\dfrac{6935}{2856}$	$\dfrac{5302}{20805}$	$-\dfrac{51811}{15906}$	$\cdots$

とりあえずはじめの 10 項を計算してみました。この中で絶対値が大きめなのは y_5, y_8, y_{10} くらいですが、絶対値も y_n の符号も一見不規則なので、いつ $|y_n|$ が大きな値をとるのか正直予測しづらいです。困りましたね……。

[4] 分数型漸化式を頑張って解く

挙動が不規則に見えるので、開き直って数列 $\{y_n\}$ の一般項を求めることとしましょう。初項はさておき、面倒なのは漸化式 ②: $y_{n+1} = 2c - \dfrac{1}{y_n}$ の方です。
1 回漸化式 ② の右辺を通分し

$$y_{n+1} = \frac{2cy_n - 1}{y_n} \quad \cdots ③$$

とします。これで右辺の分母・分子はいずれも y_n に関する一次の式になりましたね。だいぶテクニカルではありますが、この形の漸化式には以下のような解法があります。

$\alpha, \beta \in \mathbb{R}$ を用いて

$$z_n := \frac{y_n - \beta}{y_n - \alpha} \quad \cdots ④$$

と定めます。この $\{z_n\}$ が等比数列になってくれるような、都合のよい数 α, β があると嬉しいです。ただし $\alpha = \beta$ だと $z_n = 1 \,(= 一定)$ となってしまうので、$\alpha \neq \beta$ である α, β の存在を願いましょう。

④ のように z_n を定めると

$$z_{n+1} = \frac{y_{n+1} - \beta}{y_{n+1} - \alpha} = \frac{\dfrac{2cy_n - 1}{y_n} - \beta}{\dfrac{2cy_n - 1}{y_n} - \alpha} = \frac{(2c - \beta)y_n - 1}{(2c - \alpha)y_n - 1} = \frac{2c - \beta}{2c - \alpha} \cdot \frac{y_n - \dfrac{1}{2c - \beta}}{y_n - \dfrac{1}{2c - \alpha}}$$

が成り立ちます。最右辺が (定数) $\cdot z_n$ という形に書けると嬉しいので

$$\alpha = \frac{1}{2c - \alpha} \quad \text{かつ} \quad \beta = \frac{1}{2c - \beta}$$

が成り立つ α, β の存在を調べます。これらは同じ形をしているので、二次方程式

$$t = \frac{1}{2c - t}$$

をみたす t の値が複数存在すればそれらを α, β とすれば OK です。実際に方程式を解いてみると

$$t^2 - 2ct + 1 = 0 \qquad \therefore t = c \pm \sqrt{c^2 - 1}$$

となります。$0 < c < 1$ より $c^2 - 1 < 0$ なのでこの t は虚数なのですが、まあ複素数の数列も実数と同じように扱ってよいでしょう。とにかく上の方程式をみたす t の値は複数あるわけですが、それをふまえ $\eta, \overline{\eta} \in \mathbb{C}$ を次式により定めます。

$$\eta := c + \sqrt{c^2 - 1} \qquad \left(\text{このとき } \overline{\eta} = c - \sqrt{c^2 - 1}\right)$$

$\{z_n\}$ の定義式 ④ において、$\alpha = \eta, \beta = \overline{\eta}$ としたもの

$$z_n = \frac{y_n - \overline{\eta}}{y_n - \eta} \quad \left(= \frac{y_n - \left(c - \sqrt{c^2 - 1}\right)}{y_n - \left(c + \sqrt{c^2 - 1}\right)}\right)$$

は、次の公比をもつ等比数列ということになりますね。

$$(\text{公比}) = \frac{2c - \overline{\eta}}{2c - \eta} = \frac{2c - \left(c - \sqrt{c^2 - 1}\right)}{2c - \left(c + \sqrt{c^2 - 1}\right)} = \frac{\eta}{\overline{\eta}} = \frac{\eta^2}{|\eta|^2} = \eta^2$$

ただし

$$|\eta|^2 = \left|c + \sqrt{c^2 - 1}\right|^2 = c^2 + \left(\sqrt{1 - c^2}\right)^2 = 1$$

より $|\eta|^2 = 1$ が成り立つことを用いました。

数列 $\{z_n\}$ の公比が η^2 であることがわかりましたね。$2c = \eta + \overline{\eta}$ に注意すると、初項は

$$z_1 = \frac{y_1 - \overline{\eta}}{y_1 - \eta} = \frac{2c - \overline{\eta}}{2c - \eta} = \frac{(\eta + \overline{\eta}) - \overline{\eta}}{(\eta + \overline{\eta}) - \eta} = \frac{\eta}{\overline{\eta}} = \eta^2$$

ですから、数列 $\{z_n\}$ の一般項は

$$z_n = (\text{公比})^{n-1} \cdot z_1 = \left(\eta^2\right)^{n-1} \cdot \eta^2 = \eta^{2n}$$

となります。これと z_n の定義より、数列 $\{y_n\}$ の一般項は次のように計算できます。

$$\frac{y_n - \overline{\eta}}{y_n - \eta} = \eta^{2n} \quad \therefore y_n = \frac{\overline{\eta} - \eta^{2n+1}}{1 - \eta^{2n}} \quad \cdots ⑤$$

長かったですね。これでようやくクリアです！……と言いたいところなのですが、まだ問題を解き終えてはいませんでした。不都合な初項を逆探知する数列 $\{y_n\}$ の一般項が求まったところで、あとはその絶対値の上限について考えてみましょう。

[5]　$|y_n|$ が青天井となるための条件とは？

改めて状況を整理しましょう。$0 < c < 1$ の下で $\eta = c + \sqrt{c^2 - 1}\ (\in \mathbb{C} \setminus \mathbb{R})$ と定義しているのでしたね。先ほど求めた一般項 ⑤ は

$$y_n = \frac{\overline{\eta} - \eta^{2n+1}}{1 - \eta^{2n}} = \frac{\overline{\eta}(1 - \eta^{2n+2})}{1 - \eta^{2n}} = \frac{1 - \eta^{2n+2}}{\eta(1 - \eta^{2n})}$$

と変形できるため、y_n の絶対値は

$$|y_n| = \left|\frac{1 - \eta^{2n+2}}{\eta(1 - \eta^{2n})}\right| = \frac{|1 - \eta^{2n+2}|}{|\eta||1 - \eta^{2n}|} = \frac{|1 - \eta^{2n+2}|}{|1 - \eta^{2n}|}$$

となります。問題文の命題 (P) が成り立つことは、この $|y_n|$ が青天井となることを意味しており、そうなるようなうまい c の存在を示したいわけです。ただし、$|y_n|$ が単調増加であったり、$n \to \infty$ で無限大に発散したりする必要はありません。任意に与えられた $M \in \mathbb{Z}_+$ に対し、$|y_n| > M$ となる $n \in \mathbb{Z}_+$ が一つでも存在すればよく、その n の具体値に制約はありません。

その前に、そもそも "数列 $\{y_n\}$ が有限数列にしかなりえない" …⑥ ような η の条件を考えましょう。それはある $n \in \mathbb{Z}_+$ が存在して $1 - \eta^{2n} = 0$ が成り立つことと同じです。任意の $c \in (0, 1)$ に対し $|\eta| = 1$ となるため、偏角を何倍かしたら 2π の整数倍になること、すなわち、ある $r \in \mathbb{Q}$ を用いて $\arg(\eta) = r\pi$ となることが ⑥ の言い換えになります。数列 $\{y_n\}$ が有限数列にとどまってしまうと、当然不都合な初項の絶対値は有限の範囲に収まってしまうので、以下では $\arg(\eta)$ が π の有理数倍とならない場合を考えましょう。

$0 < c < 1$ の下で常に $|\eta| = 1$ なのでした。また、$\mathrm{Re}(\eta) = c$ よりこれのとりうる値の範囲は $(0, 1)$ です。そして $\mathrm{Im}(\eta) = \sqrt{1 - c^2}$ よりこれのとりうる値も $(0, 1)$ です。つまり $\arg(\eta)$ のとりうる値の範囲は $\left(0, \dfrac{\pi}{2}\right)$ ということになりますね。

したがって、$\arg(\eta) = \dfrac{\sqrt{2}}{4}\pi$ となる $c\ (\in (0, 1))$ が存在します。以下 c はこの値に固定します。つまり、η の値は

$$\eta = \cos\left(\frac{\sqrt{2}}{4}\pi\right) + i\sin\left(\frac{\sqrt{2}}{4}\pi\right)$$

第 11 章　無理数の性質

にするということです。このとき

$n \in \mathbb{Z}_+$ をうまく選べば $|y_n| \left(= \dfrac{\left|1 - \eta^{2n+2}\right|}{\left|1 - \eta^{2n}\right|} \right)$ をいくらでも大きくできる　$\cdots (*)$

ことを示せばいよいよクリアです。

　イメージ的には、$\left|1 - \eta^{2n}\right|$ をなるべく小さくしたいですね。η の偏角は $\dfrac{\sqrt{2}}{4}\pi$ ですから

$$\arg\left(\eta^{2n}\right) = 2n \cdot \arg\left(\eta\right) = 2n \cdot \dfrac{\sqrt{2}}{4}\pi = \dfrac{\sqrt{2}}{2}n\pi$$

であり、これが $\arg(1)$、すなわち $2\pi \cdot$ (何らかの整数) に近ければ近いほど $|y_n|$ の分母 $\left|1 - \eta^{2n}\right|$ が小さくなるわけです。なお、$|y_n|$ の分子 $\left|1 - \eta^{2n+2}\right|$ も n に応じて変わってしまいますが、η^{2n} が 1 にかなり近い状況において η^{2n+2} は 1 から "それなりに" 離れているでしょうから、その処理は後で考えましょう。

　$(*)$ を示すために、次の $(*)'$ を示します。

$$\forall \varepsilon \in \mathbb{R}_+, \left[\exists n, m \in \mathbb{Z}_+, \left| \dfrac{\sqrt{2}}{2}n\pi - 2m\pi \right| < \varepsilon \right] \quad \cdots (*)'$$

$n \in \mathbb{Z}_+$ をうまく選べば、η^{2n} の偏角が 2π の (何かしらの) 整数倍にいくらでも近づける、ということを定式化しただけです。ここで

$$\dfrac{\sqrt{2}}{2}n\pi - 2m\pi = (n - 2\sqrt{2}m) \cdot \dfrac{\pi}{\sqrt{2}}$$

であり、$\left| \dfrac{\sqrt{2}}{2}n\pi - 2m\pi \right|$ の部分を定数倍だけ変化させても命題 $(*)'$ の真偽には影響しないので

$$\forall \varepsilon' \in \mathbb{R}_+, \left[\exists n, m \in \mathbb{Z}_+, \left|n - 2\sqrt{2}m\right| < \varepsilon' \right] \quad \cdots (*)''$$

と書き換えてしまいましょう。

　与えられた $\varepsilon' \in \mathbb{R}_+$ に対し、$\left|n - 2\sqrt{2}m\right| < \varepsilon'$ となる $m, n \in \mathbb{Z}_+$ を差し出したいのですが、これがなかなか難しいです。ここで後述するクロネッカーの稠密定理（p.193）が役立ちます。すなわち、$2\sqrt{2}(\notin \mathbb{Q})$ をうまい正整数倍すれば、$2\sqrt{2}m$ の小数部分をいくらでも小さくできる（n は $2\sqrt{2}m$ の整数部分にすれば OK）ため、$(*)''$ ひいては $(*)'$ が成り立つというわけです。

　最後に、$(*)'$ を用いて $(*)$ を示しましょう。

2 以上の整数 M が任意に与えられたとします（のちの評価の都合で $M = 1$ の場合を無視しましたが、議論の大筋に影響はありません）。このとき、$(*)'$ が真なので、例えば $\varepsilon = \dfrac{1}{M}$ としたものも真です。つまり $\left| \dfrac{\sqrt{2}}{2} n\pi - 2m\pi \right| < \dfrac{1}{M}$ をみたす m, n の値の組は存在するわけですが、そのうち一つを $(m, n) = (\mu, \nu)$ とします。

すると、図 11.8 のように、複素数平面において点 1 と点 $\eta^{2\nu}$ はいずれも単位円上にあり、かつ偏角の差が $\dfrac{1}{M}$ 未満ということになりますね。また、$\eta^{2\nu}$ と $\eta^{2\nu+2}$ の偏角の差は $\dfrac{\sqrt{2}}{4}\pi \cdot 2 = \dfrac{\sqrt{2}}{2}\pi$ です。

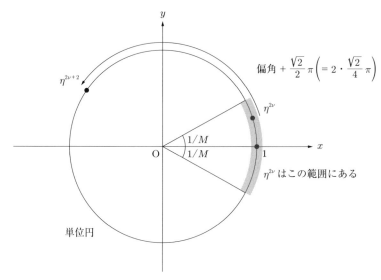

図 11.8: $\eta^{2\nu}$ の存在しうる範囲は、単位円上の点 1 付近となる。

これを踏まえ、$|y_\nu| > M$ を示します。まず 1 と $\eta^{2\nu}$ の偏角差の上界を考えることで

$$\left| 1 - \eta^{2\nu} \right| < (\text{半径 1, 中心角 } \dfrac{1}{M} \text{ の扇形の弧長}) = \dfrac{1}{M}$$

が成り立ちます（図 11.9）。

また

$$\arg\left(\eta^{2\nu+2}\right) = \arg\left(\eta^{2\nu}\right) + 2 \cdot \dfrac{\sqrt{2}}{4}\pi = \arg\left(\eta^{2\nu}\right) + \dfrac{\sqrt{2}}{2}\pi$$

であり、これと $-\dfrac{1}{M} < \arg\left(\eta^{2\nu}\right) < \dfrac{1}{M}$ より

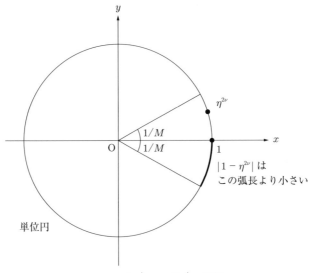

図 11.9: $|1-\eta^{2\nu}|$ の評価

$$\left|1-\eta^{2\nu+2}\right| > \left(\text{点 1 と点 } e^{i\left(\frac{\sqrt{2}}{2}\pi-\frac{1}{M}\right)} \text{ の間の距離}\right)$$
$$= 2\sin\left(\frac{1}{2}\left(\frac{\sqrt{2}}{2}\pi - \frac{1}{M}\right)\right) = 2\sin\left(\frac{\sqrt{2}}{4}\pi - \frac{1}{2M}\right)$$
$$> 2\sin\frac{\pi}{4} \quad \left(\because \sqrt{2} > 1.4,\ 3.2 > \pi > 3.1,\ M \geq 2 \text{ より } \frac{\sqrt{2}}{4}\pi - \frac{1}{2M} > \frac{\pi}{4}\right)$$
$$= \sqrt{2}$$

が成り立ちます（図 11.10）。以上より、$|y_\nu|$ は次のように下から評価できます。

$$|y_\nu| = \frac{\left|1-\eta^{2\nu+2}\right|}{|1-\eta^{2\nu}|} > \frac{\sqrt{2}}{\frac{1}{M}} = \sqrt{2}M > M \qquad \therefore |y_\nu| > M$$

そして、この議論は M の値に依存しません。これでようやく $(*)$ がいえ、(3) も証明終了です！ ■

11.4 無理数の稠密性 🎼

実数の中に無理数はどれくらい敷き詰まっているでしょうか。実は「実数のどの区間を切り取っても無理数が必ず入ってしまう」くらい無理数はきめ細かく実数の中に存在するのですが、それを稠密性といいます。この無理数の性質を、まずは確認してみましょう。

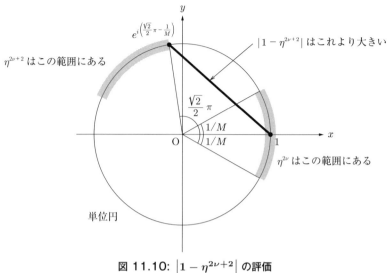

図 11.10: $\left|1 - \eta^{2\nu+2}\right|$ の評価

定理:無理数の稠密性

$a < b$ なる任意の二つの実数 a, b に対して、$a < x < b$ をみたす無理数 x が存在する。

この定理を証明するために、まずは次の補題を証明しましょう。

補題

$a < b$ なる任意の二つの**有理数** a, b に対して、$a < x < b$ をみたす無理数 x が存在する。

$\dfrac{\sqrt{2}}{b-a}$ より大きい自然数 M をとります。すると、$0 < \dfrac{\sqrt{2}}{M} < b-a$ が成り立ちます。したがって、$a < \dfrac{\sqrt{2}}{M} + a < b$ ですが、$\dfrac{\sqrt{2}}{M} + a$ は無理数であるので、$x = \dfrac{\sqrt{2}}{M} + a$ とすることで、$a < x < b$ をみたす無理数 x がとれました。

なお、$\dfrac{\sqrt{2}}{M} + a$ が無理数であることは次のように証明することができます:$r := \dfrac{\sqrt{2}}{M} + a$ が有理数であるとすると、M, r, a が有理数であることより $\sqrt{2} = M(r-a)$ は有理数と

第 11 章　無理数の性質

なってしまい、$\sqrt{2}$ が無理数であることに反します。

さて、定理の証明をしましょう。$\dfrac{2}{b-a}$ より大きい自然数 N をとります。すると、$\dfrac{2}{N} < b-a$ となります。間隔 $1/N$ の目盛りを考えると、$b-a$ は目盛り二つ分より広いので、ある整数 i が存在して

$$a < \frac{i}{N} < \frac{i+1}{N} < b$$

となります。

このとき、$\dfrac{i}{N}, \dfrac{i+1}{N}$ は有理数です。したがって、補題より $\dfrac{i}{N} < x < \dfrac{i+1}{N}$ をみたす無理数 x をとれます。この x は、$a < x < b$ をみたします。

同様に有理数も稠密性をもつことが知られています。余力のある人は証明に挑戦してみましょう。

11.5　数学の森 in Kyoto 𝒦

ところで、筆者である古賀が、東京在住であるにも関わらず京都大学に進学する一つのきっかけになったイベントがあります。それが 2013 年に開催された京都大学主催の「数学の森 in Kyoto」です。数学教室の教授の講義を受け、それにまつわる試験を受けてその成績を競うという 1 泊 2 日の高校生向けイベントでした。最終日にはフィールズ賞を受賞された森重文先生の講演もありました（イベント名も森先生に由来しているのでしょう）。

さて、このコンテストに参加するための事前課題が以下の問題でした。今でも覚えています。

> **題材**　数学の森 in Kyoto 書類審査課題
>
> 正の実数 x に対して、その小数部分を $\{x\}$ で表す。例えば、$\{1.0834\} = 0.0834, \{\pi\} = 0.141592...$ である。正の実数 a を一つ固定する。このとき、数列
>
> $$\{a\}, \{2a\}, \{3a\}, \{4a\}, \cdots, \{na\}, \cdots$$
>
> は、0 以上 1 以下の実数の中でどのように分布するか考察しなさい。一つの答えを求めているのではありません。いろいろとこれについて考えたことを書いてください。

この問題がまさに有理数と無理数、その 2 種類の稠密性の違いについて関連するもの

[1] a が有理数のとき

この数列を C とします。p, q を互いに素な自然数として、$a = \dfrac{q}{p}$ と表すと、この数列 C は

$$\left\{\frac{q}{p}\right\}, \left\{\frac{2q}{p}\right\}, \cdots, \left\{\frac{(p-1)q}{p}\right\}, 0, \left\{\frac{q}{p}\right\}, \cdots$$

というように p 個の項が繰り返される数列になります。この数列の項を区間 [0,1) に描くと、p 個の点となります。

[2] a が無理数のとき

a が有理数であるときは C 内に等しい項がありましたが、a が無理数であるときはそのようなことはありません。

定理

a が無理数であるとき、C の各項は異なる。

証明をしましょう。もし、二つの異なる自然数 n_1, n_2 が存在したとして

$$\{n_1 a\} = \{n_2 a\}$$

であるとすると、$n_1 a, n_2 a$ の小数部分が等しいので、整数 k が存在して

$$n_1 a - n_2 a = k$$

となります。これは $a = \dfrac{k}{n_1 - n_2}$ を意味して、a が有理数となって矛盾します。よって、a が無理数であるとき、C に等しい項は存在しません。 ■

定理

p, q を 0 以上の整数 $(q < p)$ とすると、$\dfrac{q}{p} < \{ma\} < \dfrac{q+1}{p}$ をみたす自然数 m が存在する。

区間 [0,1) を、$\left[0, \dfrac{1}{p}\right), \left[\dfrac{1}{p}, \dfrac{2}{p}\right), \left[\dfrac{2}{p}, \dfrac{3}{p}\right), \cdots, \left[\dfrac{p-1}{p}, 1\right)$ の p 個の区間に分けます。そこに数列 C の項を plot していくと、この p 個の区分のいずれかに C の項は必ず

含まれますが、C の項は無限個ですから、必ず重複が生まれます。すなわち、二つの自然数 m_1, m_2 と 0 以上 $(p-1)$ 以下の整数 i が存在して

$$\{m_1 a\}, \{m_2 a\} \in \left[\frac{i}{p}, \frac{i+1}{p}\right)$$

となります。ここで、$\{m_1 a\} > \{m_2 a\}$ とすると、$0 < \{m_1 a\} - \{m_2 a\} < \frac{1}{p}$ です。また、以下の補題より

$$\{m_1 a\} - \{m_2 a\} = \{(m_1 - m_2)a\}$$

です。したがって、$0 < \{(m_1 - m_2)a\} < \frac{1}{p}$ となります。

- $m_1 > m_2$ のとき、$m_1 - m_2 > 0$ です。そこで

$$M\{(m_1 - m_2)a\} \leq \frac{q}{p} < (M+1)\{(m_1 - m_2)a\}$$

をみたす 1 以上の整数 M をとると

$$\frac{q}{p} < (M+1)\{(m_1 - m_2)a\} < \frac{q+1}{p}$$

すなわち $\frac{q}{p} < \{(M+1)(m_1 - m_2)a\} < \frac{q+1}{p}$

となります。

- $m_1 < m_2$ のとき、$m_1 - m_2 < 0$ です。したがって、$\{(m_2 - m_1)a\}$ の方に着目すると、$\frac{p-1}{p} < \{(m_2 - m_1)a\} < 1$ となります。そこで

$$M'[1 - \{(m_2 - m_1)a\}] < 1 - \frac{q}{p} \leq (M'+1)[1 - \{(m_2 - m_1)a\}]$$

をみたす 1 以上の整数 M' をとると

$$(M'-1) + \frac{q}{p} < M'\{(m_2 - m_1)a\} \leq (M'-1) + \frac{q}{p} + 1 - \{(m_2 - m_1)a\}$$

が成り立ちますが、$M' - 1 \in \mathbb{Z}$ かつ $\frac{q}{p} + 1 - \{(m_2 - m_1)a\} < \frac{q+1}{p}$ であることより

$$\frac{q}{p} < \{M'(m_2 - m_1)a\} < \frac{q+1}{p}$$

となります。

$\{m_2 a\} > \{m_1 a\}$ の場合も同様に証明することができ、これで完了です。 ∎

[3] 補題

> **補題**
>
> r, s を実数とする。$\{r\} \geq \{s\}$ であるとき、$\{r\} - \{s\} = \{r - s\}$ である。

ガウス記号を用いて $\{r\} = r - [r], \{s\} = s - [s]$ と表せます。まず、$0 \leq \{r\} < 1$ かつ $0 \leq \{s\} < 1$ かつ $\{r\} \geq \{s\}$ より $0 \leq \{r\} - \{s\} < 1$ であることに注意しましょう。すると

$$\begin{aligned}\{r\} - \{s\} &= (r - s) - ([r] - [s]) \\ &= [r - s] + \{r - s\} - ([r] - [s]) \\ &= ([r - s] + [s] - [r]) + \{r - s\}\end{aligned}$$

となるので、$0 \leq ([r-s] + [s] - [r]) + \{r-s\} < 1$ です。ここで $[r-s] + [s] - [r]$ は整数で、$0 \leq \{r-s\} < 1$ であるので、$[r-s] + [s] - [r] = 0$ が得られます。ゆえに

$$\{r\} - \{s\} = \{r - s\}$$

です。

[4] 数列 C の稠密性

先ほどの定理は、0 以上 1 以下の任意の有理数の間に数列の C の項があることを表しています。実は有理数を実数に取り替えてもこのことは成り立ちます。

> **定理：クロネッカーの稠密定理**
>
> a が無理数であるとき、0 以上 1 以下の任意の実数 $r < s$ に対して、ある自然数 n が存在して
>
> $$r < \{na\} < s$$
>
> となる。

有理数を実数に取り替えても成り立つことを確認しておきましょう。有理数の稠密性から $r < p < \dfrac{r+s}{2}, \dfrac{r+s}{2} < q < s$ となる有理数 p, q をとります。この p, q に対して先ほど証明した定理を適用すれば

$$p < \{na\} < q$$

となる自然数 n が取れます。この n に対して、ただちに

$$r < \{na\} < s$$

となります。　■

[5] ワイルの一様分布定理

クロネッカーの定理の稠密性は、「どこの部分にも C の項がある」ということを述べただけで、どれだけあるかという割合については言及していません。ワイルはその割合について述べた次の定理を証明しました。

定理：ワイルの一様分布定理

a を無理数とする。0 以上 1 以下の実数 $r < s$ に対して

$$\lim_{N \to \infty} \frac{\#\{n \mid n \leq N, \{na\} \in (r,s)\}}{N} = s - r$$

である。ただし、分子の $\#\{n \mid n \leq N, \{na\} \in (r,s)\}$ は集合 $\{n \mid n \leq N, \{na\} \in (r,s)\}$ の要素の個数を表す。

数列 C の最初の N 項 $\{a\}, \{2a\}, \{3a\}, \ldots \{Na\}$ のうち、区間 (r,s) に属するものの個数の割合は、N を大きくするほど限りなく $(s-r)$ に近づく、という定理です。したがって、[0,1] のどこを切り取っても、数列 C の項は同じくらいの割合で存在するということを意味しています。このことを、**一様分布**しているといいます。一様分布であるための必要十分条件としては次のことが知られています。

定理：一様分布の必要十分条件

数列 $a_1, a_2, a_3, \ldots$ に対し、その小数部分の数列 $\{a_1\}, \{a_2\}, \{a_3\}, \ldots$ が $[0,1)$ で一様分布する必要十分条件は、任意の自然数 k に対して

$$\lim_{N \to \infty} \frac{1}{N} \sum_{n=1}^{N} e^{2\pi i k a_n} = 0$$

が成り立つことである。

例えば、今回の数列 $a_n = na$ では

$$\lim_{N \to \infty} \frac{1}{N} \sum_{n=1}^{N} (e^{2\pi i k a})^n = 0$$

が任意の自然数 k で成り立つことが、一様分布の必要十分条件です。

$\sum_{n=1}^{N}(e^{2\pi ika})^n$ と似た数式は、この章の冒頭でも出てきましたね。a が有理数だと、ある自然数 k で ka は整数となってしまい、その k に対して

$$\sum_{n=1}^{N}(e^{2\pi ika})^n = \sum_{n=1}^{N} 1 = N$$

であるので、条件の極限値は 1 となってしまいます。一方、a が無理数だと

$$\left|\frac{1}{N}\sum_{n=1}^{N}(e^{2\pi ika})^n\right| = \frac{1}{N} \cdot |e^{2\pi ika}| \cdot \left|\frac{e^{2\pi ikaN}-1}{e^{2\pi ika}-1}\right| \leq \frac{1}{N}\frac{2}{|e^{2\pi ika}-1|} \longrightarrow 0 \quad (N\to\infty)$$

となり、数列 C は一様分布であることが上の定理を用いればわかります。なお、ここで三角不等式より $|e^{2\pi ikaN} - 1| \leq |e^{2\pi ikaN}| + |1| = 1 + 1 = 2$ と変形しました。

第 11 章を終えて

$\mathcal{H}$：いやーしかし、先ほどの"不都合な初項"の問題はしんどかったです。

$\mathcal{K}$：特色入試の中でもかなりの難問ですからね。私は過去にこの問題を YouTube チャンネルで解説したことがあるのですが、かなり苦労しました。

$\mathcal{H}$：問題を解くのに必死で最初は背景を想像できなかったのですが、無理数の稠密性と関係していると知り驚きました。

$\mathcal{K}$：$\arg \eta = ($無理数$) \cdot \pi$ の形にすれば、$n \in \mathbb{Z}_+$ をうまく選ぶことで $|1 - \eta^{2n}|$ をいくらでも小さくできる。これがポイントです。

$\mathcal{H}$：無理数も有理数も、数直線上にびっしりある。なんだか想像しづらいです。

$\mathcal{K}$：実数の構成なんかもそうですが、"直感で片付けられなくなる"というのが、大学で学ぶ数学の特徴の一つかもしれません。

$\mathcal{H}$：本書は章があと四つあるんですよね。このあとちゃんと内容を理解できるか、すでに心配です……。

$\mathcal{K}$：安心してください。次章は"合同式"がテーマです。これなら林さんもある程度知っているはずです。

第12章
奥深き合同式の世界

この章からは代数学の内容に入っていきます。まずは、合同式についてです。合同式は「余り」のみに着目する計算方法です。余りによる分類の概念は剰余類と呼ばれるものに一般化され、その剰余類の加減乗除の計算は、剰余群や剰余環などのように、群や環を用いた概念に一般化されます。

12.1 合同式の定義と基本性質 $\mathcal{H}$

まずは、合同式についておさらいするところから始めましょう。

合同式の定義

$a, b \in \mathbb{Z}, m \in \mathbb{Z}_+$ とする。$a - b$ が m の倍数である、すなわち、ある $k \in \mathbb{Z}$ が存在して $a - b = km$ が成り立つとき、a と b は m を法として合同であるといい、$a \equiv b \pmod{m}$ と表す。

このように定義される合同式には、次の性質があります。

合同式の基本性質

$a, b, c, d \in \mathbb{Z}, m \in \mathbb{Z}_+$ とし、ここではすべて $\bmod m$ とする。$a \equiv b$ かつ $c \equiv d$ であるとき、以下のことが成り立つ。

(i)　　$a + c \equiv b + d$

(ii)　　$a - c \equiv b - d$

(iii)　　$ac \equiv bd$

(iv)　　任意の $k \in \mathbb{Z}_+$ に対し $a^k \equiv b^k$

基本性質の証明

$a \equiv b$ かつ $c \equiv d$ であるとき、$k, l \in \mathbb{Z}$ が存在して $a - b = km$, $c - d = lm$ が成り立ちます。このとき

$$(a \pm c) - (b \pm d) = (a - b) \pm (c - d) = km \pm lm = (k \pm l)m$$

であり（複号同順）、$k \pm l \in \mathbb{Z}$ なので (i), (ii) がしたがいます。また

$$ac - bd = (b+km)(d+lm) - bd = (bl + kd + klm)m$$

であり、$bl + kd + klm \in \mathbb{Z}$ より (iii) がいえます。また、(iii) を繰り返し用いて

$$a \cdot a \equiv b \cdot b \quad (\because \text{(iii) で } c=a, d=b \text{ とした})$$
$$a \cdot a^2 \equiv b \cdot b^2 \quad (\because \text{前行の結果も踏まえ (iii) で } c=a^2, d=b^2 \text{ とした})$$
$$a \cdot a^3 \equiv b \cdot b^3 \quad (\because \text{前行の結果も踏まえ (iii) で } c=a^3, d=b^3 \text{ とした})$$
$$\cdots$$

とすることで (iv) がしたがいます。■

先ほどの基本性質は合同式における加算・減算・乗算（・冪乗）についてのものでした。四則演算のうち除算に相当するものだけなかったことを不思議に思うかもしれませんが、除算の法則もちゃんとあります。ただし、ちょっとだけ追加条件が必要です。

合同式の基本性質

$a, b, k \in \mathbb{Z}, m \in \mathbb{Z}_+$ とする。$ak \equiv bk \pmod{m}$ かつ $\gcd(k, m) = 1$ のとき、$a \equiv b \pmod{m}$ が成り立つ。

よく見ると "$\gcd(k, m) = 1$" という条件がついており、これが通常の四則演算での除算と異なります。なぜこのような条件が必要かは、証明を見ると理解できることでしょう。

基本性質の証明

$ak \equiv bk$ のとき、ある整数 l が存在して $ak - bk = lm$ が成り立ちます。この式は $(a-b)k = lm$ と変形でき、$(a-b)k$ は m の倍数となりますが、$\gcd(k, m) = 1$ なので $a - b$ が m の倍数となるほかなく、合同式の定義より $a \equiv b$ が成り立ちます。■

12.2　合同式と素数に関するとある定理 $\mathcal{H}$

いま学んだ合同式を用いて入試問題を攻略し、その背景にある数学を覗いていきます。まずは問題の紹介から。

第 12 章 奥深き合同式の世界

> **題材　1977 年 文系数学 第 5 問**
>
> p が素数であれば、どんな自然数 n についても $n^p - n$ が p で割り切れる。このことを、n についての数学的帰納法で証明せよ。

　整数の性質に詳しい方であれば、本問がある定理そのものであることに気づくはずですが、一旦ただの入試問題だと思ってフツーに攻略してみましょう。

[1]　帰納法による証明（合同式を用いないもの）

　手段を限定されてしまっては、それに従うほかありません。p を素数とし、$n \in \mathbb{Z}_+$ に依存する主張 $p \mid (n^p - n) \cdots (*)_n$ を、n に関する数学的帰納法で証明します。合同式のありがたみを感じるために、まずは合同式を用いないで証明してみます。

　まず、$1^p - 1 = 0 = 0 \cdot p$ より $(*)_1$ は成立します。

　次に、$n \in \mathbb{Z}_+$ について $(*)_n$ を仮定します。$(n+1)^p - (n+1)$ は

$$
\begin{aligned}
(n+1)^p - (n+1) &= \sum_{k=0}^{p} \left({}_p\mathrm{C}_k \cdot n^k \right) - (n+1) \\
&= 1 + \sum_{k=1}^{p-1} \left({}_p\mathrm{C}_k \cdot n^k \right) + n^p - n - 1 \\
&= \sum_{k=1}^{p-1} \left({}_p\mathrm{C}_k \cdot n^k \right) + (n^p - n)
\end{aligned}
$$

と変形できます。1 以上 $(p-1)$ 以下の任意の整数 k に対し $p \mid {}_p\mathrm{C}_k$ であり、仮定 $(*)_n$ より $p \mid (n^p - n)$ でもあるため、上式の最右辺は p の倍数であり、$p \mid ((n+1)^p - (n+1))$、すなわち $(*)_{n+1}$ がしたがいます。

　以上より $(*)_1$ かつ "$(*)_n \Longrightarrow (*)_{n+1}$" なので、任意の $n \in \mathbb{Z}_+$ に対し $(*)_n$ の成立がいえました。　■

[2]　帰納法による証明（合同式を用いるもの）

　こんどは合同式を活用してみます。以下すべて $\mathrm{mod}\, p$ で考え、$n^p - n \equiv 0 \cdots (*)'_n$ を示しましょう。

　まず、$1^p - 1 \equiv 1 - 1 \equiv 0$ より $(*)'_1$ は成立します。次に、$n \in \mathbb{Z}_+$ について $(*)'_n$ を仮定します。1 以上 $(p-1)$ 以下の任意の整数 k に対し $p \mid {}_p\mathrm{C}_k$ であることに注意すると

$$
(n+1)^p - (n+1) \equiv \sum_{k=0}^{p} \left({}_p\mathrm{C}_k \cdot n^k \right) - (n+1) \equiv 1 + n^p - n - 1 \equiv n^p - n
$$

であり、これと仮定 $(*)'_n$ より $p \mid ((n+1)^p - (n+1))$ が得られます。

以上より $(*)'_1$ かつ "$(*)'_n \Longrightarrow (*)'_{n+1}$" なので、任意の $n \in \mathbb{Z}_+$ に対し $(*)'_n$ の成立がいえました。 ■

12.3　フェルマーの小定理の主張と証明 🦔

冒頭の問題で示したのは、次の定理の主張のうち (ii) に相当します。

フェルマーの小定理

$p \in \mathbb{P}, a \in \mathbb{Z}$ とする。
(i)　$\gcd(p, a) = 1$ のとき、$a^{p-1} \equiv 1 \pmod{p}$ が成り立つ。
(ii)　任意の $a\,(\in \mathbb{Z})$ に対し、$a^p \equiv a \pmod{p}$ が成り立つ。

前節の問題における n は正整数でしたが、この定理自体は（正とは限らない）一般の整数 a で成り立ちます。この意味で先ほどの証明は不十分なので、それを補っておきましょう。

(ii) の証明（正整数から一般の整数への拡張）

ここではすべて $\mathrm{mod}\,p$ とします。$a = 0$ の場合に (ii) が成り立つことは明らかなので、$a < 0$ の場合を考えましょう。このとき $-a$ は正整数であることに注意します。

$p = 2$ の場合：$n = -a$ として先ほど示した事実を用いることにより、$(-a)^2 \equiv -a$、すなわち $a^2 \equiv -a$ を得ます。一方、$(-a) - a = -2a \equiv 0$ より $-a \equiv a$ も成り立ちます。以上より $a^2 \equiv a$ です[1]。

$p \geq 3$ の場合：$n = -a$ として先ほど示した事実を用いることにより、$(-a)^p \equiv -a$ を得ます。いま p は奇数ですから、この式は $a^p \equiv a$ と同じことです。 ■

(i) はまだ示していませんが、(i) $\Longleftrightarrow$ (ii) なので問題ありません。

(i), (ii) の一方を示せばよいことの証明

引き続き $\mathrm{mod}\,p$ とします。

(i) $\Longrightarrow$ (ii) の証明：(i) を仮定すると、$\gcd(p, a) = 1$ のとき $a^{p-1} \equiv 1$ が成り立ち、その両辺に a を乗算することで $a^p \equiv a$ となりますし、$\gcd(p, a) \neq 1$ の場合は（$p \in \mathbb{P}$ より）$p \mid a$ となるので、やはり $a^p \equiv 0 \equiv a$ が成り立ち

1　$p = 2$ の場合については、先ほどの問題のことを無視して $a^p - a = a^2 - a = (a-1)a$ と変形し、隣接する 2 整数の積が偶数となることを用いてもよいですね。

ます。

(ii) $\Longrightarrow$ (i) の証明：(ii) を仮定したとき、$\gcd(p, a) = 1$ ならば両辺を a で除算でき、$a^{p-1} \equiv 1$ が得られます。

よって (i), (ii) は同じことであり、一方のみ示せれば他方も示せたこととなります。　∎

フェルマーの小定理の主張 (i), (ii) の成立がいえましたが、実はこの定理にはほかにも多様な証明方法があります。そのうち、高校数学までの範囲で理解しやすいものをもう一つご紹介します。

フェルマーの小定理の証明その 2: 余りがバラバラであることを用いるもの

ここでは (i) の方を示します。$p \in \mathbb{P}$, $a \in \mathbb{Z}$ とし、$\gcd(p, a) = 1$ を仮定します。また、以下すべて $\bmod p$ とします。まず次の補題を証明しましょう。

補題：$0a, 1a, 2a, 3a, \cdots, (p-2)a, (p-1)a$ を p で除算した余りは、どの二つも互いに異なる。

Proof. $0a, 1a, 2a, 3a, \cdots, (p-2)a, (p-1)a$ のうちに、p で除算した余りが等しいものの組が存在したとし、それを ia, ja $(0 \leq i < j \leq p-1)$ とします。このとき $ia \equiv ja$、すなわち $(j-i)a \equiv 0$ が成り立ち、$\gcd(p, a) = 1$ より $p \mid (j-i)$ が必要ですが、$0 \leq i < j \leq p-1$ より $j-i$ が 0 となるほかありません。したがって、$i = j$ となり $i < j$ に矛盾します。　∎

上の補題より、$0a, 1a, 2a, 3a, \cdots, (p-2)a, (p-1)a$ を p で除算した余りはすべて異なりますが、整数を p で除算した余りは $0, 1, 2, \cdots, p-2, p-1$ の p 種類しかありえません。よって、$0a, 1a, 2a, 3a, \cdots, (p-2)a, (p-1)a$ を p で除算した余りには、0 以上 $(p-1)$ 以下の整数がちょうど 1 回ずつ現れます。また、$0a$ を p で除算した余りは 0 です。したがって

$$1a \cdot 2a \cdot 3a \cdot \cdots \cdot (p-2)a \cdot (p-1)a \equiv 1 \cdot 2 \cdot 3 \cdot \cdots \cdot (p-2) \cdot (p-1)$$
$$\therefore (p-1)! a^{p-1} \equiv (p-1)!$$

が成り立ちます。ここで、$(p-1)!$ と p は互いに素であるため、両辺を $(p-1)!$ で除算でき、$a^{p-1} \equiv 1$ がしたがいます。　∎

[1] フェルマーの小定理を用いて解決できる問題

こうして、フェルマーの小定理が示されました。ただ、まだ主張とその証明しか扱っていないため、定理のありがたみを実感できていないかもしれません。そこで、京大入試の整数問題で早速この定理を使ってみましょう。

12.3 フェルマーの小定理の主張と証明

> **題材**　1995年 理系数学 第2問
>
> a, b は $a > b$ をみたす自然数とし、p, d は素数で $p > 2$ とする。このとき、$a^p - b^p = d$ であるならば、d を $2p$ で割った余りが 1 であることを示せ。

(i) d が奇数であること、(ii) $d \equiv 1 \pmod{p}$ をこの順に示します。

(i) の証明

$$a^p - b^p = (a - b)\sum_{k=0}^{p-1} a^{p-1-k} b^k$$ と因数分解してみます。$p \geq 3$ より

$$\sum_{k=0}^{p-1} a^{p-1-k} b^k \geq \sum_{k=0}^{p-1} 1 = p \geq 2$$

であるため、$a^p - b^p$ が素数となるためには $a - b = 1$ が必要です。これより a, b の偶奇は異なるため、それらの冪乗の差である d は奇数に限られます。

(ii) の証明（ここでの合同式の法は p とします）

$b \equiv 0$ のとき、$a^p - b^p \equiv 1^p - 0^p = 1$ です。また、$b \equiv -1$ のときも、p が奇数であることに注意すると $a^p - b^p \equiv 0^p - (-1)^p \equiv 1$ とわかります。

$b \not\equiv 0, -1$ のとき、$b, b+1$ はいずれも p と互いに素です。よって、フェルマーの小定理より $a^p \equiv (b+1)^p \equiv b+1$ かつ $b^p \equiv b$ が成り立ち、これより $a^p - b^p \equiv (b+1) - b \equiv 1$ を得ます。

以上より、d は奇数であり、かつ $d \equiv 1 \pmod{p}$ をみたします。つまり $(d-1)$ は偶数かつ p の倍数、つまり $2p$ の倍数なので、$d \equiv 1 \pmod{2p}$ となるわけです。　∎

[2]　オイラー関数とオイラーの定理

ここでは、フェルマーの小定理の一般化といえるオイラーの定理とその証明をご紹介します。

> **オイラー関数**
>
> $n \,(\in \mathbb{Z}_+)$ に対して定義され、1 以上 $(n-1)$ 以下の整数のうち n と互いに素であるものの個数を返す関数 $\varphi(n)$ を、**オイラー関数**（ほかに "オイラーの totient function" など）という。

いくつか例を示します。

- 6 以下の正整数であって 6 と互いに素なものは $1, 5$ の 2 個です。よって $\varphi(6) = 2$ です。
- ほかにも $\varphi(8) = 4$, $\varphi(10) = 4$ などが成り立ちます。
- $p \in \mathbb{P}$ に対し、$\varphi(p) = p - 1$ です。
- $p, q \in \mathbb{P}$, $p \neq q$ に対し、$\varphi(pq) = (p-1)(q-1)$ です。

このオイラー関数について、次のことが成り立ちます。

オイラーの定理

$a, m \in \mathbb{Z}$, $m \geq 2$, $\gcd(a, m) = 1$ とする。このとき $a^{\varphi(m)} \equiv 1 \pmod{m}$ が成り立つ。

この定理はさきのフェルマーの小定理を含むものです。実際、素数 p に対し $\varphi(p) = p - 1$ が成り立つことに注意すると、オイラーの定理で $m = p$ とすることにより $a^{p-1} \equiv 1 \pmod{p}$ が得られます。

では、オイラーの定理を証明してみましょう。これも大学受験までの数学の知識で理解できます。

オイラーの定理の証明その 1: 初等的なもの

ここで登場する合同式の法はみな m とします。1 以上 m 以下で m と互いに素である整数（これは $\varphi(m)$ 個ある）を、小さい順に $k_1, k_2, k_3, \cdots, k_{\varphi(m)-1}, k_{\varphi(m)}$ とします。また、それら $\varphi(m)$ 個の整数の集合を K としておきます。

補題：$k_1 a, k_2 a, \cdots, k_{\varphi(m)} a$ を m で除算した余りはどの二つも相異なり、それらの集合を K' とすると $K = K'$ である。

Proof. $K' \subset K$ の証明

まず、任意の $k\ (\in K')$ に対し、ka を m で除算した余りを r とすると、$r \in K$ が成り立ちます（$r \notin K$ とすると、K の定義より $\gcd(r, m) \geq 2$ となりますが、この最大公約数を g とすると $g \mid r$ かつ $g \mid m$ より $g \mid (ka)$ が成り立ちます。ここで $g \nmid a$ より $g \mid k$ ですが、これは $k \in K'$ に反するため $r \in K$ がいえます）。よって、$K' \subset K$ がしたがいます。

$|K'| = |K|$ の証明

$k_1 a, k_2 a, \cdots, k_{\varphi(m)} a$ のうちに m で除算した際の余りが等しいものが存在したとし、そのペア（の一つ）を $k_i a, k_j a\, (1 \leq$

$i < j \leq \varphi(m))$ とします。このとき、$k_i a \equiv k_j a \pmod{m}$ より $m \mid (k_j - k_i) a$ なのですが、$\gcd(m, a) = 1$ より $m \mid (k_j - k_i)$ です。しかし、k_i, k_j は 1 以上 $(m-1)$ 以下の相異なる整数ですから、$k_j - k_i$ が m の倍数となることはなく、矛盾します。よって、$k_1 a, k_2 a, \cdots, k_{\varphi(m)} a$ を m で除算した余りはみな異なり、$|K'| = |K|$ がいえます。

K, K' は有限集合であり、$K' \subset K$ かつ $|K'| = |K|$ なので $K' = K$ です。 ∎

有限集合 S の要素すべての積を $\pi(S)$ とすると $\displaystyle\prod_{i=1}^{\varphi(m)} k_i a = \pi(K) a^{\varphi(m)}$ が成り立ちますが、上の補題より $\displaystyle\prod_{i=1}^{\varphi(m)} k_i a \equiv \prod_{i=1}^{\varphi(m)} k_i = \pi(K)$ もいえます。K の定義より $\pi(K)$ と m は互いに素であることにも注意すると、次式が成り立ちます。

$$\pi(K) a^{\varphi(m)} \equiv \pi(K) \qquad \therefore a^{\varphi(m)} \equiv 1$$

∎

12.4 素数と合同式に関するもう一つの定理 𝓗

フェルマーの小定理やオイラーの定理について、その主張と証明を学んできました。これらのほかにもう一つ、合同式と関連する定理についてご紹介します[2]。

ウィルソンの定理

$p \in \mathbb{P}$ に対し $(p-1)! \equiv -1 \pmod{p}$ が成り立つ。

本定理のいくつかの証明をこれから述べますが、いずれにおいても $\bmod p$ とします。また、$p = 2, 3$ の場合の成立はただちにわかるため、以下 p は 5 以上の素数とします。そして集合 S を $S := \{1, 2, \cdots, p-1\}$ と定めておきます。

ウィルソンの定理の証明その 1: 基礎的なもの

補題：1 以上 $(p-1)$ 以下の任意の整数 k に対し、ある $N(k) (\in S)$ が存在し、$k \cdot N(k) \equiv 1$ が成り立つ。また、その $N(k)$ は k に対して一意に定まる。よって N は S から S への写像だが、N は単射でもある。

---
[2] 本節の内容は、ブログ「数学の景色」の "ウィルソンの定理とその 4 通りの証明" を参考にしました。

Proof.（存在と一意性の証明）フェルマーの小定理の証明その2で登場した補題より、$1k, 2k, \cdots, (p-1)k$ を p で除算した余りには、1以上 $(p-1)$ 以下の整数がちょうど1回ずつ現れます（余りが0にはならないことに注意）。したがって、特に余りが1であるものも存在し、それはただ一つです。

（単射性の証明）S の要素 k_1, k_2 ($k_1 < k_2$) に対し $N(k_1) = N(k_2)$ が成り立つとします。その等しい値を単に N とすると $k_1 N \equiv k_2 N \equiv 1$ が成り立ち、これより $(k_2 - k_1)N \equiv 0$ を得ます。ここで、$N \in S$ だから $k_2 - k_1 \equiv 0$ なのですが、$1 \leq k_1 < k_2 \leq p-1$ より $(k_2 - k_1)$ は p の倍数とならず、矛盾が生じます。∎

よって、N は S から S への全単射です。この N について次のことがいえます。

補題：N の不動点（$N(k) = k$ をみたす $k \in S$）は $1, p-1$ のみである。

Proof. S の要素 k について

$$N(k) = k \iff k^2 \equiv 1$$
$$\iff k^2 - 1 \equiv 0$$
$$\iff (k+1)(k-1) \equiv 0$$
$$\iff k+1 \equiv 0 \quad \text{または} \quad k-1 \equiv 0 \quad (\because p \in \mathbb{P})$$

が成り立ちますが、最後の条件をみたす S の要素は $1, p-1$ のみです。∎

ここで、集合 S' を $S' := S \setminus \{1, p-1\}$ $(= \{2, 3, \cdots, p-2\})$ と定めます。上の議論より N は S' から S' への全単射と思うこともでき、かつこの写像に不動点は存在しません。また、S' の任意の要素 k' に対し $N(N(k')) = k'$ であることもただちにわかります。よって、S' の要素は "積が1と合同になるものどうし" のペアに漏れなく・重複なく分けることができます。

例：$p = 11$ とします。このとき $S' = \{2, 3, 4, 5, 6, 7, 8, 9\}$ ですが

$$S' = \{2, 6\} \cup \{3, 4\} \cup \{5, 9\} \cup \{7, 8\}$$

であり、$2 \cdot 6 \equiv 3 \cdot 4 \equiv 5 \cdot 9 \equiv 7 \cdot 8 \equiv 1 \pmod{11}$ が成り立っています。

例：もう少し頑張った例も挙げておきます。$p = 17$ とします。このとき

$$S' = \{2, 3, 4, 5, 6, 7, 8, 9, 10, 11, 12, 13, 14, 15\}$$

ですが

$$S' = \{2, 9\} \cup \{3, 6\} \cup \{4, 13\} \cup \{5, 7\} \cup \{8, 15\}$$
$$\cup \{10, 12\} \cup \{11, 14\}$$

であり、$2 \cdot 9 \equiv 3 \cdot 6 \equiv 4 \cdot 13 \equiv 5 \cdot 7 \equiv 8 \cdot 15 \equiv 10 \cdot 12 \equiv 11 \cdot 14 \equiv 1 \pmod{17}$ が成り立っています。

このように、S' をどの二つも共通部分をもたず、要素が 2 個であるような $\dfrac{p-3}{2}$ 個の集合に分解したとします。それを $S'_1, S'_2, \cdots, S'_{\frac{p-3}{2}}$ としましょう。このとき、次式がしたがいます。

$$(p-1)! \equiv 1 \cdot (p-1) \prod_{k' \in S'} k'$$
$$\equiv 1 \cdot (p-1) \cdot \left(S'_1 \text{の2要素の積}\right) \cdot \left(S'_2 \text{の2要素の積}\right) \cdots \left(S'_{\frac{p-3}{2}} \text{の2要素の積}\right)$$
$$\equiv 1 \quad \cdot (-1) \qquad \cdot 1 \qquad\qquad \cdot 1 \qquad \cdots \qquad \cdot 1$$
$$\equiv 1 \cdot (-1) \cdot 1^{\frac{p-3}{2}} \equiv -1 \qquad\qquad\qquad\qquad\qquad\qquad ■$$

ウィルソンの定理の証明その 2: フェルマーの小定理を利用するもの

再び集合 S を $S := \{1, 2, \cdots, p-1\}$ としておきます。任意の S の要素 k について、フェルマーの小定理より $k^{p-1} \equiv 1$ が成り立ちます。よって、$f(x) := x^{p-1} - 1$ という多項式 $f(x)$ を定めると、任意の $k \ (\in S)$ に対し $f(k) \equiv 0$ が成り立つため

$$f(x) \equiv (x - 1)(x - 2) \cdots (x - (p-1))$$

と因数分解できることがわかります(この式の "$\equiv$" は、$f(x)$ の各因数の定数項について、p の倍数の差を無視したものです)。したがって

$$f(0) \equiv (0 - 1)(0 - 2) \cdots (0 - (p-1)) = (-1)^{p-1}(p-1)!$$

であり、$f(x)$ の定義より $f(0) = -1$ でもあるので次がしたがいます。

$$-1 \equiv (-1)^{p-1}(p-1)! \equiv (p-1)!$$

($\because p$ は 3 以上の素数なので $(p-1)$ は偶数) ■

12.5　群の理論と、フェルマーの小定理・ウィルソンの定理 🔑

フェルマーの小定理やウィルソンの定理は、群を知っていると見通しよく見えてきます。そこで、群について説明していきましょう。

> **定義：群**
>
> 空ではない集合 G が群であるとは、G に対して二項演算 $*$ があって、次の三つの条件が成り立つことをいう。
> - （結合法則）任意の G の要素 a, b, c に対して、$(a*b)*c = a*(b*c)$
> - （単位元）ある特別な G の要素 e があり、その e はあらゆる G の要素 a に対して、$a*e = e*a = a$ をみたす。この e を群 G の**単位元**という。
> - （逆元）あらゆる G の要素 a に対して、ある G の要素 b があり、$a*b = b*a = e$ をみたす。この b を a の**逆元**という。

例えば、次のようなものは群です。

例
- G を整数全体の集合 $\mathbb{Z}$ として、$*$ を加算としたものは、群です。すなわち
  - 結合法則 $(a+b)+c = a+(b+c)$ が成り立ちます。
  - 単位元は $e = 0$ です。どのような整数 a に対しても、$a+0 = 0+a = a$ が成り立つからです。
  - a の逆元は $-a$ です。$a+(-a) = (-a)+a = 0$ が成り立つからです。
- G を 0 以外の実数全体の集合 $\mathbb{R}^\times$ として、$*$ を乗算としたものは、群です。すなわち
  - 結合法則 $(a \cdot b) \cdot c = a \cdot (b \cdot c)$ が成り立ちます。
  - 単位元は $e = 1$ です。どのような実数 a に対しても、$a \cdot 1 = 1 \cdot a = a$ が成り立つからです。
  - a の逆元は $\dfrac{1}{a}$ です。$a \cdot \dfrac{1}{a} = \dfrac{1}{a} \cdot a = 1$ が成り立つからです。

∎

この章では合同式を扱っています。この計算方法は、群でいう「剰余群」での演算に対応します。

例 5 で割った余りが等しいものどうしを一つのグループにまとめます。例えば、5 で割って 1 余る整数全体の集合を

$$\overline{1} = \{..., -9, -4, 1, 6, 11, 16, 21, ...\}$$

とします。同様に

$$\overline{0} = \{..., -10, -5, 0, 5, 10, 15, 20, ...\}$$

$$\overline{2} = \{..., -8, -3, 2, 7, 12, 17, 22, ...\}$$

$$\overline{3} = \{..., -7, -2, 3, 8, 13, 18, 23, ...\}$$

$$\overline{4} = \{..., -6, -1, 4, 9, 14, 19, 24, ...\}$$

とします。それぞれのグループを、5 を法とした**剰余類**といいます。剰余類の表し方ですが、その剰余類に属する一つの数を（どれでもいいので）代表させて、その上に線を引いて表すことにします。したがって

$$\overline{2} = \overline{7} = \overline{-3}$$

が成り立ちます。「2 が属する剰余類」も「7 が属する剰余類」も等しいですから。

これを一般化させましょう。n を 2 以上の自然数とします。G を、n を法とした剰余類の集合 $G = \{\overline{0}, \overline{1}, ..., \overline{n-1}\}$ とします。そして、$*$ を合同式と同様の加算として定めることにしましょう。

例えば、$n = 7$ とすると、$\overline{3} + \overline{6} = \overline{2}$ のように計算します。7 で割った余りが 3 と 6 の整数を足すと、余りが 2 となることを表しています。合同式を用いた計算 $3 + 6 \equiv 2 \pmod{7}$ とまったく同じです。このようにして演算を定義した G が群になることを証明しましょう。

- 合同式で $(a+b) + c \equiv a + (b+c) \pmod{n}$ が成立するのと同じように、$(\overline{a} + \overline{b}) + \overline{c} = \overline{a} + (\overline{b} + \overline{c})$ が成り立ちます。
- $\overline{0}$ が単位元です。なぜなら、あらゆる a に対し $a + 0 \equiv 0 + a \equiv a \pmod{n}$ より $\overline{a} + \overline{0} = \overline{0} + \overline{a} = \overline{a}$ だからです。
- $\overline{a}$ の逆元は、$\overline{-a}$ です。なぜなら、$a + (-a) \equiv a - a \equiv 0 \pmod{n}$ であるので、$\overline{a} + \overline{-a} = \overline{0}$ だからです。

この群 G を、$\mathbb{Z}/n\mathbb{Z}$ と書きます。これが、合同式の群による解釈です。 ∎

続いて、合同式の積の演算に着目しようと思います。そのときに、要素を制限します。n を 2 以上の自然数とします。G を、$\mathbb{Z}/n\mathbb{Z}$ の要素のうち、n と互いに素な数により代表される剰余類全体の集合とします。

そして、$*$ を合同式と同様の乗算として定めることにしましょう。

第 12 章　奥深き合同式の世界

例　例えば、$n=9$ とすると、$G = \{\overline{1}, \overline{2}, \overline{4}, \overline{5}, \overline{7}, \overline{8}\}$ であり、$\overline{2} \times \overline{5} = \overline{1}$ のように計算します。9で割った余りが2と5の整数をかけると、余りが1となることを表しています。合同式の $2 \cdot 5 \equiv 1 \pmod{9}$ とまったく同じです。 ■

これが群になることを確かめてみましょう。

> **題材**　群であることの証明
>
> 上で定義した G が群である理由を説明せよ。

- 合同式で $(a \cdot b) \cdot c \equiv a \cdot (b \cdot c) \pmod{n}$ が成立するのと同じように、$(\overline{a} \cdot \overline{b}) \cdot \overline{c} = \overline{a} \cdot (\overline{b} \cdot \overline{c})$ が成り立ちます。
- $\overline{1}$ が単位元です。なぜなら、あらゆる a に対し $a \cdot 1 \equiv 1 \cdot a \equiv a \pmod{n}$ より $\overline{a} \cdot \overline{1} = \overline{1} \cdot \overline{a} = \overline{a}$ が成り立つからです。
- $\overline{a}$ の逆元は $ab \equiv 1 \pmod{n}$ となる b に対して、$\overline{b}$ です。$ab \equiv 1 \pmod{n}$ となる b が存在するのは、a が n と互いに素であるからです。

この群を、$(\mathbb{Z}/n\mathbb{Z})^\times$ と書きます。 ■

一般に、群では、$\underbrace{a * a * \cdots * a}_{k\ \text{個}}$ を乗算の書き方と同じように a^k と表すことにします。

> **定義：位数**
>
> 群 G の要素 a に対して、$a^k = e$ をみたす最小の自然数 k が存在するとき、それを a の位数という。

例　$\mathbb{Z}/12\mathbb{Z}$ の要素について考えましょう。演算 $*$ は $+$ なので、a^k は a を k 回足す意味になることに注意します。

- $\overline{1}$ は、12回足すとはじめて $\overline{12} = \overline{0}$ となります。したがって、$\overline{1}$ の位数は12です。
- $\overline{2}$ は、6回足すとはじめて $\overline{12} = \overline{0}$ となります。したがって、$\overline{2}$ の位数は6です。
- $\overline{3}$ は、4回足すとはじめて $\overline{12} = \overline{0}$ となります。したがって、$\overline{3}$ の位数は4です。
- $\overline{5}$ は、12回足すとはじめて $\overline{60} = \overline{0}$ となります。したがって、$\overline{5}$ の位数は12です。

■

例 $(\mathbb{Z}/14\mathbb{Z})^\times$ の要素について考えましょう。まず、$(\mathbb{Z}/14\mathbb{Z})^\times = \{\overline{1}, \overline{3}, \overline{5}, \overline{9}, \overline{11}, \overline{13}\}$ です。演算 $*$ は $\times$ なので、a^k は a を k 回かける意味になります。

- $\overline{5}$ は、6 回かけるとはじめて $\overline{1}$ となります。したがって、$\overline{5}$ の位数は 6 です。
- $\overline{13}$ は、2 回かけるとはじめて $\overline{1}$ となります。したがって、$\overline{13}$ の位数は 2 です。

群 G の要素の数を G の**位数**といいます。要素の位数と群の位数という二つの用語に注意してください。そして、位数が有限の群を、**有限群**といいます。

次の定理は、群論においてとても基本的で重要な定理です。証明をするには群論のより詳しい理論が必要になりますので、ここでは証明を省略します。

定理：ラグランジュの定理

有限群 G の要素 a の位数は、G の位数の約数となる。

例えば、$\mathbb{Z}/12\mathbb{Z}$ において、$\overline{1}, \overline{2}, \overline{3}, \overline{5}$ の位数 $12, 6, 4, 12$ はいずれも $\mathbb{Z}/12\mathbb{Z}$ の位数 12 の約数です。また、$(\mathbb{Z}/14\mathbb{Z})^\times$ において、$\overline{5}, \overline{13}$ の位数 $6, 2$ はいずれも $(\mathbb{Z}/14\mathbb{Z})^\times$ の位数 6 の約数です。

ラグランジュの定理を用いると、次のようにオイラーの定理やフェルマーの小定理が証明できます。

[1] オイラーの定理とフェルマーの小定理の群論を用いた証明

$G = (\mathbb{Z}/m\mathbb{Z})^\times$ を考えます。$|G| = \varphi(m)$ ですから、その要素 $\overline{a}$ の位数 k は $\varphi(m)$ の約数です。そこで、整数 ℓ を用いて $\varphi(m) = k\ell$ とおくと、$\overline{a}^{\varphi(m)} = (\overline{a}^k)^\ell = \overline{1}^\ell = \overline{1}$ となります。これを合同式で書くと、$a^{\varphi(m)} \equiv 1 \pmod{m}$ ですから、オイラーの定理が成り立つことがわかります。

また、フェルマーの小定理は $m = p$ の場合です。上の証明においては、$G = (\mathbb{Z}/p\mathbb{Z})^\times = \{\overline{1}, \overline{2}, ..., \overline{p-1}\}$ を考えることになります。

[2] 巡回群

続いて、ウィルソンの定理の群論を用いた証明をします。ここで、巡回群の概念が必要になるのでこれの紹介から始めます。

> **定義:巡回群**
>
> 位数が有限の群 G について、ある要素 a と自然数 m があって
> $$G = \{a, a^2, a^3, ..., a^m\}$$
> となるとき、G は(有限)巡回群であるという。このような a を G の生成元という。

巡回群の定義から、ある自然数 n が存在して、$a^n = 1$ となります。n はそのような最小のものとしてとってきましょう。すると、$a^{n+1}, a^{n+2}, a^{n+3}...$ は
$$a^{n+1} = a^n \cdot a = a, \quad a^{n+2} = a^n \cdot a^2 = a^2, \quad a^{n+3} = a^n \cdot a^3 = a^3, ...$$
となっていくので、a の冪乗は $a, a^2, ..., a^{n-1}, 1$ が循環していきます。そして、これらで群全体が構成されているので、このような群のことをそのままの名前で巡回群と呼ぶのです。このとき、n は G の位数です。巡回群の例をみましょう。

例 $G = \mathbb{Z}/n\mathbb{Z}$ は巡回群です。なぜならば、$\overline{1}$ を繰り返し足すと
$$\overline{1}, \overline{2}, \overline{3}, ..., \overline{n-1}, \overline{0}$$
となって、G のすべての要素を覆い切るからです($\overline{1}$ が生成元)。
(有限)巡回群は、本質的に $\mathbb{Z}/n\mathbb{Z}$ と同じ構造をもつものしかありません[3]。∎

そして、次のことも知られています。簡単な主張に見えて、証明は少々難しいです。

> **定理**
>
> $(\mathbb{Z}/p\mathbb{Z})^\times$ は巡回群である。

例 $(\mathbb{Z}/7\mathbb{Z})^\times = \{\overline{1}, \overline{2}, ..., \overline{6}\}$ は、巡回群です。生成元は $\overline{3}$ です。
$$\overline{3}^1 = \overline{3}, \quad \overline{3}^2 = \overline{2}, \quad \overline{3}^3 = \overline{6}, \quad \overline{3}^4 = \overline{4}, \quad \overline{3}^5 = \overline{5}, \quad \overline{3}^6 = \overline{1}$$
となるからです。$(\mathbb{Z}/7\mathbb{Z})^\times$ は 6 個の要素が「巡回」し、本質的な群の構造は $\mathbb{Z}/6\mathbb{Z}$ と同じです。∎

---

[3] 厳密には、巡回群はある自然数 n が存在して $\mathbb{Z}/n\mathbb{Z}$ と同型になる、ということです。

[3] ウィルソンの定理の群論を用いた証明

$p=2$ のとき、等式は自明です。

p が奇素数のとき、$G = (\mathbb{Z}/p\mathbb{Z})^\times$ は巡回群であるので、その生成元を a とすると、$a, a^2, a^3, ..., a^{p-1}$ は $\overline{1}, \overline{2}, \overline{3}, ..., \overline{p-1}$ の並べ替えで、最後の a^{p-1} は $\overline{1}$ に等しいです。これらをすべてかけると

$$a \cdot a^2 \cdot a^3 \cdots a^{p-1} = \overline{(p-1)!}$$

であるので

$$\overline{(p-1)!} = a^{1+2+\cdots+(p-1)} = a^{\frac{p(p-1)}{2}}$$

です。これを 2 乗して

$$\overline{\{(p-1)!\}^2} = a^{p(p-1)} = (a^{p-1})^p = \overline{1}^p = 1$$

であるので、ここから合同式（以後すべて $\bmod p$ とします）に直して表すと

$$\{(p-1)! - 1\}\{(p-1)! + 1\} \equiv 0$$

です。よって、$\{(p-1)! - 1\}\{(p-1)! + 1\}$ は p の倍数であるので

$$(p-1)! \equiv \pm 1 \pmod{p}$$

となります。a は G の生成元で $a^i = \overline{1}$ となる i は $(p-1)$ の倍数に限るのですが、p が奇素数であるとき $\dfrac{p(p-1)}{2}$ は $(p-1)$ の倍数でないので、$a^{\frac{p(p-1)}{2}} \neq \overline{1}$ です。すなわち、$(p-1)! \not\equiv 1$ であるから

$$(p-1)! \equiv -1$$

となります。∎

第 12 章を終えて

$\mathcal{H}$：いよいよ代数学の章が始まりました。代数学が専門の古賀さんにとっては本領発揮ですね！

$\mathcal{K}$：これから章を追うごとに群、環、体という代表的な代数構造を紹介し、最後には私が好きな整数論にまつわる話題を紹介できればと思ってます。

$\mathcal{H}$：それで、今回はフェルマーの小定理やウィルソンの定理が群論だとラグランジュの定理や巡回群というシンプルな定理と概念として理解できるのですね

第 12 章　奥深き合同式の世界

$\mathcal{K}$：そうなんです。整数で成り立つ基本的な性質が、代数学で抽象化されていく、という場面は今後もたくさん登場するでしょう。

$\mathcal{H}$：群の概念も定義が難しい… これからどんな抽象化が待っているか、楽しみです。

$\mathcal{K}$：群も、一つの演算とその逆演算があって、結合法則という都合の良い性質をみたすもの、というように捉えるとわかりやすいかもしれませんね。

第13章
多項式の世界

前章の合同式は整数に対するものでしたが、多項式に対しても同様に定義することができます。多項式に関する問題も、多項式の合同式によって記述が簡明になることがあります。

このような合同式演算は、環における剰余へと一般化されていきます。他にも整数の素因数分解と多項式の因数分解も類似が見られますが、これらの概念も環の概念に一般化されます。その整数と多項式のアナロジーに着目しながら、しばらく冒険していきましょう。

13.1 多項式の合同式を活用してみよう 𝒦

まずは、多項式の合同式についてご紹介します。

[1] 多項式の合同式の導入

整数と同様にして多項式に対しても合同式を考えることができます。

定義：倍元・約元

多項式 $P(x), Q(x), R(x)$ の間に $P(x) = Q(x)R(x)$ という関係が成り立つとき、$P(x)$ は $Q(x)$ の倍元、$Q(x)$ は $P(x)$ の約元であるという。整数の場合と同様に、$Q(x) \mid P(x)$ と書く。

それでは、多項式の合同を定義します。

定義：多項式の合同

0 でない多項式 $P(x)$ で割った余りが等しいような二つの多項式 $Q(x), R(x)$ は、$P(x)$ を法として合同であるといい

$$Q(x) \equiv R(x) \pmod{P(x)}$$

と書く。これは、$Q(x) - R(x)$ が $P(x)$ の倍元になっている、と表現することもできる。

第 13 章 多項式の世界

例 実数係数の多項式を考え、mod $(x^2 - 4)$ で考えましょう。例えば

$$x^2 - 3 \equiv 1 \ (\mathrm{mod} \ (x^2 - 4)), \qquad 2x^3 - 4x \equiv x^3 \ (\mathrm{mod} \ (x^2 - 4))$$

などが成り立ちます。 ■

多項式の合同式に対しても、次のような性質が成り立ちます。

定理：合同式の加減乗の性質

$P(x)$ を 0 でない多項式として、k を 0 以上の整数、多項式 $Q(x), R(x), S(x), T(x)$ が $Q(x) \equiv R(x) \ (\mathrm{mod} \ P(x)), S(x) \equiv T(x) \ (\mathrm{mod} \ P(x))$ をみたすとすると、次が成り立つ。

(1) $Q(x) + S(x) \equiv R(x) + T(x) \ (\mathrm{mod} \ P(x))$
(2) $Q(x) - S(x) \equiv R(x) - T(x) \ (\mathrm{mod} \ P(x))$
(3) $Q(x)S(x) \equiv R(x)T(x) \ (\mathrm{mod} \ P(x))$
(4) $Q(x)^k \equiv R(x)^k \ (\mathrm{mod} \ P(x))$

証明は整数のときと同様に行うことができるので、ここでは (3) のみ証明することにしましょう。$Q(x) \equiv R(x) \ (\mathrm{mod} \ P(x)), S(x) \equiv T(x) \ (\mathrm{mod} \ P(x))$ であるので、ある多項式 $A(x), B(x)$ を用いて $Q(x) - R(x) = A(x)P(x), S(x) - T(x) = B(x)P(x)$ と表せます。このとき

$$\begin{aligned} Q(x)S(x) - R(x)T(x) &= Q(x)\{S(x) - T(x)\} + \{Q(x) - R(x)\}T(x) \\ &= Q(x)B(x)P(x) + A(x)P(x)T(x) \\ &= P(x)\{Q(x)B(x) + A(x)T(x)\} \end{aligned}$$

より $Q(x)S(x) - R(x)T(x)$ は $P(x)$ の倍元です。よって、$Q(x)S(x) \equiv R(x)T(x) \ (\mathrm{mod} \ P(x))$ となります。

例 mod $(x^2 - 4)$ において、x^{10} を計算しましょう。$x^2 \equiv 4 \ (\mathrm{mod} \ (x^2 - 4))$ であるので、x^2 を 4 で置き換えることができます。

$$x^{10} \equiv (x^2)^5 \equiv 4^5 \equiv 1024 \ (\mathrm{mod} \ (x^2 - 4))$$

となります。 ■

[2] 多項式の合同式を活用してみよう

入試問題を例に、多項式の合同式をいくらか使ってみましょう。

> **題材** 2023 年 理系数学 第 1 問 問 2
>
> 整式 $x^{2023} - 1$ を整式 $x^4 + x^3 + x^2 + x + 1$ で割ったときの余りを求めよ。

[3] 受験生的な答案例

$f(x) := x^4 + x^3 + x^2 + x + 1$ とします。$x^5 - 1 = (x-1)f(x)$ に注意すると

$$
\begin{aligned}
x^{2023} - 1 &= x^3 \left(x^5\right)^{404} - 1 \\
&= x^3 \left\{(x-1)f(x) + 1\right\}^{404} - 1 \\
&= x^3 \left\{\sum_{k=0}^{404} {}_{404}\mathrm{C}_k (x-1)^k f(x)^k\right\} - 1 \\
&= x^3 \left\{1 + f(x) \sum_{k=1}^{404} {}_{404}\mathrm{C}_k (x-1)^k f(x)^{k-1}\right\} - 1 \\
&= x^3 - 1 + f(x) \left\{x^3 \sum_{k=1}^{404} {}_{404}\mathrm{C}_k (x-1)^k f(x)^{k-1}\right\}
\end{aligned}
$$

だから、$x^{2023} - 1$ を $f(x)$ で除算した余りは $\underline{x^3 - 1}$ です。

[4] 多項式の合同式を活用したもの

$f(x) := x^4 + x^3 + x^2 + x + 1$ とします。$x^5 - 1 = (x-1)f(x)$ より $x^5 \equiv 1 \pmod{f(x), \text{以下同}}$ なので、$x^{2023} - 1$ を $f(x)$ で除算した余りは次のように計算できます。

$$x^{2023} - 1 = x^3 \left(x^5\right)^{404} - 1 \equiv x^3 \cdot 1^{404} - 1 \equiv \underline{x^3 - 1}$$

13.2 もう一つの類題 $\mathcal{H}$

もう一つ、類題に挑戦してみます。

第 13 章　多項式の世界

> **題材**　2003 年 理系数学 第 4 問
>
> 多項式 $\left(x^{100}+1\right)^{100}+\left(x^2+1\right)^{100}+1$ は多項式 x^2+x+1 で割り切れるか。

[1]（大袈裟だが）生真面目に計算をした例

$f(x) := x^2+x+1$ とします。$x^3-1 = (x-1)f(x)$ に注意すると、まず

$$x^{100} = x\left(x^3\right)^{33} = x\left\{(x-1)f(x)+1\right\}^{33}$$

$$= x\sum_{k=0}^{33} {}_{33}\mathrm{C}_k (x-1)^k f(x)^k$$

$$= x + xf(x)\left\{\sum_{k=1}^{33} {}_{33}\mathrm{C}_k (x-1)^k f(x)^{k-1}\right\}$$

より、x^{100} を $f(x)$ で除算した余りは x とわかります。このときの商 $x\cdot(\{\}$ の中身$)$ を $q(x)$ としておきましょう。すると

$$\left(x^{100}+1\right)^{100} = \{(x+f(x)q(x))+1\}^{100} = \{f(x)q(x)+(x+1)\}^{100}$$

$$= \sum_{k=0}^{100} {}_{100}\mathrm{C}_k f(x)^k q(x)^k (x+1)^{100-k}$$

$$= (x+1)^{100} + f(x)\left\{\sum_{k=1}^{100} {}_{100}\mathrm{C}_k f(x)^{k-1} q(x)^k (x+1)^{100-k}\right\}$$

より、$\left(x^{100}+1\right)^{100}$ を $f(x)$ で除算した余りは $(x+1)^{100}$ のそれと等しいことがわかります。そして

$$(x+1)^{100} = \left(f(x)-x^2\right)^{100}$$

$$= \sum_{k=0}^{100} {}_{100}\mathrm{C}_k f(x)^k \left(-x^2\right)^{100-k}$$

$$= \left(-x^2\right)^{100} + f(x)\left\{\sum_{k=1}^{100} {}_{100}\mathrm{C}_k f(x)^{k-1} \left(-x^2\right)^{100-k}\right\}$$

$$= x^{200} + f(x)\left\{\sum_{k=1}^{100} {}_{100}\mathrm{C}_k f(x)^{k-1} \left(-x^2\right)^{100-k}\right\}$$

$$x^{200} = \left(x^{100}\right)^2 = (x + f(x)q(x))^2$$
$$= x^2 + f(x)\left(2xq(x) + f(x)q(x)^2\right)$$

より、$\left(x^{100}+1\right)^{100}$ を $f(x)$ で除算した余りは x^2 であることがわかりますね。また

$$\left(x^2+1\right)^{100} = \{f(x) - x\}^{100}$$
$$= \sum_{k=0}^{100} {}_{100}\mathrm{C}_k f(x)^k (-x)^{100-k}$$
$$= x^{100} + f(x) \left\{ \sum_{k=1}^{100} {}_{100}\mathrm{C}_k f(x)^{k-1} (-x)^{100-k} \right\}$$

と冒頭の結果より、$\left(x^2+1\right)^{100}$ を $f(x)$ で除算した余りは x であることもわかります。
以上より

$$\left(x^{100}+1\right)^{100} + \left(x^2+1\right)^{100} + 1$$
$$= \left\{x^2 + f(x) \cdot (\text{なんらかの多項式その1})\right\}$$
$$\quad + \{x + f(x) \cdot (\text{なんらかの多項式その2})\} + 1$$
$$= x^2 + x + 1 + f(x) \cdot (\text{また別のなんらかの多項式その3})$$
$$= f(x) + f(x) \cdot (\text{また別のなんらかの多項式その3})$$

なので、$\left(x^{100}+1\right)^{100} + \left(x^2+1\right)^{100} + 1$ は $f(x)$ で割り切れます。

13.3 多項式の剰余環、複素数の構成 🔑
[1] 環の定義

多項式の合同式をもう少し高級な代数の道具を用いて捉え直したいので、この章では群に続く代数的対象である「環(かん)」を取り扱います。まずは定義を確認しましょう。

定義：環

空でない集合 R が環であるとは、R に対して二項演算 $+, *$ があり、次の条件が成り立つことをいいます。
- （結合法則）任意の R の要素 a, b, c に対して、$(a+b) + c = a + (b+c)$、$(a*b)*c = a*(b*c)$
- （分配法則）任意の R の要素 a, b, c に対して、$(a+b)*c = a*c + b*c$、$a*(b+c) = a*b + a*c$

- （加法の交換法則）任意の R の要素 a, b に対して、$a + b = b + a$
- （加法単位元）ある特別な R の要素 0 があり、その 0 はあらゆる R の要素 a に対して、$a + 0 = 0 + a = a$ をみたす。この 0 を**加法単位元**という。
- （乗法単位元）ある特別な R の要素 1 があり、その 1 はあらゆる R の要素 a に対して、$a * 1 = 1 * a = a$ をみたす。この 1 を**乗法単位元**という。
- （加法逆元）あらゆる R の要素 a に対して、ある R の要素 b があり、$a + b = b + a = 0$ をみたす。この b を、a の**加法逆元**という。

いくつかの簡単な例を確認しましょう。

例
- R を整数全体の集合として、$+$ を整数の加算、$*$ を整数の乗算としたものは、環です。すなわち、結合法則、分配法則、交換法則が成立する上に、加法単位元は 0、乗法単位元は 1、a の加法逆元は $-a$ です。整数の中に整数 a の乗法逆元は一般にありません。
- $\mathbb{Z}/m\mathbb{Z}$ で $+$ を合同式の加算、$*$ を合同式の乗算としたものは、環です。すなわち、結合法則、分配法則、交換法則が成立するうえに、加法単位元は $\bar{0}$、乗法単位元は $\bar{1}$、$\bar{a}$ の加法逆元は $\overline{-a}$ です。$\bar{a}$ の乗法逆元は一般にはありません。
- 実数係数の多項式全体の集合は、環です。同様に整数係数、有理数係数の多項式全体の集合は環です。変数が x である実数係数多項式全体のなす環を $\mathbb{R}[x]$、整数係数の場合は $\mathbb{Z}[x]$、有理数係数の場合は $\mathbb{Q}[x]$ と書きます。

0 以外のすべての要素について乗法逆元が存在するような環のことを、**体**といいます。これについては、第 14 章で扱います。

[2] 多項式環の剰余

さて、多項式の合同式に戻ります。整数に対してもその剰余類を考えましたが、ここでは多項式の剰余類を考えましょう。

互いに合同である多項式は一つのグループとして捉えることにします。例えば、法を $x^2 - 4$ とすると、$x^2 - 3$ と 1、$2x^3 - 4x$ と x^3 は同じグループだと考えることにします。そして、$P(x)$ という多項式が属するグループを $\overline{P(x)}$ と書くことにします。これを剰余類といいます。$x^2 - 3$ と 1 は同じ剰余類に属しますが、その剰余類は $\overline{x^2 - 3}$ とも $\bar{1}$ とも書いてかまいません。

剰余類に対して通常の合同式と同じような演算を考えることにします。例えば

$$\overline{x^2-3}+\overline{2x}=\overline{1}+\overline{2x}=\overline{2x+1}$$
$$\overline{(x^2-2)}\cdot\overline{2x}=\overline{2x^3-4x}=\overline{4x}$$

という具合です。x^2-4 を法として x^2-3 と $2x$ を足すと $2x+1$ となるということです。法を (x^2-4) とした剰余類全体の集合に対してこのように加減乗算を定義して得られる環を $\mathbb{R}[x]/(x^2-4)$ とかきます。このような環は他にも同様に定義され、それらは剰余環といいます。

[3] 複素数の構成

実は、実数から複素数へと数を拡張する際には、このような剰余環を考えていることになります。$\mathbb{R}[x]/(x^2+1)$ を考えましょう。すなわち、mod (x^2+1) で多項式を考えましょう。この世界では、$\overline{x^2+1}=\overline{0}$ ですから、$\overline{x^2}=\overline{-1}$ となります。すなわち、x がまさに 2 乗して -1 となる数を表すことになるのです。

$$\overline{(2x+3)}\cdot\overline{(3x+4)}=\overline{6x^2+17x+12}=\overline{-6+17x+12}=\overline{17x+6}$$
$$(2i+3)\cdot(3i+4)=6i^2+17i+12=-6+17i+12=17i+6$$

の計算がとてもよく似ているのがわかるでしょうか。まさに「通常の多項式と同じように計算して i^2 が出てきたら -1 で置き換える」という複素数の計算ルールは、mod (x^2+1) の合同式計算を行っているに過ぎないのです。

[4] 剰余環による複素数の計算を参考に…

いまの mod (x^2+1) における計算と、x を i で置き換えた計算が対応していた[1]ように、実は、mod (x^2+x+1) における計算と、x を ω で置き換えた計算が対応します。$\omega^2+\omega+1=0$ であるからです。先ほどの京大の問題を、この考え方を用いて解答しましょう。

$\left(x^{100}+1\right)^{100}+\left(x^2+1\right)^{100}+1$ が x^2+x+1 で割り切れることを証明するということは、mod (x^2+x+1) において $\left(x^{100}+1\right)^{100}+\left(x^2+1\right)^{100}+1\equiv 0$ であることを証明することと同じです。そしてそれは、x を ω で置き換えた $\left(\omega^{100}+1\right)^{100}+\left(\omega^2+1\right)^{100}+1$ が 0 に等しいことを証明することと同じです。しかしそれは、$\omega^3=1, \omega^2+\omega+1=0$ であることを利用すれば

$$\left(\omega^{100}+1\right)^{100}+\left(\omega^2+1\right)^{100}+1=(\omega+1)^{100}+(-\omega)^{100}+1$$
$$=(-\omega^2)^{100}+(-\omega)^{100}+1$$
$$=\omega^{200}+\omega^{100}+1$$

---

1 環の用語を用いて述べると、$\mathbb{R}[x]/(x^2+1)\cong\mathbb{R}[i]$ という環同型があり、その同型は $x\mapsto i$ で与えられる、と表現できます。

$$= \omega^2 + \omega + 1$$
$$= 0$$

とあっさり計算できます。

13.4 多項式環の因数分解の一意性 K

整数環と多項式環は他にも様々な類似があります。例えば、素因数分解もそうです。多項式の素元分解についての問題を取り扱いましょう。

> **題材** 2006 年 前期 理系 第 1 問・文系 第 3 問
>
> $Q(x)$ を二次式とする。整式 $P(x)$ は $Q(x)$ では割り切れないが、$\{P(x)\}^2$ は $Q(x)$ で割り切れるという。このとき、二次方程式 $Q(x) = 0$ は重解をもつことを示せ。

[1] 多項式の素元分解の理論

まず、次の定義を確認しましょう。p が素数であるとは正の約数を二つのみしかもたないということが定義ですが、p は $0, \pm 1$ ではなく、整数 a, b に対して

$p \mid ab$ ならば 「$p \mid a$ または $p \mid b$」

が成り立つ p のことだということもできます。これを、多項式環における「素数のようなもの（素元）」の定義として扱います。ここからは有理数、実数、複素数いずれかの係数の多項式環を考えることとします。

> **定義：素元**
>
> 一次以上の多項式 $P(x)$ が**素元**であるとは
>
> $P(x) \mid Q(x)R(x)$ ならば 「$P(x) \mid Q(x)$ または $P(x) \mid R(x)$」
>
> をみたすことをいう。

また、p が素数であることは、p は $0, \pm 1$ でなく、整数 a, b に対して

$p = ab$ ならば「$a = \pm 1$ または $b = \pm 1$」

13.4 多項式環の因数分解の一意性

であることと同値ですが、これに対応した概念も多項式の世界にあります。

定義：既約元

一次以上の多項式 $P(x)$ が **既約元** であるとは

$$P(x) = A(x)B(x) \quad \text{ならば} \quad \text{「}A(x) \text{ が単元} \quad \text{または} \quad B(x) \text{ が単元」}$$

をみたすことをいう。なお、0 でない定数を **単元** という。

さて、多項式環においても、「素因数分解の一意性」のような性質が役に立つのですが、その証明で非常に重要なのが次の定理です。

定理：素元と既約元の同値性

有理数（実数、複素数）係数の多項式環において、素元であることと既約元であることは同値である。

この定理を証明しましょう。まず、$P(x)$ が素元であるとして、$P(x) = A(x)B(x) \cdots$ ①
であると仮定します。$P(x) \mid A(x)B(x)$ であるので、$P(x) \mid A(x)$ または $P(x) \mid B(x)$ です。

$P(x) \mid A(x)$ の場合

$$A(x) = P(x)Q(x)$$

とおき、①式に代入すると

$$P(x) = P(x)Q(x)B(x) \quad \text{ゆえに} \quad 1 = Q(x)B(x)$$

であるから、$B(x)$ が単元であることがわかります。同様に $P(x) \mid B(x)$ の場合は $A(x)$ が単元であることがわかるので、$P(x) = A(x)B(x)$ ならば $A(x), B(x)$ の一方は単元です。よって、$P(x)$ は既約元です。

逆に $P(x)$ が既約元であるとして、$P(x) \mid A(x)B(x)$ であるとします。

ここで一旦、整数の世界におけるユークリッドの互除法を思い出しましょう。整数 a_1, b_1 に対して

$$a_1 = b_1 q_1 + r_1, \quad b_1 = r_1 q_2 + r_2, \quad r_1 = r_2 q_3 + r_3, \ldots$$

と繰り返し除算をし

221

第 13 章 多項式の世界

$$\ldots, \quad r_{n-2} = r_{n-1}q_n + r_n, \quad r_{n-1} = r_n q_{n+1}$$

と割り切れたところで、今度は逆にたどって

$$r_n = r_{n-2} - r_{n-1}q_n = r_{n-2} - (r_{n-3} - r_{n-2}q_{n-1})q_n = \cdots$$

とすることで、$a_1 X + b_1 Y = r_n$ をみたす整数 X, Y を見つけられるのでしたね。そして、r_n は a_1, b_1 の（最大）公約数となっていました。

多項式の世界にも、多項式の除算がありますから、話は同じように進めることができます。話を戻して、先ほどの A, P に対して（以下、「(x)」は省略します）

$$A = PQ_1 + R_1, \quad P = R_1 Q_2 + R_2, \ldots$$

と繰り返し除算をし、$R_{n-1} = R_n Q_{n+1}$ と割り切れたとします。便宜上 $G = R_n$ とおき、A, P は G の倍元となるので

$$A = GA_1, P = GP_1$$

とおきます。互除法を逆算することで、$AS + PT = G \cdots ②$ となる S, T をとります。両辺 P_1 倍すると

$$ASP_1 + PTP_1 = P \quad \text{すなわち} \quad G(A_1 SP_1 + P_1 TP_1) = P$$

であることがわかります。P は既約元であるので、G または $A_1 SP_1 + P_1 TP_1$ は単元です。

G が単元であるとき、定数 $G^{-1} \left(= \dfrac{1}{G} \right)$ もいま考えている多項式環の要素であることに注意しましょう。②式を $G^{-1}B$ 倍して

$$ABSG^{-1} + PTG^{-1}B = B$$

ここで、AB は P の倍元であることから、左辺は P の倍元で、$P \mid B$ が得られます。
$C := A_1 SP_1 + P_1 TP_1$ が単元であるとき、$G = C^{-1}P$ です。$A = GA_1$ より $A = PA_1 C^{-1}$ ですから、$P \mid A$ となります。これで証明完了です。∎

何らかの多項式 $P(x)$ を、単元 c と、いくつかのモニック（最高次の係数が 1）な素元 $Q_1(x), \ldots, Q_n(x)$ および $m_1, \cdots, m_n \in \mathbb{Z}_+$ を用いて

$$P(x) = cQ_1(x)^{m_1} Q_2(x)^{m_2} \cdots Q_n(x)^{m_n}$$

という積の形で表すことを、$P(x)$ の**素元分解**といいます。整数と同様に、次の性質が成り立ちます。

> **定理:素元分解の一意性**
>
> 有理数(実数、複素数)係数の多項式環において、一次以上の多項式は素元分解が必ずできて、しかもその方法は(並べ替えを除いて)ただ1通りである。

素元と既約元はもはや同じ概念なので、その両者を適宜行き来していることに注意しながら証明しましょう。

定理の証明のために、まず、次のことを確認しておきます。

- 一次式は既約元である。なぜなら、一次式 A が $A = BC$ と分解するならば、B と C のどちらかは 0 次式、すなわち 0 でない定数で、それは単元であるからである。

よって、一次式はすでに素元分解されているとみなします。以下、主張を A の次数による帰納法で示します。

A が二次以上であるとします。A が既約元であるとすると、その時点で分解は終了しています。

A が既約元でないとします。このとき、A はある単元でない(すなわち一次以上の)B_1, C_1 があり、$A = B_1 C_1$ となります。このとき、B_1, C_1 は A より次数が小さいです。よって、帰納法の仮定によって、B_1 や C_1 は素元分解ができ、それらをかけ合わせた A も素元分解ができていることになります。

次に分解が一意であることを示しましょう。

$$aP_1 P_2 \cdots P_n = bQ_1 Q_2 \cdots Q_m \cdots ①$$

となっていて、a, b は単元、$P_1, ..., P_n, Q_1, Q_2, ..., Q_m$ は素元であるとします。まず、左辺は P_1 の倍数であるので右辺もそうですが、P_1 は素元なので、$Q_1, ..., Q_m$ のいずれかが P_1 の倍数です。仮に Q_1 がそうであるとして、Q_1 は既約元ですから、c を単元として $Q_1 = P_1 c$ と表せます。P_1, Q_1 はともにモニックなので、$c = 1$ で $P_1 = Q_1$ です。①式において両辺 P_1 で割ると

$$aP_2 \cdots P_n = bQ_2 \cdots Q_m$$

となります。これを繰り返したとき、$m = n$ かつ $a = b$ で、$P_1, ..., P_n$ は $Q_1, ..., Q_m$ の並べ替えになっていないといけません。すなわち、素元分解の仕方はただ1通りです。■

[2] 今回の問題を多項式の素元分解で

先ほどの京大の問題を素元分解を用いて解いてみましょう。まず、$P(x), Q(x)$ を素元分解したときに、$P(x)$ にはない素元 $R(x)$ が $Q(x)$ に含まれていたとすると、$\{P(x)\}^2$ が $Q(x)$ で割り切れることから $\{P(x)\}^2$ は $R(x)$ で割り切れ、素元の定義から $P(x)$ が

$R(x)$ で割り切れることになり矛盾します。よって、$P(x)$ にない素元は $Q(x)$ には含まれず

$$P(x) = pA_1(x)^{a_1} \cdots A_n(x)^{a_n} B_1(x)^{b_1} \cdots B_m(x)^{b_m}$$

$$Q(x) = qA_1(x)^{c_1} \cdots A_n(x)^{c_n}$$

と素元分解できます。ここで、p, q は単元、$A_1, ..., A_n, B_1, ..., B_m$ は互いに異なる素元であり、指数は正です。$P(x)$ は $Q(x)$ で割り切れないので

$$a_1 < c_1 \text{ または } \cdots \text{ または } a_n < c_n$$

です。対称性から $a_1 < c_1$ であるとしてよいでしょう。$a_1 \geq 1$ より、$c_1 \geq 2$ です。したがって、$A_1(x) = 0$ の解の一つを α とすれば、$Q(x) = 0$ は α を重解にもちます。

第 13 章を終えて

$\mathcal{H}$：多項式の因数分解がただ 1 通りであることは普段の因数分解の問題で意識していませんでしたが、確かに成り立つんですね。

$\mathcal{K}$：そうです。素数と同様に、「これ以上因数分解できない多項式」というのが多項式の世界にもあって、それが素数の役割を演じるのですね。実はこのように素元分解の一意性が整数環 $\mathbb{Z}$ でも多項式環 $\mathbb{Q}[x]$ でもあるのは、ともに「余り付きの割り算の概念がある」という性質をもつからなのですが... この余り付き割り算の概念も環論では一般化されます。興味のある方は「ユークリッド環」で調べてみてください。

第 14 章

体　　論

　ここまでは加減乗算が定義された群、環まで考えました。そこで次に考えたくなるのは除算です。そこまで定義できる代数構造が体です。有理数からほんの少しだけ数を広げることをテーマとしたいくつかの問題を通して、体について紹介したいと思います。

14.1　無理数の線型独立性と多項式 $\mathcal{H}$

　のちの議論でも役立つので、無理数の取り扱いに慣れるために、こんな問題を考えてみましょう。

題材　1999 年 前期 理系 第 5 問

以下の問に答えよ。ただし $\sqrt{2}, \sqrt{3}, \sqrt{6}$ が無理数であることは使ってよい。
(1) 有理数 p, q, r について、$p + q\sqrt{2} + r\sqrt{3} = 0$ ならば、$p = q = r = 0$ であることを示せ。
(2) 実数係数の二次式 $f(x) = x^2 + ax + b$ について、$f(1), f(1+\sqrt{2}), f(\sqrt{3})$ のいずれかは無理数であることを示せ。

[1]　(1) まずはシンプルに攻略

さて、まずは背景を考えずに、ただの入試問題だと思って (1) から攻略してみましょう。$p, q, r \in \mathbb{Q}$ について、$p + q\sqrt{2} + r\sqrt{3} = 0 \cdots ①$ であったとします。このとき $q\sqrt{2} + r\sqrt{3} = -p$ であり、この両辺を 2 乗することで

$$\left(q\sqrt{2} + r\sqrt{3}\right)^2 = (-p)^2 \quad \therefore 2qr\sqrt{6} = p^2 - 2q^2 - 3r^2 \quad \cdots ②$$

が得られます。ここで $q \neq 0$ かつ $r \neq 0$ とすると、② の両辺を $2qr$ で除算することで

$$\sqrt{6} = \frac{p^2 - 2q^2 - 3r^2}{2qr}$$

となります。有理数は四則演算に関して閉じているためここから $\sqrt{6} \in \mathbb{Q}$ がいえますが、(問題文にもあるとおり) $\sqrt{6} \notin \mathbb{Q}$ なので矛盾が生じてしまいます。よって、$q = 0$ または $r = 0$ とわかりますね。

225

$r=0$ の場合も同様ですので $q=0$ とします。① より $p+r\sqrt{3}=0\ \cdots$①$'$ となります。ここで $r\neq 0$ とすると $\sqrt{3}=-\dfrac{p}{r}$ が得られますが、やはりこれより $\sqrt{3}\in\mathbb{Q}$ がいえ、$\sqrt{3}\notin\mathbb{Q}$ と矛盾します。よって $r=0$ とわかり、これと ①$'$ より $p=0$ もいえます。$r=0$ の方を仮定した場合も、同様の流れで $q=0$ や $p=0$ がいえます。■

[2] (2) 有理数か否かわからない a,b をどう扱うか？

次は (2) です。a,b が有理数であるか否か実は不明であり、これが本問の面倒なところです。こういうときは、以下のように a,b を相手にしないのがコツです。

$f(1)\in\mathbb{Q},\ f\left(1+\sqrt{2}\right)\in\mathbb{Q},\ f\left(\sqrt{3}\right)\in\mathbb{Q}$ を仮定します。これら三つの値を具体的に計算することにより

$$\begin{cases} 1+a+b\in\mathbb{Q} & \cdots ③ \\ (3+2\sqrt{2})+a\left(1+\sqrt{2}\right)+b\in\mathbb{Q} & \cdots ④ \\ 3+a\sqrt{3}+b\in\mathbb{Q} & \cdots ⑤ \end{cases}$$

を得ます。有理数が四則演算に関して閉じていることに注意すると、⑤ − ③ より[1]

$$2+a\left(\sqrt{3}-1\right)\in\mathbb{Q} \qquad \therefore a\left(\sqrt{3}-1\right)\in\mathbb{Q}$$

がいえます。また、④ − ③ より

$$(2+2\sqrt{2})+a\sqrt{2}\in\mathbb{Q} \qquad \therefore 2\sqrt{2}+a\sqrt{2}\in\mathbb{Q}$$

も成り立ちますね。これらをふまえ、p,q を

$$p:=a\left(\sqrt{3}-1\right),\quad q:=2\sqrt{2}+a\sqrt{2}\qquad (p,q\in\mathbb{Q})$$

と定義します。すると

$$\begin{cases} a=\dfrac{p}{\sqrt{3}-1}=\dfrac{\sqrt{3}+1}{2}p \\ a=\dfrac{q-2\sqrt{2}}{\sqrt{2}} \end{cases} \qquad \therefore \dfrac{\sqrt{3}+1}{2}p=\dfrac{q-2\sqrt{2}}{\sqrt{2}}\quad \cdots ⑥$$

がしたがいます。⑥ は

$$⑥ \iff -\dfrac{q}{2}\sqrt{2}+\dfrac{p}{2}\sqrt{3}+\left(\dfrac{p}{2}+2\right)=0$$

と変形でき、$-\dfrac{q}{2},\dfrac{p}{2},\dfrac{p}{2}+2$ はいずれも有理数であることに注意すると、(1) より

$$-\dfrac{q}{2}=\dfrac{p}{2}=\dfrac{p}{2}+2=0$$

が必要とわかりますが、これをみたす有理数 p,q の組は存在せず（二つ目の等号が成り

---

[1] 例えば "③ − ①" は、③ の左辺・右辺から ① の左辺・右辺を減算することを指すものとします。

立つことはない)、矛盾が生じます。　　　　　　　　　　　　　　　■

14.2　体の理論 🍀

先ほどの問題の理解を深めるために、体論の一部についてお話ししようと思います。

[1]　体の定義

まずは体そのものの定義から見ていきましょう。

定義：体、乗法逆元

K を環とする。0 でない任意の元 a が $ab = 1$ となる $b \in K$ をもつとき、K は**体**であるという。b のことを a の**乗法逆元**といい、$b = a^{-1}$ と表す。

定義：可換体

体 K において、乗法の交換法則

$$\text{すべての } a, b \in K \text{ に対して、} ab = ba$$

が成り立つとき、K は**可換体**であるという。

---

x に a の乗法逆元 b をかけることは、x を a で割ることに対応します。したがって、0 以外の要素に乗法逆元が存在することは、0 以外の要素で割ることが可能であることを意味します。よって、体とは加減乗除ができる集合だと表現することができます。

それでは、簡単な体の例を紹介しましょう。

> **例**　有理数全体 $\mathbb{Q}$ や実数全体 $\mathbb{R}$、複素数全体 $\mathbb{C}$ は体です。整数全体 $\mathbb{Z}$ や多項式全体 $\mathbb{R}[x]$ は体ではありません。$\dfrac{1}{2}$ や $\dfrac{1}{x-2}$ などはこれらの集合には属さず、0 でない要素が乗法逆元を必ずしももつとは限らないからです。　　■

この章では、$\mathbb{C}$ に含まれる様々な体（すなわち、$K \subset \mathbb{C}$ となる K で、四則演算が複素数の通常の演算と同じであるもの）を考えましょう。今後断りのない限り、体といえば $\mathbb{C}$ に含まれる体のみを考えます。複素数の乗法は交換法則をみたすので、それは自動的に可換体になります。

[2]　様々な体の例

それでは、他の体の例を紹介するために、次のような集合を考えましょう。

第14章 体　論

> **題材**　$\mathbb{Q}(\sqrt{2})$ は体である
>
> 集合
> $$\mathbb{Q}(\sqrt{2}) = \{a + b\sqrt{2} \mid a, b \in \mathbb{Q}\}$$
> が加減乗除について閉じていることを確認せよ。

$\mathbb{Q}(\sqrt{2})$ の二つの要素の加減乗除も $\mathbb{Q}(\sqrt{2})$ の要素であることを確認します。a, b, c, d を有理数とすると

$$(a + b\sqrt{2}) + (c + d\sqrt{2}) = (a + c) + (b + d)\sqrt{2}$$
$$(a + b\sqrt{2}) - (c + d\sqrt{2}) = (a - c) + (b - d)\sqrt{2}$$
$$(a + b\sqrt{2})(c + d\sqrt{2}) = (ac + 2bd) + (ad + bc)\sqrt{2}$$
$$\frac{a + b\sqrt{2}}{c + d\sqrt{2}} = \frac{ac - 2bd}{c^2 - 2d^2} + \frac{bc - ad}{c^2 - 2d^2}\sqrt{2} \quad (\text{ただし、} c = d = 0 \text{ でない})$$

というように計算できて

$$a \pm c, \quad b \pm d, \quad ac + 2bd, \quad ad + bc, \quad \frac{ac - 2bd}{c^2 - 2d^2}, \quad \frac{bc - ad}{c^2 - 2d^2}$$

はいずれも有理数となっているので、$\mathbb{Q}(\sqrt{2})$ は加減乗除について閉じていることが証明できました。これは、$\mathbb{Q}(\sqrt{2})$ は体であることを意味しています。

$\mathbb{Q}(\sqrt{2})$ という書き方は「有理数や $\sqrt{2}$ を様々に加減乗除して得られる数全体の集合」という意味があります。他にも $\mathbb{Q}(\sqrt{3}), \mathbb{R}(i), \mathbb{Q}(\sqrt[3]{3}, i)$ などのように様々な書き方をすることができ、この記法を一般化したのが次の定義です。

> **定義**
>
> K を体、α を複素数とする。K の要素と α を様々に加減乗除して得られる数全体がなす体を、$K(\alpha)$ と表す。同様に、$\alpha_1, ..., \alpha_n$ を複素数とすると、K の要素と $\alpha_1, ..., \alpha_n$ を様々に加減乗除して得られる数全体がなす体を、$K(\alpha_1, ..., \alpha_n)$ と表す。

つまり、こういうことです。K はもともと体ですが、そこにさらに α も仲間に入れて、K のすべての要素と α を含むより大きい体を作りたいとします。その体には、$\alpha^2, 2\alpha, \dfrac{3}{\alpha} + k$

($k \in K$) なども含まれているはずです。このようにしてできるあらゆる数を含んだ体が $K(\alpha)$ であるのです。他の例も見てみましょう。

例
- $\mathbb{Q}(\sqrt{2})$ は先ほど定義しましたが、記号どおりに解釈すれば、有理数や $\sqrt{2}$ を様々に加減乗除して得られる数全体がなす体を表しています。例えば

$$\frac{1-2\sqrt{2}}{2\sqrt{2}-3}, \quad \frac{\sqrt{2}}{3} - 3$$

  などは、すべて $\mathbb{Q}(\sqrt{2})$ に属します。実際のところ、$\mathbb{Q}(\sqrt{2})$ の要素は、すべて $a + b\sqrt{2}\,(a, b \in \mathbb{Q})$ と表せることが知られているので

$$\mathbb{Q}(\sqrt{2}) = \{a + b\sqrt{2} \mid a, b \in \mathbb{Q}\}$$

  という定義と同値です。
- 同様に、自然数 m に対して $\mathbb{Q}(\sqrt{m})$ は、有理数や $\sqrt{m}$ を様々に加減乗除して得られる数全体がなす体を表します。これは

$$\mathbb{Q}(\sqrt{m}) = \{a + b\sqrt{m} \mid a, b \in \mathbb{Q}\}$$

  という集合と等しくなります。
- $\mathbb{Q}(\sqrt[3]{2})$ は有理数や $\sqrt[3]{2}$ を様々に加減乗除して得られる数全体がなす体を表します。例えば

$$1 + \sqrt[3]{2}, \quad \frac{1}{(\sqrt[3]{2})^2 + 3} = \frac{1}{\sqrt[3]{4} + 3} = \frac{2\sqrt[3]{2} - 3\sqrt[3]{4} + 9}{31}$$

  などはすべて $\mathbb{Q}(\sqrt[3]{2})$ に属します。実は、$\mathbb{Q}(\sqrt[3]{2})$ の要素はすべて

$$a\sqrt[3]{4} + b\sqrt[3]{2} + c \quad (a, b, c \in \mathbb{Q})$$

  という形で表すことができることが知られています。
- $\mathbb{Q}(\sqrt[3]{2}, i)$ は有理数や $\sqrt[3]{2}, i$ を様々に加減乗除して得られる数全体がなす体を表します。例えば

$$1 + \sqrt[3]{2}, \quad \frac{i}{(\sqrt[3]{2})^2}, \quad \frac{1-i}{\sqrt[3]{2}+2} + i$$

  などはすべて $\mathbb{Q}(\sqrt[3]{2}, i)$ に属します。

∎

[3] 体の拡大

$\mathbb{Q} \subset \mathbb{Q}(\sqrt{2})$ などのように、体の包含関係があり（また体の演算も同じであるような場

合)、これらの関係を体の拡大といいます。他にも $\mathbb{Q}(\sqrt{2}) \subset \mathbb{Q}(\sqrt{2}, \sqrt{3})$ なども体の拡大です。これからいくつかの拡大を見ていきますが、まずはいくつかの用語を確認します。

定義：多項式、根

- K を体とする。K 係数の多項式とは
$$a_n x^n + a_{n-1} x^{n-1} + a_{n-2} x^{n-2} + \cdots + a_1 x + a_0$$
という多項式で、係数 $a_n, a_{n-1}, ..., a_0$ がすべて K の要素であるようなもののことをいう。
- K を体とし
$$f(x) := a_n x^n + a_{n-1} x^{n-1} + a_{n-2} x^{n-2} + \cdots + a_1 x + a_0$$
を K 係数の多項式とする。$f(\alpha) = 0$ が成り立つとき、α を多項式 $f(x)$ の根であるという。

定義：代数拡大

$K \subset L$ という拡大があり、$\alpha \in L$ について、α が根となるような K 係数の多項式があるとき、α は $\boldsymbol{K}$ **上代数的**であるという。L のあらゆる要素が K 上代数的であるとき、体の拡大 $K \subset L$ は**代数拡大**であるという。

代数拡大の例をみましょう。

題材 代数拡大

次の多項式をそれぞれ一つ答えよ。
(1) $\sqrt{2}$ を根にもつ $\mathbb{Q}$ 上多項式
(2) $1 + \sqrt{2}$ を根にもつ $\mathbb{Q}$ 上多項式
(3) $a + b\sqrt{2}$ $(a, b \in \mathbb{Q})$ を根にもつ $\mathbb{Q}$ 上多項式
(4) $\sqrt[3]{3}$ を根にもつ $\mathbb{Q}$ 上多項式
(5) i を根にもつ $\mathbb{Q}$ 上多項式
(6) $\sqrt[3]{2} + i$ を根にもつ $\mathbb{Q}$ 上多項式
(7) $\sqrt[3]{2} + i$ を根にもつ $\mathbb{Q}(\sqrt[3]{2})$ 上多項式

条件をみたす多項式を一つ見つけるだけなので、極端に難しいわけではありません。新しい概念に慣れてもらうためにも、ここは林さんに考えてもらいましょう。

出番をくださりありがとうございます！なんとか頑張ってみます。 $\mathcal{H}$

(1) これは平易ですね。$\sqrt{2}$ は、そもそも "2 乗して 2 になる実数（のうち正のもの）" なのでした。よって $\mathbb{Q}$ 係数の多項式 $x^2 - 2$ の根です。このことから、$\sqrt{2}$ は $\mathbb{Q}$ 上代数的であることがわかります。

(2) $x := 1 + \sqrt{2}$ と定めます。先ほど同様、根号をなくすように式変形するとよさそうです。ただ、単に 2 乗すると $x^2 = 3 + 2\sqrt{2}$ となり、根号が残ってしまいます。そこで $x - 1 = \sqrt{2}$ としてから両辺を 2 乗してみます。すると

$$x^2 - 2x + 1 = 2 \qquad \therefore x^2 - 2x - 1 = 0$$

となり、$x^2 - 2x - 1$ は $1 + \sqrt{2}$ を根にもつ多項式とわかります。このことから、$1 + \sqrt{2}$ は $\mathbb{Q}$ 上代数的であることがいえますね。

(3) 前問同様の方法で解決できそうです。$x := a + b\sqrt{2}$ と定め、$x - a = b\sqrt{2}$ としてから両辺を 2 乗すれば

$$x^2 - 2ax + a^2 = 2b^2 \qquad \therefore x^2 - 2ax + (a^2 - 2b^2) = 0$$

となりますね。よって、$a + b\sqrt{2}$ は $\mathbb{Q}$ 上代数的です。これで、$\mathbb{Q}(\sqrt{2})$ のあらゆる要素が $\mathbb{Q}$ 上代数的であることがいえ、$\mathbb{Q} \subset \mathbb{Q}(\sqrt{2})$ は代数拡大になることがわかりました。

(4) $\sqrt[3]{3}$ は "3 乗して 3 になる実数" です。よって、$\mathbb{Q}$ 上多項式 $x^3 - 3$ の根ですね。このことから、$\sqrt[3]{3}$ は $\mathbb{Q}$ 上代数的であるとわかります。なお、ちゃんと証明してはいないのですが、$\mathbb{Q}(\sqrt[3]{3})$ のあらゆる要素は $\mathbb{Q}$ 上代数的になり、$\mathbb{Q} \subset \mathbb{Q}(\sqrt[3]{3})$ は代数拡大になるようです。

(5) 虚数単位 i の登場です。一瞬戸惑いましたが、i は 2 乗すると -1 になる数なので、$\mathbb{Q}$ 上多項式 $x^2 + 1$ の根であり、このことから i は $\mathbb{Q}$ 上代数的であるとただちにわかりますね。ちなみに、$\mathbb{Q}(i)$ のあらゆる要素は $\mathbb{Q}$ 上代数的になります。というのも、$x := a + bi$ $(a, b \in \mathbb{Q})$ とすると $x - a = bi$ であり、これを 2 乗することで

$$x^2 - 2ax + a^2 = -b^2 \qquad \therefore x^2 - 2ax + a^2 + b^2 = 0$$

が得られるからです。これで、$\mathbb{Q} \subset \mathbb{Q}(i)$ は代数拡大になることがわかりました。問題より強い主張を自力で示せると嬉しいですね！

(6) 3 乗根と虚数単位の合わせ技です。とりあえず $x := \sqrt[3]{2} + i$ と定め、$x - i = \sqrt[3]{2}$ としてから両辺を 3 乗してみましょう。すると $x^3 - 3x^2 i - 3x + i = 2$ となり、根号がなくなります。あとはこの式を $x^3 - 3x - 2 = (3x^2 - 1)i$ と変形し、両辺を

2乗することで

$$(x^3 - 3x - 2)^2 = -(3x^2 - 1)^2 \qquad \therefore x^6 + 3x^4 - 4x^3 + 3x^2 + 12x + 5 = 0$$

が得られます。つまり $\sqrt[3]{2} + i$ は $x^6 + 3x^4 - 4x^3 + 3x^2 + 12x + 5$ の根です。かなり大変そうですが、$\mathbb{Q}(\sqrt[3]{2}, i)$ の要素がみな $\mathbb{Q}$ 上代数的になることも示せるらしいです（具体的な計算は省略します）。$\mathbb{Q} \subset \mathbb{Q}(\sqrt[3]{2}, i)$ も代数拡大です。

(7) 前問の $x^6 + 3x^4 - 4x^3 + 3x^2 + 12x + 5$ は $\mathbb{Q}$ 係数であり、したがって $\mathbb{Q}(\sqrt[3]{2})$ 係数でもあります。これでも答えになるのですが、せっかくなのでもっと次数が低いものを探してみましょう。$x := \sqrt[3]{2} + i$ と定めます。$x - \sqrt[3]{2} = i$ を2乗すると

$$x^2 - 2\sqrt[3]{2}x + \left(\sqrt[3]{2}\right)^2 = -1 \qquad \therefore x^2 - 2\sqrt[3]{2}x + \sqrt[3]{4} + 1 = 0$$

となるので、$x^2 - 2\sqrt[3]{2}x + \sqrt[3]{4} + 1$ は $\sqrt[3]{2} + i$ を根にもつ $\mathbb{Q}(\sqrt[3]{2})$ 上多項式とわかります。

これで攻略完了です！

いい感じですね。林さん、よく頑張りました！ 𝒦

ちなみに、ここまで代数的な数の例をたくさん挙げてきましたが、代数的でない数も存在します。例えば、π や e は $\mathbb{Q}$ 係数の多項式の根となることはありませんので、$\mathbb{Q}$ 上代数的ではありません。

[4] 拡大の「大きさ」を測るには

代数拡大がどれだけ大きいかを測る概念に「次数」があります。これを測るために、次の基底の概念を紹介します。この基底は「無理数の独立性」を抽象化したものです。

定義：基底・拡大次数

体の拡大 $K \subset L$ に対して、次の条件をみたす n 個の要素 $m_1, m_2, ..., m_n \in L$ の組があるとき、その組を L の K 上の基底という。

- L のあらゆる要素 ℓ は、ある $k_1, ..., k_n \in K$ を用いて

  $$\ell = k_1 m_1 + k_2 m_2 + \cdots + k_n m_n$$

  という形で表される。
- $a_1, ..., a_n \in K$ に対して $a_1 m_1 + a_2 m_2 + \cdots + a_n m_n = 0$ であるならば、$a_1 = a_2 = \cdots = a_n = 0$ である。

有限個の数からなる基底が存在するとき、その基底の取り方はたくさんあるが、基底をなす要素の個数 n は、一定であることが証明できる。その n のことを、拡大 $K \subset L$ の拡大次数といい、$[L : K]$ と表す。

14.2 体の理論

> **題材** $\mathbb{Q}(\sqrt{2})$ の $\mathbb{Q}$ 上の基底
>
> (1) $1, \sqrt{2}$ が $\mathbb{Q}(\sqrt{2})$ の $\mathbb{Q}$ 上の基底であることを証明せよ。
> (2) $1, \sqrt{2}, \sqrt{2}-1$ は $\mathbb{Q}(\sqrt{2})$ の $\mathbb{Q}$ 上の基底ではないことを証明せよ。

(1) 基底の条件二つを順に確認していきましょう。

まずは1点目です。$\mathbb{Q}(\sqrt{2})$ の要素はすべて $a \cdot 1 + b\sqrt{2}$ $(a, b \in \mathbb{Q})$ と表されます。これは、以前に述べたことです。また、2点目である

$$a + b\sqrt{2} = 0 \implies a = b = 0$$

が成り立ちます。なぜならば、$a + b\sqrt{2} = 0$ であって仮に $b \neq 0$ であるとすると $\sqrt{2} = -\dfrac{a}{b} \in \mathbb{Q}$ となって $\sqrt{2}$ が無理数であることに矛盾します。したがって $b = 0$ ですが、このことから $a = 0$ もしたがいます。

以上から $1, \sqrt{2}$ は $\mathbb{Q}(\sqrt{2})$ の $\mathbb{Q}$ 上の基底で、$[\mathbb{Q}(\sqrt{2}) : \mathbb{Q}] = 2$ です。

(2) $\mathbb{Q}(\sqrt{2})$ の要素はすべて $a \cdot 1 + b\sqrt{2} + c(\sqrt{2}-1)$ $(a, b, c \in \mathbb{Q})$ と表すことができるので（$c = 0$ とすれば結局 (1) と同じです）、1点目の条件の方はみたすのですが

$$1 \cdot 1 + (-1) \cdot \sqrt{2} + 1(\sqrt{2}-1) = 0$$

という関係式が成り立つため

$$a + b\sqrt{2} + c(\sqrt{2}-1) = 0 \implies a = b = c = 0$$

は偽です。2点目の条件をみたさないのは、基底を構成する数がダブっている状態だといえるでしょう。

他の例もいくつか見ていきましょう。拡大次数（すなわち基底をなす数の個数）は、その体に含まれる数がどれだけ互いに独立しているかを表している数だといえます。いくつかの拡大次数の計算をしてみましょう。

例
- まず、拡大次数が1であるとはどういうことでしょうか。$K \subset L$ の拡大次数が1であるとすると L の K 上の基底は一つの数 m からなります。あらゆる L の要素は km $(k \in K)$ と表せるということです。$1 \in L$ ですから、1 も何かしらの $k \in K$ を用いて $1 = km$ と表せます。このとき、$m = k^{-1}$ で K が体であることより $k^{-1} \in K$ ですから、$m \in K$ です。したがって、km は必ず K の要素で、$L \subset K$ となります。よって、$K = L$ です。$K \subset L$ の拡大次数が1であ

233

- るとは $K = L$ であることを意味し、拡大次数が 2 以上であることは、K が L の真部分集合であることを意味します。
- 以下、様々な体の様子を理解することに注力するために、事実だけ述べることにして証明は省略します。$\mathbb{Q}(\sqrt[3]{2}, i)$ の要素はすべて $a \cdot 1 + b\sqrt[3]{2} + c(\sqrt[3]{2})^2 + di + e\sqrt[3]{2}i + f(\sqrt[3]{2})^2 i$ $(a, b, c, d, e, f \in \mathbb{Q})$ と表され

$$a \cdot 1 + b\sqrt[3]{2} + c(\sqrt[3]{2})^2 + di + e\sqrt[3]{2}i + f(\sqrt[3]{2})^2 i = 0$$
$$\implies a = b = c = d = e = f = 0$$

であるので、$1, \sqrt[3]{2}, (\sqrt[3]{2})^2, i, \sqrt[3]{2}i, (\sqrt[3]{2})^2 i$ は $\mathbb{Q}(\sqrt[3]{2}, i)$ の $\mathbb{Q}$ 上の基底であり、$[\mathbb{Q}(\sqrt[3]{2}, i) : \mathbb{Q}] = 6$ です。
- 上の例で、五つの数 $1, \sqrt[3]{2}, (\sqrt[3]{2})^2, i, \sqrt[3]{2}i$ からなる組は基底ではありません。なぜならば、$(\sqrt[3]{2})^2 i \in \mathbb{Q}(\sqrt[3]{2}, i)$ は、$a \cdot 1 + b\sqrt[3]{2} + c(\sqrt[3]{2})^2 + di + e\sqrt[3]{2}i$ $(a, b, c, d, e \in \mathbb{Q})$ と表すことができないからです。基底の一つ目の条件をみたさないことは、基底を構成する数が不足している状態だといえるでしょう。基底の二つの条件はまさに「過不足がない」ことを表しています。
- $\mathbb{Q}(\sqrt[3]{2})$ の要素はすべて $a \cdot 1 + b\sqrt[3]{2} + c(\sqrt[3]{2})^2$ $(a, b, c \in \mathbb{Q})$ とただ 1 通りで表されます。よって、$1, \sqrt[3]{2}, (\sqrt[3]{2})^2$ は $\mathbb{Q}(\sqrt[3]{2})$ の $\mathbb{Q}$ 上の基底で、$[\mathbb{Q}(\sqrt[3]{2}) : \mathbb{Q}] = 3$ です。
- ここまでは $\mathbb{Q}$ 上の基底でしたが、別の体上の基底も考えましょう。$\mathbb{Q}(\sqrt[3]{2}, i)$ の要素はすべて $a \cdot 1 + bi$ $(a, b \in \mathbb{Q}(\sqrt[3]{2}))$ とただ 1 通りで表されます。よって、$1, i$ は $\mathbb{Q}(\sqrt[3]{2}, i)$ の $\mathbb{Q}(\sqrt[3]{2})$ 上の基底で、$[\mathbb{Q}(\sqrt[3]{2}, i) : \mathbb{Q}(\sqrt[3]{2})] = 2$ です。
- $\mathbb{Q}(\sqrt[3]{2}, i)$ の $\mathbb{Q}(\sqrt[3]{2})$ 上の基底が $1, i$ であり、$\mathbb{Q}(\sqrt[3]{2}, i)$ の要素はすべて $a \cdot 1 + bi$ $(a, b \in \mathbb{Q}(\sqrt[3]{2}))$ とただ 1 通りで表されます。さらにこの a, b がそれぞれ $\mathbb{Q}(\sqrt[3]{2})$ の要素であり、$1, \sqrt[3]{2}, (\sqrt[3]{2})^2$ は $\mathbb{Q}(\sqrt[3]{2})$ の $\mathbb{Q}$ 上の基底であることから a, b はそれぞれ $p \cdot 1 + q\sqrt[3]{2} + r(\sqrt[3]{2})^2$ $(p, q, r \in \mathbb{Q})$ の形で表せます。したがって、これらを組み合わせて $\mathbb{Q}(\sqrt[3]{2}, i)$ の要素がすべて $a \cdot 1 + b\sqrt[3]{2} + c(\sqrt[3]{2})^2 + di + e\sqrt[3]{2}i + f(\sqrt[3]{2})^2 i$ $(a, b, c, d, e, f \in \mathbb{Q})$ と表されることにつながってきます。 ∎

この例では、$\mathbb{Q} \subset \mathbb{Q}(\sqrt[3]{2}) \subset \mathbb{Q}(\sqrt[3]{2}, i)$ という体の拡大があり、これらの間に

$$[\mathbb{Q}(\sqrt[3]{2}, i) : \mathbb{Q}(\sqrt[3]{2})] \cdot [\mathbb{Q}(\sqrt[3]{2}) : \mathbb{Q}] = [\mathbb{Q}(\sqrt[3]{2}, i) : \mathbb{Q}] \quad (2 \cdot 3 = 6)$$

が成り立ちます。一般に、三つの体の拡大 $K \subset L \subset M$ があったとき、M の L 上の基底を $m_1, ..., m_n$ とし、L の K 上の基底を $\ell_1, ..., \ell_k$ とします。このとき、M の K 上の基底は nk 個の要素からなる

$m_i \ell_j \quad (1 \leq i \leq n, 1 \leq j \leq k)$

となることが証明できます。したがって

$$[M:L] \cdot [L:K] = [M:K] = nk$$

となります。それが次の定理です。

定理：体の拡大次数

三つの体の拡大 $K \subset L \subset M$ に対して

$$[M:L] \cdot [L:K] = [M:K]$$

が成り立つ。

---

[5] 今回の問題

数々の準備を終えて、今回の問題の (1) を体論的に解釈することにしましょう。問題を再掲します。

題材　1999 年 前期 理系 第 5 問（再掲）

以下の問に答えよ。ただし $\sqrt{2}, \sqrt{3}, \sqrt{6}$ が無理数であることは使ってよい。

(1) 有理数 p, q, r について、$p + q\sqrt{2} + r\sqrt{3} = 0$ ならば、$p = q = r = 0$ であることを示せ。

(2) 実数係数の二次式 $f(x) = x^2 + ax + b$ について、$f(1), f(1+\sqrt{2})$, $f(\sqrt{3})$ のいずれかは無理数であることを示せ。

$[\mathbb{Q}(\sqrt{2}) : \mathbb{Q}] = 2$ であり、基底としては $1, \sqrt{2}$ をとることができるというのはすでに述べたとおりです。また、$[\mathbb{Q}(\sqrt{2}, \sqrt{3}) : \mathbb{Q}(\sqrt{2})] = 2$ でもあり、基底としては $1, \sqrt{3}$ をとることができます。まず、このことを確認しましょう。

もし、$\sqrt{3} \in \mathbb{Q}(\sqrt{2})$ であるとすると

$$\sqrt{3} = a + b\sqrt{2} \quad (a, b \in \mathbb{Q})$$

と表されることになりますが、両辺を 2 乗して

$$3 = a^2 + 2b^2 + 2ab\sqrt{2} \quad \cdots ①$$

となります。$a=0$ とすると、$3=2b^2$ となりますが、これをみたす有理数 b は存在しません。$b=0$ とすると $3=a^2$ となりますが、これをみたす有理数 a は存在しません。よって、a,b はともに 0 でなく、① より

$$\sqrt{2} = \frac{3-a^2-2b^2}{2ab}$$

となります。これは $\sqrt{2}$ が有理数であることになり、矛盾します。以上から、$\sqrt{3} \notin \mathbb{Q}(\sqrt{2})$ です。ゆえに、$[\mathbb{Q}(\sqrt{2},\sqrt{3}):\mathbb{Q}(\sqrt{2})] \geq 2$ です。一方で、「有理数と $\sqrt{2},\sqrt{3}$ を様々に加減乗除して得られる数全体」は「$\mathbb{Q}(\sqrt{2})$ の数^2 と $\sqrt{3}$ を様々に加減乗除して得られる数全体」と一致するので、$\mathbb{Q}(\sqrt{2},\sqrt{3})=(\mathbb{Q}(\sqrt{2}))(\sqrt{3})$ です。ここで $\sqrt{3}$ は x^2-3 の根であり、$\sqrt{3}$ の最小多項式（後述）はこれより次数が低い可能性があることも考慮して p.240 の定理を用いると、$[(\mathbb{Q}(\sqrt{2}))(\sqrt{3}):\mathbb{Q}(\sqrt{2})] \leq 2$ とわかります。よって、$[\mathbb{Q}(\sqrt{2},\sqrt{3}):\mathbb{Q}(\sqrt{2})]=2$ です。ここで具体的には、$\sqrt{3} \notin \mathbb{Q}(\sqrt{2})$ であることより、$1,\sqrt{3}$ は $\mathbb{Q}(\sqrt{2},\sqrt{3})$ の $\mathbb{Q}(\sqrt{2})$ 上の基底となります。

したがって、先ほどの定理から $1,\sqrt{2},\sqrt{3},\sqrt{6}(=\sqrt{2}\cdot\sqrt{3})$ が基底となり

$$a+b\sqrt{2}+c\sqrt{3}+d\sqrt{6}=0 \implies a=b=c=d=0$$

が成り立ちます。特に (1) の主張である

$$a+b\sqrt{2}+c\sqrt{3}=0 \implies a=b=c=0$$

がわかります。

14.3 最小多項式の「最小」 𝒦

題材 2012 年 前期 理系 第 4 問

(1) $\sqrt[3]{2}$ が無理数であることを証明せよ。
(2) $P(x)$ は有理数を係数とする x の多項式で、$P(\sqrt[3]{2})=0$ をみたしているとする。このとき、$P(x)$ は x^3-2 で割り切れることを証明せよ。

[1] まずは普通に

(1) $\sqrt[3]{2}$ が有理数であるとすると

$$\sqrt[3]{2} = \frac{b}{a} \quad (a,b \in \mathbb{N}, a \text{ と } b \text{ は互いに素})$$

---
2 これは「有理数と $\sqrt{2}$ を様々に加減乗除して得られる数」でした。

とおくことができます。すると
$$b^3 = 2a^3$$
です。両辺の素因数分解された形を考えると、b^3 の素因数分解に現れる 2 の指数は 3 の倍数です。一方で、$2a^3$ に関しては、2 の指数は 3 で割った余りが 1 となります。素因数分解の一意性によってこれらは矛盾するので、$\sqrt[3]{2}$ は無理数だとわかります。■

(2) $P(x)$ を $x^3 - 2$ で割って
$$P(x) = (x^3 - 2)Q(x) + R(x)$$
とします。$R(x)$ は二次以下です。ここで $x = \sqrt[3]{2}$ を代入すると
$$0 = 0 \times Q(\sqrt[3]{2}) + R(\sqrt[3]{2}) \quad \text{すなわち} \quad R(\sqrt[3]{2}) = 0$$
です。$R(x) = ax^2 + bx + c \ (a, b, c \in \mathbb{Q})$ とすると、このことは
$$a\sqrt[3]{4} + b\sqrt[3]{2} + c = 0 \cdots ①$$
と表せます。両辺に $a\sqrt[3]{2} - b$ をかけて
$$2a^2 - bc + (ac - b^2)\sqrt[3]{2} = 0$$
となります。$\sqrt[3]{2}$ は無理数であるので、$2a^2 - bc = 0 \cdots ②$ かつ $ac - b^2 = 0 \cdots ③$ です。② の a 倍と ③ の b 倍を足して
$$2a^3 - b^3 = 0 \cdots ④$$
です。$a \neq 0$ とすると
$$2 = \frac{b^3}{a^3} \quad \text{すなわち} \quad \sqrt[3]{2} = \frac{b}{a} \in \mathbb{Q}$$
となって $\sqrt[3]{2}$ が無理数であることに矛盾します。よって、$a = 0$ であるから、④ より $b = 0$ であり、① より $c = 0$ となります。したがって、$R(x) = 0$ であることがわかり、$P(x)$ は $x^3 - 2$ で割り切れます。■

[2] 拡大次数を測る最小多項式

ところで、拡大次数を測る方法として、最小多項式を利用する方法があります。

第 14 章 体　　論

> **定義：最小多項式**
>
> 体 K と複素数 α に対して、α を根にもつ K 係数の多項式で、モニック（最高次の係数が 1）で、最も次数が低いものを、α の K 上最小多項式という。

題 材　　最小多項式

(1) $\sqrt{2}$ の $\mathbb{Q}$ 上最小多項式は、$x^2 - 2$ であることを証明せよ。
(2) $\sqrt[3]{2}$ の $\mathbb{Q}$ 上最小多項式は、$x^3 - 2$ であることを証明せよ。

　それぞれ $x^2 - 2, x^3 - 2$ の根になっていることは以前証明しましたし、最高次の係数が 1 の $\mathbb{Q}$ 上多項式になっていることもすぐにわかるでしょう。あとは、最も次数が低いことを示すことになります。

　(1) もし一次多項式 $x - a\ (a \in \mathbb{Q})$ の根であるならば、$\sqrt{2} - a = 0$ で、$\sqrt{2} = a$ となって、$\sqrt{2}$ が有理数であることになります。これは $\sqrt{2}$ が無理数であることに矛盾しますから、$x^2 - 2$ が $\sqrt{2}$ を根にもつ最も次数が低い多項式ということになります。よって、$x^2 - 2$ は $\sqrt{2}$ の $\mathbb{Q}$ 上最小多項式です。　∎

　(2) もし、一次多項式の根であると、先ほどと同様に $\sqrt[3]{2}$ は有理数になってしまい、矛盾します（$\sqrt[3]{2}$ が無理数であることは、先ほど示しましたね）。次に、$\sqrt[3]{2}$ が $x^2 + ax + b$ $(a, b \in \mathbb{Q})$ の根であるとすると

$$\sqrt[3]{4} + a\sqrt[3]{2} + b = 0$$

です。両辺に $\sqrt[3]{2} - a$ をかけて

$$2 - ab + (b - a^2)\sqrt[3]{2} = 0$$

となり、すると $2 - ab = 0, b - a^2 = 0$ であることがわかります。$b = a^2$ より $a^3 = 2$ であることがわかりますが、有理数 a で 3 乗して 2 になる数はなく矛盾します。したがって、$\sqrt[3]{2}$ が二次多項式の根になることはなく、三次が最も低い $\sqrt[3]{2}$ を根にもつ多項式の次数となります。よって、$x^3 - 2$ が $\sqrt[3]{2}$ の最小多項式です。　∎

[3]　既約多項式

　次の既約多項式は、第 13 章で紹介した既約元そのものです。したがって、そこでの定義で考えてもかまいません。

14.3 最小多項式の「最小」

定義：既約多項式

$f(x)$ を K 上の一次以上の多項式とする。$f(x)$ が K 係数の範囲でこれ以上因数分解できないとき、すなわちそれぞれ一次以上の K 上の多項式 $g(x), h(x)$ を用いて $f(x) = g(x)h(x)$ の形では表せないとき、$f(x)$ は K 上**既約多項式**であるという。

既約多項式の概念により、最小多項式の概念は次のように言い換えられます。

定理

$f(x)$ が α の K 上最小多項式であることと、$f(x)$ がモニックで α を根にもつ K 上既約多項式であることは同値である。

$f(x)$ を、α を根にもつモニックな多項式であるとしたときに、$f(x)$ がそのようなものの中で最も次数が低いことと、$f(x)$ が既約であることが同値であることを示せばよいです。

まず、$f(x)$ が最も次数が低いとします。$f(x)$ が既約でないとしたら

$$f(x) = g(x)h(x) \qquad (g(x), h(x) \text{ はモニックで一次以上})$$

と分解できて、$g(x), h(x)$ は $f(x)$ よりも次数が低く、$f(\alpha) = 0$ より $g(\alpha)h(\alpha) = 0$ であるから $g(x), h(x)$ の一方は α を根にもちます。これは、$f(x)$ が最も次数が低いことに矛盾します。よって、$f(x)$ は既約となります。

逆に $f(x)$ が既約であるとします。$g(x)$ が最も次数が低い、α を根にもつモニックな多項式であるとして

$$f(x) = g(x)q(x) + r(x)$$

と割り算します（$r(x)$ の次数は $g(x)$ の次数より小さい）。$g(\alpha) = f(\alpha) = 0$ であるので、$r(\alpha) = 0$ となります。$r(x)$ が一次以上の多項式であるとすると、$r(x)$ は α を根にもつ $g(x)$ より次数が低い多項式です。さらに、$r(x)$ の最高次の係数で割ることによって、α を根にもつ $g(x)$ より次数が低いモニック多項式を得ることができますが、これは $g(x)$ が最も次数が低いことに矛盾します。よって、$r(x) = 0$ です。ゆえに、$f(x) = g(x)q(x)$ となって、$f(x)$ が既約であることから $q(x)$ は定数です。$f(x)$ と $g(x)$ はともにモニックであるから、結局等しくなければなりません。よって、$f(x)$ は最も次数が低いということを得ます。　■

第14章 体　論

次の定理は非常に有用です。

定理

$f(x)$ が α の K 上最小多項式であるとき、その次数を n 次とすると、$K(\alpha)$ の K 上基底の例としては $1, \alpha, \alpha^2, ..., \alpha^{n-1}$ が挙げられ

$$[K(\alpha) : K] = n$$

である。

この定理はイメージで理解しましょう。

例　以下の例ではすべて $K = \mathbb{Q}$ とします。
- $\alpha = \sqrt{2}$ であるとき、$\sqrt{2}$ の最小多項式は $x^2 - 2$ で次数は 2 です。$\mathbb{Q}(\sqrt{2})$ の $\mathbb{Q}$ 上の基底は $1, \sqrt{2}$ です。
- $\alpha = \sqrt[3]{2}$ であるとき、$\sqrt[3]{2}$ の最小多項式は $x^3 - 2$ で次数は 3 です。$\mathbb{Q}(\sqrt[3]{2})$ の $\mathbb{Q}$ 上の基底は $1, \sqrt[3]{2}, (\sqrt[3]{2})^2$ です。
- $\alpha = \sqrt[n]{2}$ であるとき、$\sqrt[n]{2}$ の最小多項式は $x^n - 2$ で次数は n です。$\mathbb{Q}(\sqrt[n]{2})$ の $\mathbb{Q}$ 上の基底は $1, \sqrt[n]{2}, ..., (\sqrt[n]{2})^{n-1}$ です。ここで $(\sqrt[n]{2})^n = 2 \in \mathbb{Q}$ であるので、$1, \sqrt[n]{2}, (\sqrt[n]{2})^2, ...$ の $\mathbb{Q}$ 上の独立性を最大限保てるのは $(\sqrt[n]{2})^{n-1}$ までであり、ここまでをすべて集めたのが基底であるということです。

■

[4]　最小多項式の性質を問うた京大入試

さて、ここで 2012 年の京大の問題に戻ってきましょう。この問は次の最小多項式の性質として一般化できます。一般的なこの定理を示して、この問題を解決しましょう。

定理

α の K 上の最小多項式を $P(x)$、$f(x)$ を $f(\alpha) = 0$ をみたす K 上多項式とするとき、$f(x)$ は $P(x)$ で割り切れる。

この定理を証明してみましょう。

$$f(x) = P(x)Q(x) + R(x)$$

とおきます。ここで、$R(x)$ は $P(x)$ より次数が低い多項式です。$x = \alpha$ を代入すると、$f(\alpha) = P(\alpha) = 0$ より

$$0 = 0 \cdot Q(\alpha) + R(\alpha) \quad \text{すなわち} \quad R(\alpha) = 0$$

です。$R(x)$ が一次以上であるとすると、$R(x)$ は α の最小多項式 $P(x)$ より次数が低い、α を根にもつ多項式だということになり、さらに最高次の係数で割るとモニックにすることもできるので、$P(x)$ が最小多項式であることに矛盾します。したがって、$R(x)$ は定数であり、$R(\alpha) = 0$ より $R(x) = 0$ です。よって、$f(x) = P(x)Q(x)$ であることから $f(x)$ は $P(x)$ で割り切れます。 ∎

$x^3 - 2$ が $\sqrt[3]{2}$ の最小多項式であることは先ほど示しました。よって、この定理を用いれば (2) はただちに解けることになります。

α の最小多項式は α を根にもつ「最も次数が低い」多項式のことでしたが、他の α を根にもつあらゆる多項式を割り切るという点で、真に「最小」だとみなすことができるのです。

14.4　アイゼンシュタイン多項式 🅚

ある種の既約多項式の既約性は、比較的容易に確かめることができます。その一つであるアイゼンシュタイン多項式について紹介します。まさにそれを話題としている京大の問題があります。

> **題材**　1996 年 後期 文系 第 2 問
>
> n は 2 以上の自然数、p は素数、$a_0, a_1, \cdots, a_{n-1}$ は整数とし、n 次式
>
> $$f(x) = x^n + pa_{n-1}x^{n-1} + \cdots + pa_i x^i + \cdots + pa_0$$
>
> を考える。
> (1) 方程式 $f(x) = 0$ が整数解 α をもてば、α は p で割り切れることを示せ。
> (2) a_0 が p で割り切れなければ、方程式 $f(x) = 0$ は整数解をもたないことを示せ。

だいぶ私のターンが続いたので、これくらいは林さんに解いてもらいましょうか。

[1]　(1) 背理法で攻略 🅗

久々の出番！ありがとうございます。古賀さんの話の続きを知りたいので、パパッと解決してしまいましょう。

方程式 $f(x) = 0$ に p で割り切れない整数解 β があったとします。このとき $f(\beta) = 0$ より

$$\beta^n + \sum_{k=0}^{n-1} pa_k \beta^k = 0 \qquad \therefore \beta^n = -p \sum_{k=0}^{n-1} a_k \beta^k \quad \cdots ①$$

がしたがいます。ここで、$a_k \in \mathbb{Z}$ $(k = 0, 1, \cdots, n-1)$ および $\beta \in \mathbb{Z}$ より ① の右辺は p の倍数ですが、左辺は ($p \nmid \beta$ より) p の倍数ではないため矛盾します。 ∎

[2] (2) (1) の結果も用いつつ、再び背理法

$p \nmid a_0$ とし、方程式 $f(x) = 0$ が整数解 β をもったとします。(1) の結果より $p | \beta$ ですから、ある整数 β' を用いて $\beta = p\beta'$ と表せます。これを元の方程式に代入すると

$$(p\beta')^n + \sum_{k=0}^{n-1} pa_k (p\beta')^k = 0 \qquad \therefore p^2 \left\{ p^{n-2} \beta'^n + \sum_{k=1}^{n-1} a_k p^{k-1} \beta'^k \right\} = -pa_0 \quad \cdots ②$$

が得られます。しかし、n が 2 以上の整数であることにも注意すると $\mathrm{Ord}_p (②の左辺) \geq 2$ となる一方で、$p \nmid a_0$ より $\mathrm{Ord}_p (②の右辺) = 1$ なので矛盾します。 ∎

というわけで、本問はいったん攻略完了です！

[3] アイゼンシュタイン多項式 🔑

それでは、アイゼンシュタイン多項式とはどのようなものなのか、紹介しましょう。

定理：アイゼンシュタイン判定法

$f(x) = x^n + a_{n-1} x^{n-1} + a_{n-2} x^{n-2} + \cdots + a_1 x + a_0$ をモニックな整数係数多項式とする。次の二つの条件をみたすとき、$f(x)$ は既約多項式である。

- $a_{n-1}, a_{n-2}, \ldots a_1$ はすべて何らかの素数 p の倍数である。
- a_0 は p の倍数ではあるが、p^2 の倍数ではない。

この定理の証明をしましょう。$f(x)$ が既約ではなく

$$f(x) = (b_m x^m + b_{m-1} x^{m-1} + \cdots + b_1 x + b_0)$$
$$\times (c_{n-m} x^{n-m} + c_{n-m-1} x^{n-m-1} + \cdots c_1 x + c_0)$$

と因数分解できたとします。ここで、$b_m = c_{n-m} = 1$ であるとしてよいです。右辺を展開し、低い次数の係数から比較していきます。まず定数項の係数について

$$a_0 = b_0 c_0$$

です。a_0 は p の倍数であるが p^2 の倍数ではないので、b_0 または c_0 の一方のみがちょうど 1 回 p で割り切れます。対称性から、b_0 の方であるとします。

次に、x の係数について

$$a_1 = b_0 c_1 + b_1 c_0$$

a_1, b_0 は p の倍数ですから、$b_1 c_0$ も p の倍数ですが、c_0 は p の倍数ではないので、b_1 が p の倍数です。

さらに、x^2 の係数について

$$a_2 = b_0 c_2 + b_1 c_1 + b_2 c_0$$

a_2, b_0, b_1 は p の倍数ですから、$b_2 c_0$ も p の倍数ですが、c_0 は p の倍数ではないので、b_2 が p の倍数です。これを繰り返していくと

(i) $m \leq n - m$ のとき

$$a_{m-1} = b_0 c_{m-1} + b_1 c_{m-2} + \cdots + b_{m-1} c_0$$

より同様に、b_{m-1} が p の倍数であることがわかり

$$a_m = b_0 c_m + \cdots + b_{m-1} c_1 + 1 \cdot c_0$$

となります。左辺は p の倍数、右辺は p の倍数ではないので矛盾します。

(ii) $m > n - m$ のとき

$$a_{n-m-1} = b_0 c_{n-m-1} + b_1 c_{n-m-2} + \cdots + b_{n-m-1} c_0$$

より同様に、b_{n-m-1} が p の倍数であることがわかります。そして

$$a_{n-m} = b_0 + \cdots + b_{n-m-1} c_1 + b_{n-m} c_0$$

となり、b_{n-m} が p の倍数であることがわかります。これ以降は状況が少し変わり

$$a_{n-m+1} = b_1 + \cdots + b_{n-m} c_1 + b_{n-m+1} c_0$$

となり、b_{n-m+1} が p の倍数であることがわかります。繰り返すと、b_m が p の倍数であることになり、矛盾します。

よって、$f(x)$ が既約であることが証明できました。∎

このような性質をみたす既約多項式のことを、**アイゼンシュタイン多項式**といいます。非常に有用な既約判定法であるので、ぜひ活用していきましょう。

第 14 章 体　　論

> **題 材**　　アイゼンシュタイン多項式
>
> 次の多項式が、既約であることを証明せよ。
> (1) $f(x) = x^3 + 2x^2 + 4x + 6$
> (2) n を自然数としたときの $g(x) = x^n - 2$

(1) $f(x)$ はモニックで、二次、一次の係数が 2 の倍数であり、定数項は 2 の倍数ではあるが 4 の倍数ではないため、$f(x)$ はアイゼンシュタイン多項式により既約です。

(2) $g(x)$ はモニックで、n 次と定数項以外の係数が 0 で 2 の倍数であり、定数項は 2 の倍数であるが 4 の倍数ではないため、$g(x)$ はアイゼンシュタイン多項式により既約です。このことからも、$g(x)$ が $\sqrt[n]{2}$ の最小多項式となって、$[\mathbb{Q}(\sqrt[n]{2}) : \mathbb{Q}]$ は n 次拡大であることがわかります。　∎

さて、$f(x) = 0$ が整数解 α をもつとは、因数定理より、$f(x)$ が $(x - \alpha)$ で割り切れるということです。したがって、今回の京大の問題の (2) は、アイゼンシュタイン判定法の条件をみたせば

$$f(x) = (一次式) \times ((n-1) 次式)$$

の形には分解できないことを証明する問題となっています。アイゼンシュタイン判定法は、さらに (二次式) $\times$ ($(n-2)$ 次式) などのあらゆる形で因数分解できないことを結論づける定理なので、今回の問題ではアイゼンシュタイン判定法より少し弱い主張を証明したのです。

14.5　最小多項式を用いた有理化の方法 🥝

次の問題は、非常に多くの解法があり、大変面白いです。初等的に解くこともできますが、体論の知識を応用させることもできます。今回は、そのような線型代数や体論を応用させる方法をご紹介しましょう。

> **題 材**　　2023 年 前期 文系 第 1 問 問 2
>
> 次の式の分母を有理化し、分母に 3 乗根の記号が含まれない式として表せ。
>
> $$\frac{55}{2\sqrt[3]{9} + \sqrt[3]{3} + 5}$$

14.5 最小多項式を用いた有理化の方法

[1] 体での除算を用いて

体論を用いましょう。この数は有理数と $\sqrt[3]{3}$ を加減乗除して得られるので

$$\frac{55}{2\sqrt[3]{9} + \sqrt[3]{3} + 5} \in \mathbb{Q}(\sqrt[3]{3})$$

です。したがって、有理化の結果は $\mathbb{Q}(\sqrt[3]{3})$ の $\mathbb{Q}$ 上の基底 $1, \sqrt[3]{3}, (\sqrt[3]{3})^2 = \sqrt[3]{9}$ を用いて

$$\frac{55}{2\sqrt[3]{9} + \sqrt[3]{3} + 5} = a\sqrt[3]{9} + b\sqrt[3]{3} + c \quad (a, b, c \in \mathbb{Q})$$

と表すことができるはずです。a, b, c を求めましょう。分母を払って

$$(2\sqrt[3]{9} + \sqrt[3]{3} + 5)(a\sqrt[3]{9} + b\sqrt[3]{3} + c) = 55$$

です。左辺を計算して

$$(5a + b + 2c)\sqrt[3]{9} + (6a + 5b + c)\sqrt[3]{3} + (3a + 6b + 5c) = 55$$

となります。$1, \sqrt[3]{3}, \sqrt[3]{9}$ は基底であり

$$5a + b + 2c, \, 6a + 5b + c, \, 3a + 6b + 5c \in \mathbb{Q}$$

であることから

$$\begin{cases} 5a + b + 2c = 0 \\ 6a + 5b + c = 0 \\ 3a + 6b + 5c = 55 \end{cases} \quad \text{すなわち} \quad \begin{cases} a = -\dfrac{9}{2} \\ b = \dfrac{7}{2} \\ c = \dfrac{19}{2} \end{cases}$$

となるので、(与式) $= -\dfrac{9}{2}\sqrt[3]{9} + \dfrac{7}{2}\sqrt[3]{3} + \dfrac{19}{2}$ だとわかりました。

[2] 最小多項式を経由して

$\alpha = 2\sqrt[3]{9} + \sqrt[3]{3} + 5$ とおきます。$\mathbb{Q}(\sqrt[3]{3})$ で考え、まず α の $\mathbb{Q}$ 上最小多項式を求めます。$\mathbb{Q}(\sqrt[3]{3})$ の $\mathbb{Q}$ 上の基底は、$1, m := \sqrt[3]{3}, m^2 = \sqrt[3]{9}$ です。この基底たちを、α 倍すると

$$\begin{cases} \alpha \cdot 1 = 5 + m + 2m^2 \\ \alpha m = 6 + 5m + m^2 \\ \alpha m^2 = 3 + 6m + 5m^2 \end{cases} \quad \text{すなわち} \quad \begin{cases} 5 - \alpha + m + 2m^2 = 0 \\ 6 + (5 - \alpha)m + m^2 = 0 \\ 3 + 6m + (5 - \alpha)m^2 = 0 \end{cases}$$

これを行列を用いて表すと次のようになります。

$$\begin{pmatrix} 5-\alpha & 1 & 2 \\ 6 & 5-\alpha & 1 \\ 3 & 6 & 5-\alpha \end{pmatrix} \begin{pmatrix} 1 \\ m \\ m^2 \end{pmatrix} = O$$

ここで、$A = \begin{pmatrix} 5-\alpha & 1 & 2 \\ 6 & 5-\alpha & 1 \\ 3 & 6 & 5-\alpha \end{pmatrix}$ とおくと、この式は $A\vec{x} = O$ が非自明な解をもつことを表しているので、$\det A = 0$ です（ここは線型代数の知識が必要ですね）。よって

$$(5-\alpha)^3 - 6(5-\alpha) - 6(5-\alpha) + 3 - 6(5-\alpha) + 72 = 0$$

すなわち

$$\alpha^3 - 15\alpha^2 + 57\alpha - 110 = 0$$

です。これは、$x^3 - 15x^2 + 57x - 110$ が α を根にもつことを意味していて、実はこれは α の最小多項式となっています。この式から

$$\alpha(\alpha^2 - 15\alpha + 57) = 110$$

であるので

$$\begin{aligned}\frac{55}{\alpha} &= \frac{\alpha^2 - 15\alpha + 57}{2} \\ &= \frac{(2\sqrt[3]{9} + \sqrt[3]{3} + 5)^2 - 15(2\sqrt[3]{9} + \sqrt[3]{3} + 5) + 57}{2} \\ &= \frac{-9\sqrt[3]{9} + 7\sqrt[3]{3} + 19}{2}\end{aligned}$$

です。

14.6 円分体 $\mathcal{H}$

さらに特徴的な体である「円分体」にまつわる問題を見ていきましょう。

題材 2000 年 前期 理系 第 4 問

p を素数、a, b を互いに素な正の整数とするとき、$(a+bi)^p$ は実数ではないことを示せ。ただし i は虚数単位を表す。

---

[1] 素因数 p の個数に着目(まずは受験生っぽく攻略)

まず $p=2$ のときは

$$(a+bi)^p = (a+bi)^2 = a^2 - b^2 + 2abi \qquad \therefore \mathrm{Im}\,((a+bi)^p) = 2ab \neq 0 \quad (\because a, b \in \mathbb{Z}_+)$$

より $(a+bi)^p \notin \mathbb{R}$ です。

以下、p は奇素数とし、$\mathrm{Im}\,((a+bi)^p) = 0$ と仮定します。二項定理より

$$(a+bi)^p = \sum_{k=0}^{p} {}_p\mathrm{C}_k \, a^{p-k} \, b^k \, i^k$$

が成り立ち、これより $(a+bi)^p$ の虚部は次のように計算できます。

$$\mathrm{Im}\,((a+bi)^p) = \frac{1}{i}\sum_{l=0}^{\frac{p-1}{2}} {}_p\mathrm{C}_{2l+1} \, a^{p-(2l+1)} \, b^{2l+1} \, i^{2l+1}$$

$$= \sum_{l=0}^{\frac{p-1}{2}} {}_p\mathrm{C}_{2l+1} \, a^{p-(2l+1)} \, b^{2l+1} \, i^{2l}$$

$$\therefore \mathrm{Im}\,((a+bi)^p) = \sum_{l=0}^{\frac{p-1}{2}} {}_p\mathrm{C}_{2l+1} \, a^{p-(2l+1)} \, b^{2l+1} \, (-1)^l \quad \cdots (*)$$

式 $(*)$ の右辺にある和を、$l = \dfrac{p-1}{2}$ に対応する項とそれ以外とで次のように分けてみます。

$$\sum_{l=0}^{\frac{p-1}{2}} {}_p\mathrm{C}_{2l+1} \, a^{p-(2l+1)} \, b^{2l+1} \, (-1)^l$$

$$= \sum_{l=0}^{\frac{p-3}{2}} \left({}_p\mathrm{C}_{2l+1} \, a^{p-(2l+1)} \, b^{2l+1} \, (-1)^l \right) + b^p (-1)^{\frac{p-1}{2}}$$

0 以上 $\dfrac{p-3}{2}$ 以下の任意の整数 l に対し $p \mid {}_p\mathrm{C}_{2l+1}$ であり、したがって

$$p \mid \left({}_p\mathrm{C}_{2l+1} \, a^{p-(2l+1)} \, b^{2l+1} \, (-1)^l \right)$$

です。これと $\mathrm{Im}\,((a+bi)^p) = 0$ より $p \mid \left(b^p (-1)^{\frac{p-1}{2}} \right)$、ゆえに $p \mid b$ がしたがいます。また、a, b は互いに素であるため、$p \nmid a$ もいえますね。

ここで改めて

$$\mathrm{Im}\,((a+bi)^p) = \sum_{l=0}^{\frac{p-1}{2}} {}_p\mathrm{C}_{2l+1}\, a^{p-(2l+1)}\, b^{2l+1}\, (-1)^l \quad \cdots (*) \quad \text{(再掲)}$$

の $l = 0, 1, \cdots, \dfrac{p-1}{2}$ に対応する項が素因数 p をいくつもっているのか調べます。$p \mid b$ だけでは $\mathrm{Ord}_p(b)$ の値がわかりませんが、とりあえず $\beta := \mathrm{Ord}_p(b)\ (\beta \in \mathbb{Z}_+)$ と定めておきます。${}_p\mathrm{C}_{2l+1}, b^{2l+1}$ がもつ素因数 p の個数をまとめると表 14.1 のようになります。

表 14.1: ${}_p\mathrm{C}_{2l+1}, b^{2l+1}$ がもつ素因数 p の個数。$a, -1$ はいずれも p の倍数でないことに注意。

l	0	1	2	$\cdots$	$\dfrac{p-5}{2}$	$\dfrac{p-3}{2}$	$\dfrac{p-1}{2}$
$2l+1$	1	3	5	$\cdots$	$p-4$	$p-2$	p
$\mathrm{Ord}_p\left({}_p\mathrm{C}_{2l+1}\right)$	1	1	1	$\cdots$	1	1	0
$\mathrm{Ord}_p\left(b^{2l+1}\right)$	β	3β	5β	$\cdots$	$(p-4)\beta$	$(p-2)\beta$	$p\beta$
$\mathrm{Ord}_p\left({}_p\mathrm{C}_{2l+1} b^{2l+1}\right)$	$1+\beta$	$1+3\beta$	$1+5\beta$	$\cdots$	$1+(p-4)\beta$	$1+(p-2)\beta$	$p\beta$

$\beta \in \mathbb{Z}_+$ より次式がただちにしたがいます。

$$1 + \beta < 1 + 3\beta < 1 + 5\beta < \cdots < 1 + (p-4)\beta < 1 + (p-2)\beta$$

また、p は奇素数ですから次式も成り立ちます。

$$p\beta \geq 3\beta \geq 2 + \beta$$

したがって、$l = 1, 2, \cdots, \dfrac{p-1}{2}$ に対応する項はみな $p^{2+\beta}$ の倍数ですが、$l = 0$ に対応する ${}_p\mathrm{C}_1\, a^{p-1} b^1$ だけは $p^{2+\beta}$ の倍数ではありません。よって、これらの総和である $(*)$ の右辺が 0 になることはなく、$\mathrm{Im}\,((a+bi)^p) \neq 0$、すなわち $(a+bi)^p \notin \mathbb{R}$ がしたがいます。∎

[2] 体論を用いると... 𝒦

$p \geq 7$ の場合に限っては体論を用いると次のように証明することができます。

$(a+bi)^p \in \mathbb{R}$ であるとします。

$$a + bi = \sqrt{a^2 + b^2}\,(\cos\theta + i\sin\theta) \quad \left(\cos\theta = \dfrac{a}{\sqrt{a^2+b^2}},\quad \sin\theta = \dfrac{b}{\sqrt{a^2+b^2}}\right)$$

と極形式で表すと、$(a+bi)^p \in \mathbb{R}$ より、$\sin p\theta = 0$ で $\theta = \dfrac{m\pi}{p}\ (m \in \mathbb{Z}_+)$ と表されます。そこで

14.6 円分体

$$\zeta_{2p} = \cos\frac{m\pi}{p} + i\sin\frac{m\pi}{p}$$

とおくと、ζ_{2p} は 1 の $2p$ 乗根です。すると

$$\zeta_{2p} + \zeta_{2p}^{-1} = 2\cos\frac{m\pi}{p} = \frac{2a}{\sqrt{a^2+b^2}}$$

です。このことと $2a$ は有理数であることから、$\zeta_{2p} + \zeta_{2p}^{-1}$ と有理数を加減乗除した数は、$\sqrt{a^2+b^2}$ と有理数を加減乗除した数だと言い換えることができます。したがって

$$\mathbb{Q}\left(\zeta_{2p} + \zeta_{2p}^{-1}\right) = \mathbb{Q}\left(\sqrt{a^2+b^2}\right)$$

です。体の拡大 $\mathbb{Q} \subset \mathbb{Q}(\zeta_{2p} + \zeta_{2p}^{-1}) \subset \mathbb{Q}(\zeta_{2p})$ に着目します。まず

$$[\mathbb{Q}(\zeta_{2p}) : \mathbb{Q}] = p - 1$$

であることが知られています（これを示すことはそこそこ難しいので認めさせてください）。また

$$[\mathbb{Q}(\zeta_{2p}) : \mathbb{Q}(\zeta_{2p} + \zeta_{2p}^{-1})] = 1, 2 \quad (1 \text{ または } 2 \text{ の可能性があるという意})$$

です。これは、ζ_{2p} が $\mathbb{Q}(\zeta_{2p} + \zeta_{2p}^{-1})$ 上の多項式

$$x^2 - (\zeta_{2p} + \zeta_{2p}^{-1})x + 1$$

の根であることからしたがいます。したがって

$$[\mathbb{Q}(\zeta_{2p}) : \mathbb{Q}] = [\mathbb{Q}(\zeta_{2p}) : \mathbb{Q}(\zeta_{2p} + \zeta_{2p}^{-1})] \cdot [\mathbb{Q}(\zeta_{2p} + \zeta_{2p}^{-1}) : \mathbb{Q}]$$

より

$$[\mathbb{Q}(\zeta_{2p} + \zeta_{2p}^{-1}) : \mathbb{Q}] = \frac{p-1}{2}, p-1 \quad \text{すなわち} \quad [\mathbb{Q}(\sqrt{a^2+b^2}) : \mathbb{Q}] = \frac{p-1}{2}, p-1$$

$\sqrt{a^2+b^2}$ はたかだか整数の平方根なので、$[\mathbb{Q}(\sqrt{a^2+b^2}) : \mathbb{Q}] = 1, 2$ です。すると、$p \geq 7$ のときは $\frac{p-1}{2}$ や $p-1$ は $1, 2$ になり得ないので、矛盾が得られたこととなります。よって、$(a+bi)^p \notin \mathbb{R}$ です。 ∎

有理数体に、1 の原始 n 乗根 ζ_n を添加した体 $\mathbb{Q}(\zeta_n)$ を円分体といいます。今回の問題は円分体の理論と関係があり、その中でも $[\mathbb{Q}(\zeta_{2p}) : \mathbb{Q}] = p - 1$ という事実は今回証明を省略しましたが、体論の花形であるガロア理論を用いて証明をすることができます。ぜひ勉強してみてください。

第 14 章を終えて

$\mathcal{H}$：この章は、代数学にまつわる章の終わりの方だということもあり、かなり数学的にも難しく抽象的な議論が続きました。

$\mathcal{K}$：そうですね、結局は有理数の世界に、何かしらの n 次方程式（代数方程式）の解であるような無理数や虚数を加えて、どれだけ数の世界が広がるかを考えているのが、体の枠組みです。

$\mathcal{H}$：複素数も、実数の世界に $x^2 + 1 = 0$ という代数方程式の解を新しく仲間に加えて数の世界を広げていたのでしたからね、それと同じようなことをやっているのですね。

$\mathcal{K}$：そういうことです。そして、その拡大の大きさを測るのが拡大次数という概念であり、それは新しく加えた数を解にもつ（最も次数が低い）代数方程式の次数そのものなんです。

$\mathcal{H}$：$\sqrt[3]{2}$ は 3 乗したら 2 という有理数に戻る数だから、その $\sqrt[3]{2}$ と $(\sqrt[3]{2})^2$ の分だけ有理数の世界からはみ出して、拡大次数が 3 となっているのは言われてみれば直感と合致します。

$\mathcal{K}$：この体の拡大の仕方をより詳しく考察するのがガロア理論ですが、それは群とも絡んできて面白い世界が広がっています。ぜひ勉強してみてください。

第 15 章
p 進数の世界

本書の最終章では、p 進の世界を紹介したいと思っています。素数 p に対して、p で何回割り切れるかの情報を抽出した世界です。そのためにまずは準備運動として「p で割り切れる回数」をテーマとした問題を取り上げてみましょう。

15.1 素因数に関する様々な問題 $\mathcal{H}$
[1] 問題その1：階乗に含まれる素因数の個数

題材	2009 年 前期（甲）理系 第 5 問・文系 第 5 問

p を素数、n を正の整数とするとき、$(p^n)!$ は p で何回割り切れるか。

[2] (1) "横向き" に数える

数え方の方針を立てるために、まずは具体例を考えてみましょう。ここでは $p=2$, $n=4$ とします。すなわち $\mathrm{Ord}_2\left(\left(2^4\right)!\right)$ を求めるということです。そのためには、1 以上 $2^4 (=16)$ 以下の整数 m に含まれる素因数 2 の個数 $\mathrm{Ord}_2(m)$ を調べれば OK ですね。実際に調べると表 15.1 のようになります。

表 15.1: 1 以上 $2^4 (=16)$ 以下の整数に含まれる素因数 2 の個数

m	1	2	3	4	5	6	7	8	9	10	11	12	13	14	15	16	ヨコ計
$\mathrm{Ord}_2(m)$		◯		◯		◯		◯		◯		◯		◯		◯	8
				◯				◯				◯				◯	4
								◯								◯	2
																◯	1

表 15.1 では素因数 2 の個数を "◯" で表現し、横の段ごとに ◯ の総数を数えて右端に記入してみました。この表より、$\mathrm{Ord}_2\left(\left(2^4\right)!\right) = 8+4+2+1 = 15$ と計算できます。つまり、$\left(2^4\right)!$ は 2 でちょうど 15 回割り切れるというわけです。

改めて表の右端の列を眺めてると、各段の素因数 2 の個数は 8, 4, 2, 1 というふうに 2 の冪乗になっていますね。

それもそのはず。1以上 2^4 以下の正整数のうち 2^1 の倍数は $\frac{2^4}{2^1} = 2^3$ 個、2^2 の倍数は $\frac{2^4}{2^2} = 2^2$ 個、というふうにシンプルな除算で計算できますから。

それを応用すれば、$\mathrm{Ord}_p((p^n)!)$ も計算できます。1以上 p^n 以下の整数それぞれがもつ素因数 p の個数を柱状にまとめると、表 15.2 のようになります。なお、$\lfloor k \rfloor$ は k 以下の最大の整数を表します。

表 15.2: 1 以上 p^n 以下の整数に含まれる素因数 p の個数

m	1	$\cdots$	p	$\cdots$	p^2	$\cdots$	p^3	$\cdots$	p^{n-1}	$\cdots$	p^n	ヨコ計
p の倍数			○		○		○		○		○	$\lfloor p^n/p \rfloor = p^{n-1}$
p^2 の倍数					○		○		○		○	$\lfloor p^n/p^2 \rfloor = p^{n-2}$
p^3 の倍数							○		○		○	$\lfloor p^n/p^3 \rfloor = p^{n-3}$
$\vdots$									$\vdots$		$\vdots$	
p^{n-1} の倍数									○		○	$\lfloor p^n/p^{n-1} \rfloor = p$
p^n の倍数											○	$\lfloor p^n/p^n \rfloor = 1$

よって $\mathrm{Ord}_p((p^n)!)$ は次のように計算できます。

$$\mathrm{Ord}_p((p^n)!) = p^{n-1} + p^{n-2} + p^{n-3} + \cdots + p + 1 = \frac{p^n - 1}{p - 1} \quad (個)$$

[3] 問題その 2：多項式の値が 16 の倍数になりうるための条件

> **題材** 2020 年 前期 文系 第 3 問
>
> a を奇数とし、整数 m, n に対して
> $$f(m, n) = mn^2 + am^2 + n^2 + 8$$
> とおく。$f(m, n)$ が 16 で割り切れるような整数の組 (m, n) が存在するための a の条件を求めよ。

条件式 $16 \mid f(m, n) \cdots \textcircled{0}$ に登場する数 16 は $16 = 2^4$ と素因数分解できます。そこで、$\textcircled{0}$ が成り立つための m, n の偶奇に関する必要条件を調べてみます。

表 15.3 より、$\textcircled{0}$ が成り立つには m, n の双方が偶数であることが必要です。以下その条件の下で考え、$m = 2\mu, n = 2\nu \ (\mu, \nu \in \mathbb{Z})$ とします。このとき

表 15.3: m, n の偶奇と $f(m, n)$ の偶奇の関係。偶数であることを E, 奇数であることを O と表している。

m	n	mn^2	am^2	n^2	8	$f(m, n)$
E	E	E	E	E	E	E
E	O	E	E	O	E	O
O	E	E	O	E	E	O
O	O	O	O	O	E	O

$$f(m, n) = 2\mu \cdot (2\nu)^2 + a \cdot (2\mu)^2 + (2\nu)^2 + 8$$
$$= 4\left(2\mu\nu^2 + a\mu^2 + \nu^2 + 2\right)$$

が成り立ちます。よって

$$g(\mu, \nu) := 2\mu\nu^2 + a\mu^2 + \nu^2 + 2$$

と定義すると、⓪ は $4 \mid g(\mu, \nu)$ $\cdots$ ⓪′ と同値です。そこで、こんどは ⓪′ が成り立つための μ, ν の偶奇に関する必要条件を調べてみましょう。すると表 15.4 のようになります。

表 15.4: μ, ν の偶奇と $g(\mu, \nu)$ の偶奇の関係。

μ	ν	$2\mu\nu^2$	$a\mu^2$	ν^2	2	$g(\mu, \nu)$
E	E	E	E	E	E	E
E	O	E	E	O	E	O
O	E	E	O	E	E	O
O	O	E	O	O	E	E

よって、⓪′ が成立しうるのは次のケースのいずれかに限られます。
(i) μ, ν がいずれも偶数である。
(ii) μ, ν がいずれも奇数である。

しかし、(i) の場合は $2\mu\nu^2, a\mu^2, \nu^2$ がいずれも 4 の倍数であり、かつ 2 が 4 の倍数でないことから

$$g(\mu, \nu) \equiv 0 + 0 + 0 + 2 \equiv 2 \not\equiv 0 \quad (\mathrm{mod}\, 4, \text{以下同})$$

となってしまい、⓪′ は成り立ちません。結局、ありうるのは (ii) のケースのみです。
以下 (ii) の下で考えます。このとき、$\mu \equiv \pm 1$ および $\nu \equiv \pm 1$ となるわけですが

$$g(\mu, \nu) \equiv \begin{cases} 2 \cdot 1 \cdot (\pm 1)^2 + a \cdot 1^2 + (\pm 1)^2 + 2 \equiv a + 1 \\ 2 \cdot (-1) \cdot (\pm 1)^2 + a \cdot (-1)^2 + (\pm 1)^2 + 2 \equiv a + 1 \end{cases}$$

となり、結局 μ, ν の値によらず $g(\mu, \nu) \equiv a+1$ となります。よって (ii) の条件の下で

$$①' \iff a+1 \equiv 0 \iff a \equiv -1$$

となり、① をみたす (m, n) $(m, n \in \mathbb{Z})$ が存在するための a $(\in \mathbb{Z})$ の必要十分条件は $\underline{a \equiv -1 \pmod 4}$ です(そしてこのとき、m, n がいずれも "$2 \cdot$(奇数)" であれば ⓪ が成り立ちます)。

[4] 問題その 3：素因数 3 をどこまで増やせるか？

題材　2020 年 前期 理系 第 4 問

正の整数 a に対して

$$a = 3^b c \quad (b, c \text{ は整数で } c \text{ は 3 で割り切れない})$$

の形に書いたとき、$B(a) = b$ と定める。例えば、$B(3^2 \cdot 5) = 2$ である。
m, n は整数で、次の条件をみたすとする。
(i)　　$1 \leq m \leq 30$
(ii)　$1 \leq n \leq 30$
(iii)　n は 3 で割り切れない。
このような (m, n) について

$$f(m, n) = m^3 + n^2 + n + 3$$

とするとき

$$A(m, n) = B(f(m, n))$$

の最大値を求めよ。また、$A(m, n)$ の最大値を与えるような (m, n) をすべて求めよ。

本問の $B(a)$ は $\mathrm{Ord}_3(a)$ のことであり、要は $f(m, n)$ を素因数分解したときの素因数 3 の個数をなるべく大きくしたいわけです。なお、ここでは問題に合わせて $B(a)$ の方の表記を用います。

さて、まずは $f(m, n)$ が 3 の倍数となる条件を考えてみます。m, n を 3 で除算した

余りの組合せごとに $f(m, n)$ の余りを計算すると、表 15.5 のようになります。

表 15.5: m, n を 3 で除算した余りの組合せと $f(m, n)$ の余りとの関係（すべて mod 3）。

m	n	m^3	n^2	n	3	$f(m, n)$
-1	-1	-1	1	-1	0	-1
-1	1	-1	1	1	0	1
0	-1	0	1	-1	0	0 ★
0	1	0	1	1	0	-1
1	-1	1	1	-1	0	1
1	1	1	1	1	0	0 ★

よって、$3 \mid f(m, n)$ となるのは、表 15.5 で★をつけた次のケースのみです。
(i)　$m \equiv 0 \pmod 3$ かつ $n \equiv -1 \pmod 3$
(ii)　$m \equiv 1 \pmod 3$ かつ $n \equiv 1 \pmod 3$

まずは (i) の場合について、$A(m, n)\ (:= B(f(m, n)))$ をどこまで大きくできるのか調べてみましょう。m, n は

$$m = 3\mu, \quad n = 3\nu - 1 \quad (m, n \in \mathbb{Z}, 1 \leq \mu \leq 10, 1 \leq \nu \leq 10)$$

と表すことができます（μ, ν の値が限られるのは、条件 (i), (ii) があるからです）。$f(m, n)$ をこの μ, ν で表してみると次のようになります。

$$\begin{aligned}
f(m, n) &= m^3 + n^2 + n + 3 \\
&= (3\mu)^3 + (3\nu - 1)^2 + (3\nu - 1) + 3 \\
&= 27\mu^3 + (9\nu^2 - 6\nu + 1) + (3\nu - 1) + 3 \\
&= 27\mu^3 + 3(3\nu^2 - \nu + 1)
\end{aligned}$$

$B(27\mu^3) \geq 3$ は確約されています。とすると、次に考えるべきは $B(3\nu^2 - \nu + 1)$ です。$3\nu^2 - \nu + 1 \equiv -\nu + 1 \pmod 3$ より $3 \mid (3\nu^2 - \nu + 1) \iff \nu \equiv 1 \pmod 3$ がいえますね。それを踏まえ、$\nu \equiv 1, 4, 7 \pmod 9$ の各場合について、$3\nu^2 - \nu + 1$ を 9 で除算した余りを求めると次のようになります（いずれも mod 9）。
- $\nu \equiv 1$ の場合：$3\nu^2 - \nu + 1 \equiv 3 \cdot 1^2 - 1 + 1 \equiv 3^1$
- $\nu \equiv 4$ の場合：$3\nu^2 - \nu + 1 \equiv 3 \cdot 4^2 - 4 + 1 \equiv 45 \equiv 3^2 \cdot 5$
- $\nu \equiv 7$ の場合：$3\nu^2 - \nu + 1 \equiv 3 \cdot 7^2 - 7 + 1 \equiv 141 \equiv 3^1 \cdot 47$

よって $\nu \equiv 1, 7$ の場合は $B(3\nu^2 - \nu + 1) = 1$ であり、これと $B(27\mu^3) \geq 3$ より

$$A(m, n) = B\left(f(m, n)\right) = B\left(27\mu^3 + 3\left(3\nu^2 - \nu + 1\right)\right)$$
$$= 2 \quad (\because \text{p.264 の定理 (2)})$$

となります。$27\mu^3$ が素因数 3 をたくさんもっていても、$3(3\nu^2 - \nu + 1)$ が素因数 3 を $1 + 1 = 2$ 個しかもっていないので、それに引っ張られてしまうわけです。

したがって、$\nu \equiv 4$ の場合に限り $A(m, n) \geq 3$ となります。$1 \leq \nu \leq 10$ より結局 $\nu = 4$ のみが該当し、このとき

$$f(m, n) = 27\mu^3 + 3 \cdot \left(3 \cdot 4^2 - 4 + 1\right)$$
$$= 27\left(\mu^3 + 5\right)$$

となります。あとは、括弧内の $\mu^3 + 5$ で素因数 3 をできる限り稼ぐことを考えるわけです。

$3 \mid \left(\mu^3 + 5\right) \iff \mu \equiv 1 \pmod{3}$ であり、$1 \leq \mu \leq 10$ なので調べるべきなのは $\mu = 1, 4, 7, 10$ のみです。あとは次のように調べ尽くしてしまえばよいでしょう。

- $\mu = 1$ の場合：$\mu^3 + 5 = 1^3 + 5 = 6 = 3^1 \cdot 2$
- $\mu = 4$ の場合：$\mu^3 + 5 = 4^3 + 5 = 69 = 3^1 \cdot 23$
- $\mu = 7$ の場合：$\mu^3 + 5 = 7^3 + 5 = 348 = 3^1 \cdot 116$
- $\mu = 10$ の場合：$\mu^3 + 5 = 10^3 + 5 = 1005 = 3^1 \cdot 335$

結局いずれの場合も $B\left(\mu^3 + 5\right) = 1$ なので、(i) の中では

$$A(m, n) = B(27) + B\left(\mu^3 + 5\right) = 3 + 1 = 4 \quad (\because \text{p.264 の定理 (1)})$$

がとりうる最大の値です。

あとは (ii) を調べるのみです。m, n は

$$m = 3\mu + 1, \quad n = 3\nu + 1 \quad (\mu, \nu \in \mathbb{Z},\ 0 \leq \mu \leq 9,\ 0 \leq \nu \leq 9)$$

と表すことができます（μ, ν の値が限られるのは、やはり条件 (i), (ii) があるからです）。$f(m, n)$ をこの μ, ν で表してみると次のようになります。

$$f(m, n) = m^3 + n^2 + n + 3$$
$$= (3\mu + 1)^3 + (3\nu + 1)^2 + (3\nu + 1) + 3$$
$$= \left(27\mu^3 + 27\mu^2 + 9\mu + 1\right) + \left(9\nu^2 + 6\nu + 1\right) + (3\nu + 1) + 3$$
$$= 3^2\left(3\mu^3 + 3\mu^2 + \mu + \nu^2 + \nu\right) + 3^1 \cdot 2$$

よって μ, ν の値によらず $A(m, n)$ の値は次のように計算できます。

$$A(m, n) = B\left(f(m, n)\right) = B\left(3^2\left(3\mu^3 + 3\mu^2 + \mu + \nu^2 + \nu\right) + 3^1 \cdot 2\right)$$
$$= 1 \quad (\because \text{p.264 の定理 (2)})$$

以上より $\underline{A_{\max} = 4}$ とわかります。これは (i) の場合のものであり、最大値を与える (μ, ν) の組は

$$\begin{pmatrix} \mu \\ \nu \end{pmatrix} = \begin{pmatrix} 1 \\ 4 \end{pmatrix}, \begin{pmatrix} 4 \\ 4 \end{pmatrix}, \begin{pmatrix} 7 \\ 4 \end{pmatrix}, \begin{pmatrix} 10 \\ 4 \end{pmatrix}$$

です。あとはこれらを（$m = 3\mu$, $n = 3\nu - 1$ を用いて）(m, n) の組に戻してやれば OK です。

$$\begin{pmatrix} m \\ n \end{pmatrix} = \begin{pmatrix} 3 \\ 11 \end{pmatrix}, \begin{pmatrix} 12 \\ 11 \end{pmatrix}, \begin{pmatrix} 21 \\ 11 \end{pmatrix}, \begin{pmatrix} 30 \\ 11 \end{pmatrix}$$

整数がもつ素因数の個数についての問題をいくつか扱いました。準備運動はいったん以上としましょう。

15.2　p 進法に関する重要定理 $\mathcal{H}$

さて、本格的に p 進数の話に入るにあたり、いくつかの定理とその証明をご紹介します[1]。

[1]　重要定理その 1：素因数を "横" に数える

> **ルジャンドルの定理**
>
> $p \in \mathbb{P}$, $n \in \mathbb{Z}_+$ に対し、次が成り立つ。
>
> $$\operatorname{Ord}_p(n!) = \sum_{k=1}^{\lfloor \log_p n \rfloor} \left\lfloor \frac{n}{p^k} \right\rfloor$$

この定理の証明とほとんど同じことを、本章冒頭ですでに行いました。1 以上 n 以下の正整数であって、素因数 p を k 個もつものは $\left\lfloor \dfrac{n}{p^k} \right\rfloor$ 個あります。よって、素因数 p の個数を柱状に並べて "段" ごとに和を計算することで上式が得られます。

---

[1] ここからの内容は、Mathlog（数学の情報共有サービス）の "p 進法展開からみる階乗と二項係数の整数論的性質その 1" を参考にしました（閲覧日：2024 年 7 月 2 日）。

[2] 重要定理その2：p進法表記での各桁の数の和

次の定理に入る前に、記号の定義をしておきます。

定義：p進法表記での各位の数の和

2以上の整数pおよび$n \in \mathbb{Z}_+$に対し、nをp進法表記した際の各位の数の和を$S_p(n)$と定める。

いくつかの例

(i) $S_{10}(12345) = 1+2+3+4+5 = 15$
(ii) $S_2(12) = S_2\left(1100_{(2)}\right) = 1+1+0+0 = 2$
(iii) $S_3(100) = S_3\left(10201_{(3)}\right) = 1+0+2+0+1 = 4$
(iv) $S_n(n^2+2n+1) = S_n\left(121_{(n)}\right) = 1+2+1 = 4 \quad (n \in \mathbb{Z}_+, n \geq 3)$

定理：階乗のpで割り切れる回数

$p \in \mathbb{P}, n \in \mathbb{Z}_+$に対し$\mathrm{Ord}_p(n!) = \dfrac{n - S_p(n)}{p-1}$が成り立つ。

いくつかの例

(i) $p=3, n=5$の場合

このとき$\mathrm{Ord}_p(n!) = \mathrm{Ord}_3(5!) = 1$です。また、$S_3(5) = S_3\left(12_{(3)}\right) = 1+2 = 3$なので

$$\frac{n - S_p(n)}{p-1} = \frac{5-3}{3-1} = \frac{2}{2} = 1$$

です。たしかに$\mathrm{Ord}_p(n!) = \dfrac{n - S_p(n)}{p-1}$が成り立っていますね。

(ii) $p=7, n=22$の場合

このとき$\mathrm{Ord}_p(n!) = \mathrm{Ord}_7(22!) = 3$です。また、$S_7(22) = S_7\left(31_{(7)}\right) = 3+1 = 4$なので

$$\frac{n - S_p(n)}{p-1} = \frac{22-4}{7-1} = \frac{18}{6} = 3$$

です。やはり$\mathrm{Ord}_p(n!) = \dfrac{n - S_p(n)}{p-1}$となっています。

定理の証明

証明で用いる記号の定義をしたら、先ほどの定理を証明します。

15.2 p進法に関する重要定理

> **定義：数字を並べてできる数**
>
> 数字 $a_m, a_{m-1}, \cdots, a_1, a_0$ をこの順に並べてできる数を $\overline{a_m a_{m-1} \cdots a_1 a_0}$ と表すこととする（乗算ではないことに注意）。

n を p 進数表記したら

$$n = \overline{a_m a_{m-1} a_{m-2} \cdots a_2 a_1 a_0}_{(p)} \quad (\forall j \in \{0, 1, 2, \cdots, m\}, a_j \in \{0, 1, \cdots, p-1\})$$

となったとします。このとき

$$\frac{n}{p^j} = (n \text{ の } p \text{ 進法表記の桁を } j \text{ 個繰り下げたもの})$$

$$= \overline{a_m a_{m-1} \cdots a_j \,.\, a_{j-1} a_{j-2} \cdots a_0}_{(p)} \quad (\text{. は小数点})$$

ですから

$$\left\lfloor \frac{n}{p^j} \right\rfloor = \left\lfloor \overline{a_m a_{m-1} \cdots a_j \,.\, a_{j-1} a_{j-2} \cdots a_0}_{(p)} \right\rfloor = \overline{a_m a_{m-1} \cdots a_j}_{(p)}$$

が成り立ちます。よって、ルジャンドルの定理も用いることで

$$\mathrm{Ord}_p(n!) = \sum_{k=1}^m \left\lfloor \frac{n}{p^k} \right\rfloor = \sum_{k=1}^m \overline{a_m a_{m-1} \cdots a_k}_{(p)}$$

$$= \sum_{k=1}^m \sum_{l=k}^m a_l p^{l-k} \quad \cdots \text{⑦}$$

$$= \sum_{l=1}^m \sum_{k=1}^l a_l p^{l-k} \quad \cdots \text{④}$$

と変形できます。最終行の変形はやや技巧的ですが、表 15.6 のように考えていったものです。

引き続き式④の和を計算する（表 15.7）と次のようになり、証明が完了します。

$$\mathrm{Ord}_p(n!) = \cdots = \sum_{l=1}^m \sum_{k=1}^l a_l p^{l-k} = \sum_{l=1}^m a_l \sum_{k=1}^l p^{l-k}$$

$$= \sum_{l=1}^m a_l \frac{p^l - 1}{p - 1} = \frac{1}{p-1} \sum_{l=1}^m \left(a_l p^l - a_l \right)$$

$$= \frac{1}{p-1} \left(\sum_{l=1}^m a_l p^l - \sum_{l=1}^m a_l \right) = \frac{1}{p-1} \left(\sum_{l=0}^m a_l p^l - \sum_{l=0}^m a_l \right) \quad (\because a_0 p^0 = a_0)$$

表 15.6: 式 ㋐ での和の計算方法。まず k を固定して l のみ動かしたときの和を求め、次に k を動かすことで "和の和" を計算している。

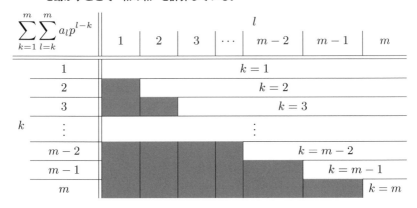

表 15.7: 式 ㋑ での和の計算方法。まず l を固定して k のみ動かしたときの和を求め、次に l を動かすことで "和の和" を計算している。和をとっている k, l の組の範囲自体は ㋐ と同じことに注意。

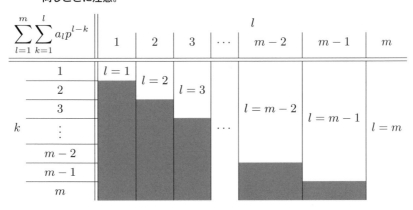

$$= \frac{1}{p-1}\left\{\overline{a_m a_{m-1} a_{m-2} \cdots a_2 a_1 a_0}_{(p)} - \left(\overline{a_m a_{m-1} a_{m-2} \cdots a_2 a_1 a_0}_{(p)} \text{の各桁の数の和}\right)\right\}$$

$$= \frac{n - S_p(n)}{p-1} \qquad \blacksquare$$

証明が長くなったので、示した定理を再掲します。

15.2 p 進法に関する重要定理

定理：階乗の p 進法表記（再掲）

$p \in \mathbb{P}$, $n \in \mathbb{Z}_+$ に対し $\mathrm{Ord}_p(n!) = \dfrac{n - S_p(n)}{p - 1}$ が成り立つ。

つまるところ、$n!$ に含まれる素因数 p の個数と n の p 進法表示との関係を定式化できたわけです。すると、いくつかの階乗で表されるものについても、上の定理を用いることでその素因数の個数を調べられます。例えば二項係数 $_n\mathrm{C}_r$ については

$$\begin{aligned}
\mathrm{Ord}_p\left(_n\mathrm{C}_r\right) &= \mathrm{Ord}_p\left(\frac{n!}{r!(n-r)!}\right) \\
&= \mathrm{Ord}_p(n!) - \mathrm{Ord}_p(r!) - \mathrm{Ord}_p((n-r)!) \\
&= \frac{n - S_p(n)}{p-1} - \frac{r - S_p(r)}{p-1} - \frac{(n-r) - S_p(n-r)}{p-1} \\
&= \frac{S_p(r) + S_p(n-r) - S_p(n)}{p-1}
\end{aligned}$$

と書き換えることができます。

定理：二項係数がもつ素因数 p の個数

$p \in \mathbb{P}$, $n \in \mathbb{Z}_+$, $r \in \mathbb{Z}$, $0 \leq r \leq n$ に対し、次が成り立つ。

$$\mathrm{Ord}_p\left(_n\mathrm{C}_r\right) = \frac{S_p(r) + S_p(n-r) - S_p(n)}{p-1}$$

いくつかの例

(i)　$p = 3$, $n = 10$, $r = 4$ とすると

$$\mathrm{Ord}_p\left(_n\mathrm{C}_r\right) = \mathrm{Ord}_3\left(_{10}\mathrm{C}_4\right) = \mathrm{Ord}_3(210) = 1$$

$$\frac{S_p(r) + S_p(n-r) - S_p(n)}{p-1} = \frac{S_3(4) + S_3(6) - S_3(10)}{3-1} = \frac{2+2-2}{2} = 1$$

となり、たしかに上式が成り立っています。

(ii)　$p = 2$, $n = 17$, $r = 6$ とすると

$$\mathrm{Ord}_p\left(_n\mathrm{C}_r\right) = \mathrm{Ord}_2\left(_{17}\mathrm{C}_6\right) = \mathrm{Ord}_2(12376) = 3$$

$$\frac{S_p(r) + S_p(n-r) - S_p(n)}{p-1} = \frac{S_2(6) + S_2(11) - S_2(17)}{2-1} = \frac{2+3-2}{1} = 3$$

となり、やはり成り立っています。

それで、この定理から何か話が広がるの？と思うかもしれません。正直林も予想できません。ここから先はさらに発展的な内容になるので、古賀さんにガイドしていただくことにしましょう！

15.3 p 進絶対値とその性質 🄚

いよいよ p 進の世界を紹介しましょう。p 進の世界は「p で割り切れる回数を抽出したような世界だ」と冒頭でお話ししましたが、それを実現するために、p で割り切れる回数によって数の大きさを定める p 進絶対値を定義します。

以下、この章では素数を一つ p と固定します。

定義：p 進絶対値

0 でない有理数 r に対して、その p 進絶対値 $|r|_p$ とは、r を

$$r = p^m \cdot \frac{a}{b} \quad (m \in \mathbb{Z} \text{ で、} a \text{ と } b \text{ は } p \text{ と互いに素な整数})$$

と表したときに、$|r|_p = p^{-m}$ と表すものである。また、$|0|_p = 0$ と定める。

すなわち、その有理数が p で割り切れる回数を m としたとき（分母が p で割り切れる場合はマイナス回割り切れると考える）、p^{-m} をその有理数の p 進絶対値とします。絶対値とはその数の「大きさ」のようなものでしたが、今回は p で割り切れれば割り切れるほど「小さく」なることとして、新しい「大きさ」の測り方を導入したのです。

例 $p = 3$ とします。$3 = 3^1 \cdot \frac{1}{1}$ であるので、$|3|_3 = \frac{1}{3}$ です。同様に、$|9|_3 = \frac{1}{9}$, $|27|_3 = \frac{1}{27}$, ..., であり、3 で割り切れる数ほど絶対値が小さくなるさまが感じられると思います。また、$4 = 3^0 \cdot \frac{4}{1}$ であるので、$|4|_3 = 3^0 = 1$ です。3 で 1 回も割り切れない整数は、すべて絶対値が 1 です。さらに、$\frac{2}{135} = 3^{-3} \cdot \frac{2}{5}$ であるので、$\left|\frac{2}{135}\right|_3 = 3^3 = 27$ です。　∎

なぜこれを絶対値と呼ぶのかというと、絶対値と類似した次のような性質をもっているからです。

15.3 p 進絶対値とその性質

定理：p 進絶対値の絶対値としての性質

p 進絶対値は次の性質をもつ。

(1) $|a|_p \geq 0$
(2) $|a|_p = 0 \iff a = 0$
(3) $|ab|_p = |a|_p |b|_p$
(4) $|a+b|_p \leq |a|_p + |b|_p$ （三角不等式）

なお、(4) についてはそれよりも強い次の超距離不等式が成り立つ。

(4)$'$ $|a+b|_p \leq \max\{|a|_p, |b|_p\}$
さらに $|a|_p \neq |b|_p$ のときは等号が成立する。

$(1),(2)$ はその定義から明らかでしょう。
(3) a,b の一方が 0 である場合は両辺が 0 となって正しくなります。a,b のどちらも 0 でない場合

$$a = p^m \cdot \frac{s}{t}, \quad b = p^n \cdot \frac{u}{v} \quad (m, n \in \mathbb{Z} \text{ で}, s,t,u,v \text{ は } p \text{ と互いに素な整数})$$

とおくと、$ab = p^{m+n} \cdot \dfrac{su}{tv}$ と表せて su, tv は p と互いに素であるので

$$|ab|_p = p^{-(m+n)} = p^{-m} \cdot p^{-n} = |a|_p \cdot |b|_p$$

となります。
(4)$'$ $a=0$ であるとき、両辺は $|b|_p$ となり正しくなります。$b=0$ である場合も同様です。そこで、a,b のどちらも 0 でないとします。a,b を (3) と同様に表します。対称性から、$m \leq n$ としてよいでしょう。すると

$$a+b = p^m \cdot \left(\frac{s}{t} + p^{n-m}\frac{u}{v}\right) = p^m \cdot \frac{sv + p^{n-m}tu}{tv}$$

となりますが
- $m < n$ のとき、p^{n-m} は p の倍数で $sv + p^{n-m}tu, tv$ はともに p と互いに素であるので

$$|a+b|_p = p^{-m} = |a|_p = \max\{|a|_p, |b|_p\}$$

です。$m < n$ は $|a|_p > |b|_p$ と同じことであり、このときは不等号の等号が成立していることがわかります。
- $m = n$ のとき、tv は p と互いに素で、$sv + p^{n-m}tu = sv + tu$ は p の倍数である可能性があるので

$$|a+b|_p \leq p^{-m} = \max\{|a|_p, |b|_p\}$$

です。

したがって、(4)′ が成り立ちます。なお、$\max\{|a|_p, |b|_p\} \leq |a|_p + |b|_p$ であるので、(4)′ が成り立つことから (4) も成り立つことがわかります。■

突然このような新しい絶対値を考えましたが、実は次のインパクトのある定理が成り立ちます。

定理：オストロフスキーの定理

有理数体 $\mathbb{Q}$ で定義される (1)〜(4) の性質をもつ絶対値 $|\ |$ は、(本質的に同じものを除いて) 次の種類しかない。
- $|0|_0 = 0$ および $a \neq 0$ なる a に対して $|a|_0 = 1$ と定義される自明な絶対値 $|\ |_0$
- 通常の絶対値 (他と区別する際にしばしば $|\ |_\infty$ とかく)
- それぞれの素数 p に対して定義される p 進絶対値 $|\ |_p$

この定理の証明は難しいのでここでは省略します。ともかく、この定理によって p 進絶対値を考える必然性が生まれました。そして、このことが特に整数論の分野では大変重宝するのです。

[1] p で割り切れる回数 Ord_p

本書では整数 m が p で割り切れる回数を $\mathrm{Ord}_p(m)$ と表しています。なお、便宜上 $\mathrm{Ord}_p(0) = \infty$ と定めます。すると、p 進絶対値 $|m|_p$ と $\mathrm{Ord}_p(m)$ は

$$|m|_p = p^{-\mathrm{Ord}_p(m)}$$

という関係で結びついていることがわかります。先ほどの絶対値の性質の (3),(4)′ を Ord_p の性質として書き下すと次のようになります。

定理：Ord_p の性質

Ord_p は次の性質をもつ。
(1) $\mathrm{Ord}_p(mn) = \mathrm{Ord}_p(m) + \mathrm{Ord}_p(n)$
(2) $\mathrm{Ord}_p(m+n) \geq \min\{\mathrm{Ord}_p(m), \mathrm{Ord}_p(n)\}$
なお、$\mathrm{Ord}_p(m) \neq \mathrm{Ord}_p(n)$ のときは等号が成立する。

15.4 p 進数 $\mathcal{K}$

[1] まずは 10 進法の小数を思い出そう

p 進数を考えるために、まずは 10 進法の小数を思い出しましょう。

すべての小数 m は、整数 n、0 以上 9 以下の整数 $a_1, a_2, ...$ を用いて

$$m = n + \frac{a_1}{10^1} + \frac{a_2}{10^2} + \frac{a_3}{10^3} + \cdots \cdots ①$$

と表されました。$\frac{1}{10^1}, \frac{1}{10^2}, \frac{1}{10^3}, ...$ が 0 に収束し、これを用いてより細かい位を表すことで、①で何らかの実数を表すことができるのでした。

[2] p 進法から p 進数へ

10 進法以外にも、2 以上の自然数 p に対して、p 進法という数の表し方があります。

定理：p 進法

すべての自然数 m は、0 以上の整数 n、1 以上 p 未満の整数 a_n および 0 以上 p 未満の整数 $a_{n-1}, ..., a_0$ を用いて

$$m = a_n p^n + a_{n-1} p^{n-1} + \cdots + a_1 p + a_0$$

とただ 1 通りで表される。この数を、p 進法で

$$\overline{a_n a_{n-1} \cdots a_0}_{(p)}$$

と本書では表す[2]。

---

p を素数とします。10 進法の小数と同じように無限に続く表示を考え、それが何らかの「数」として意味をもつようにすることを考えます。10 進法の小数では、小数点以下無限に続く表示を考えましたが、p 進法では上の位に無限に続く表示をした「数」を考えます。すなわち、0 以上 p 未満の整数 $a_0, a_1, a_2, ...$ を用いて

$$m = \cdots + a_n p^n + a_{n-1} p^{n-1} + \cdots + a_1 p + a_0$$

というように表される「数」を考えます。$p, p^2, p^3, ...$ の位というように上の位の方に無限に続く「数」を考えるのです。この数を、p 進法の表し方に従い

$$m = \overline{\cdots a_n a_{n-1} \cdots a_0}_{(p)}$$

---
[2] 本来の p 進法は上線を引きませんが、積と見間違えないように本書では上線を引くことにします。

と表すことにします。このような数を **p 進数** といいます。もちろん、ある N 桁目から上は全部 0 とするとき、これは通常の整数（p 進法での表示）と同じものとなります。

問題は、なぜこれが何らかの「数」を表すかということです。10 進法の小数では小数点以下進めば進むほどより細かい桁を表し、何らかの数に収束するのでした。そこで、p 進数の場合にも上の位へ進めば進むほどより細かい桁を意味するようにします。そこで用いられるのが、先ほど扱った p 進絶対値です。$p, p^2, p^3, \ldots$ と進むほど、その p 進絶対値は $\frac{1}{p}, \frac{1}{p^2}, \frac{1}{p^3}, \ldots$ と小さくなっていきます。

まだこれでは数としてのイメージがさっぱり湧きません。より具体的な p 進数の計算を見ていくことにしましょう。

[3] p 進の意味で収束

実数の数列 $\{a_n\}$ が α に収束することは

$$\text{数列 } \{a_n\} \text{ が } \alpha \text{ に収束する} \iff \lim_{n \to \infty} |a_n - \alpha| = 0$$

と言い換えることができます。これを p 進数の場合にも類比させて

$$p \text{ 進の意味で数列 } \{a_n\} \text{ が } \alpha \text{ に収束する} \iff \lim_{n \to \infty} |a_n - \alpha|_p = 0$$

と定義します。ここで、p 進絶対値の値は通常の実数であるので、極限 $\lim_{n \to \infty} |a_n - \alpha|_p$ は通常の実数で考えていることに注意しましょう。$p, p^2, p^3, \ldots$ と進むほど、その p 進絶対値は $\frac{1}{p}, \frac{1}{p^2}, \frac{1}{p^3}, \ldots$ と小さくなっていくことは、この定義に基づけば、p 進の世界では $p, p^2, p^3, \ldots$ は 0 に収束する、ということにほかなりません。

例 $p = 3$ とします。数列 $\{3^n\}$: $1, 3, 9, 27, 81, \ldots$ は 3 進の意味で 0 に収束します。なぜならば、$|3^n|_3 = 3^{-n}$ であり

$$\lim_{n \to \infty} |3^n - 0|_3 = \lim_{n \to \infty} 3^{-n} = 0$$

が成り立つからです。

逆に数列 $\frac{1}{3}, \frac{1}{9}, \frac{1}{27}, \ldots$ は p 進絶対値が $3, 9, 27, \ldots$ であるので、p 進の世界ではむしろ 0 から遠ざかっていくのです。∎

このような p 進の意味での収束を定義したところで、その下で

$$m = \overline{\cdots a_n a_{n-1} \cdots a_0}_{(p)}$$

というように上の桁に無限に続く数を

$$\overline{a_0}_{(p)}, \overline{a_1 a_0}_{(p)}, \overline{a_2 a_1 a_0}_{(p)}, \ldots$$

の極限として定義することにします。

例 3 進数 $\overline{\cdots 1111}_{(3)}$ が表す数が何であるかを考えましょう。実は

$$\overline{\cdots 1111}_{(3)} = -\frac{1}{2}$$

です。このことを証明するには数列

$$1_{(3)}, 11_{(3)}, 111_{(3)}, 1111_{(3)}, \ldots, \underbrace{\overline{11\cdots 1}}_{n\text{ 個}}{}_{(3)}, \ldots$$

の極限が $\overline{\cdots 1111}_{(3)}$ であるとみなし、それが $-\frac{1}{2}$ であることを示します。すなわち、$\left| \underbrace{\overline{11\cdots 1}}_{n\text{ 個}}{}_{(3)} + \frac{1}{2} \right|_3$ が 0 に収束することを証明します。

$$\left| \underbrace{\overline{11\cdots 1}}_{n\text{ 個}}{}_{(3)} + \frac{1}{2} \right|_3 = \left| 1 + 3 + \cdots + 3^2 + \cdots + 3^{n-1} + \frac{1}{2} \right|_3$$

$$= \left| \frac{1 + 2 + 2\cdot 3 + 2\cdot 3^2 + \cdots + 2\cdot 3^{n-1}}{2} \right|_3$$

$$= \left| \frac{1 + 2\cdot \dfrac{3^n - 1}{3 - 1}}{2} \right|_3$$

$$= \left| \frac{3^n}{2} \right|_3$$

$$= 3^{-n} \longrightarrow 0 \qquad (n \to \infty)$$

であるから、$\underbrace{\overline{11\cdots 1}}_{n\text{ 個}}{}_{(3)}$ は $-\frac{1}{2}$ に収束することがわかります。よって

$$\overline{\cdots 1111}_{(3)} = -\frac{1}{2}$$

となります。 ∎

このような p 進数全体の集合を、$\mathbb{Z}_p$ と書きます。

[4] ヘンゼルの補題

ところで、先ほど多項式 $f(m, n)$ が p で割り切れる回数が最も大きくなるような m, n の値を求める問題を考えました。今回の問題のように、m, n の値の範囲が制限されていたら $f(m, n)$ が p で割り切れる回数は最大値が存在します。それでは、この m, n を整

数全体にゆるした場合、いくらでも $f(m,n)$ の p で割り切れる回数を増やすことができるでしょうか。

この問いに答えるために、一般的な状況で考えることにします。また、考えやすいように、2 変数ではなく 1 変数多項式 $f(x)$ について考えることにしましょう。

> **題 材**　p で割り切れる回数
>
> 整数係数多項式 $f(x)$ について、整数 a をうまく選べば、$f(a)$ が p で割り切れる回数はいくらでも増やすことができるだろうか？

p で割り切れる回数を徐々に増やしていくことを考えます。まずは、$f(a_1)$ が p で割り切れるような整数 a_1 を見つけます。そもそもこのような a_1 が見つからなければ、この問題は頓挫します。ここでは、仮に $f(a_1) \equiv 0 \pmod{p}$ となる a_1 が見つかったとしましょう。

続いて、$f(a_1 + pa_2)$ が p^2 で割り切れるような整数 a_2 を見つけたいとします。テイラー展開によって

$$f(a_1+px)=f(a_1)+f'(a_1)px+\frac{f''(a_1)}{2!}p^2x^2+\cdots+\frac{f^{(n)}(a_n)}{n!}p^nx^n+\cdots \quad \cdots ①$$

となります。ここで、$\frac{f^{(n)}(a_n)}{n!}$ のような分数が登場してしまっていますが、これらはすべて整数です。なぜならば、$f(x)$ は多項式で、それを構成する単項式 x^r を n 回微分すると、$r(r-1)(r-2)\cdots(r-n+1)x^{r-n}$ となって、$r(r-1)(r-2)\cdots(r-n+1)$ は $n!$ の倍数であるからです。したがって、①は

$$f(a_1+px) \equiv f(a_1)+f'(a_1)px \pmod{p^2}$$

となります。先ほど $f(a_1)$ は p の倍数となるようにしましたから、$f(a_1) = pb_1$ と表すことにすると、$f(a_1 + px) \equiv 0 \pmod{p^2}$ は

$$b_1 + f'(a_1)x \equiv 0 \pmod{p}$$

となります。**$f'(a_1) \not\equiv 0 \pmod{p}$** であると仮定すれば、$f'(a_1)c \equiv 1 \pmod{p}$ をみたす c が存在するので、$x \equiv -b_1 c \pmod{p}$ と解が見つかります。これをみたす最小の 0 以上の整数を a_2 とし、$A_1 = a_1$, $A_2 = a_1 + pa_2$ とおきます。

続いては、$f(A_2 + p^2 a_3)$ が p^3 で割り切れるような整数 a_3 を見つけることになります。先ほどと同様の計算で

$$f(A_2 + p^2 x) \equiv f(A_2) + f'(A_2)p^2 x \pmod{p^3}$$

となります。$f(A_2)$ は p^2 で割り切れるので、それを p^2 で割った商を b_2 とすると

$$p^2 b_2 + f'(A_1)p^2 x \equiv 0 \pmod{p^3} \quad \text{ゆえに } b_2 + f'(a_1)x \equiv 0 \pmod{p}$$

を解くことになりますが、やはり先ほどの c を用いて、$a_3 \equiv -b_2 c$ と求まります。これを繰り返していけば、同様にして $f(A_n) \equiv 0 \pmod{p^n}$ をみたす A_n が見つけられます。

これで次のヘンゼルの補題を証明したことになります。

定理：ヘンゼルの補題

$f(x)$ を整数係数の多項式とし

$$f(a) \equiv 0 \pmod{p}, \quad f'(a) \not\equiv 0 \pmod{p}$$

をみたす整数 a が存在したとすると、任意の自然数 n に対して、ある整数 A_n が存在して、$f(A_n) \equiv 0 \pmod{p^n}$ をみたす。

$A_1, A_2, ..., A_n, ...$ はそれぞれ $\bmod\ p, p^2, \cdots, p^n, \cdots$ で打ち切った数です。すなわち、p 進数でいうと、下 n 桁の部分だけを取り出したものを、徐々に桁数を増やしていることに対応します。そこで、上の定理を n を限りなく大きくした極限を考えると、p 進数を用いて次のように表すこともできます。

定理：ヘンゼルの補題

$f(x)$ を整数係数の多項式とし

$$f(a) \equiv 0 \pmod{p}, \quad f'(a) \not\equiv 0 \pmod{p}$$

をみたす整数 a が存在したとすると、$f(s) = 0$ をみたす $s \in \mathbb{Z}_p$ が存在する。

この定理は、方程式 $f(x) = 0$ が p 進数で解をもつ必要条件を与えているということになるのです。

[5] 今回の問題で適用する

問題その **3** を再掲します。ヘンゼルの補題を使ってみましょう。

第 15 章　p 進数の世界

> **題材　2020 年 前期 理系 第 4 問**
>
> 正の整数 a に対して
>
> $$a = 3^b c \quad (b, c \text{ は整数で } c \text{ は } 3 \text{ で割り切れない})$$
>
> の形に書いたとき、$B(a) = b$ と定める。例えば、$B(3^2 \cdot 5) = 2$ である。
> m, n は整数で、次の条件をみたすとする。
> (i) 　$1 \leq m \leq 30$
> (ii) 　$1 \leq n \leq 30$
> (iii) 　n は 3 で割り切れない。
> このような (m, n) について
>
> $$f(m, n) = m^3 + n^2 + n + 3$$
>
> とするとき
>
> $$A(m, n) = B(f(m, n))$$
>
> の最大値を求めよ。また、$A(m, n)$ の最大値を与えるような (m, n) をすべて求めよ。

　そもそも 2 変数関数なので、そのままでは適用できません。どちらかを固定する必要があります。ここで、n を定数として m の関数 $g(m)$ とみなすと、$g'(m) = 3m^2$ より $g'(m) \equiv 0 \pmod{3}$ となってしまうので、ヘンゼルの補題の仮定をみたしません。そこで、m を定数として、n の関数 $h(n)$ とみなすことにしましょう。

　まず、$f(m, n)$ が 3 で割り切れるのは、$(m, n) \equiv (0, 2), (1, 1) \pmod{3}$ の場合です。$h'(n) = 2n + 1$ であるので、このうち $(m, n) \equiv (1, 1) \pmod{3}$ の場合は $h'(n) \equiv 0 \pmod{3}$ となってしまってやはりヘンゼルの補題をみたさなくなるのです。そこで、$(m, n) \equiv (0, 2) \pmod{3}$ の場合を考えることにします。この場合は、$h'(n) \equiv 2 \cdot 2 + 1 \equiv 2 \pmod{3}$ であるので、m を適当に固定すればヘンゼルの補題を用いることができます。例えば、$m = 3$ とすれば

$$h(n) = 3^3 + n^2 + n + 3$$

の n をうまく選ぶことで、3 で割り切れる回数をいくらでも大きくすることができる、というわけです。

　実際に、ヘンゼルの補題の証明の手順に則って、このような n を考えてみましょう。

- まず、上の議論によって $h(2) = 36$ は 3 で割り切れます。実際には 9 で割り切れます。そこで、$A_1 = A_2 = 2$ とします。
- 次に、$h(n)$ が 27 で割り切れるような n を見つけます。そのためには、$h(2) = 36$ を 9 で割った商 $4(= b_2)$ と、$h'(2) = 2 \cdot 2 + 1 = 5$ を用いて、$4 + 5x \equiv 0 \pmod{3}$ をみたす x を一つ、例えば $1(= a_3)$ をとります。$A_3 = 2 + 9 \cdot 1 = 11$ とすることで、$h(A_3) = 162$ は 27 で割り切れます。すでに、$h(A_3)$ は 81 で割り切れているので、$A_4 = A_3 = 11$ としましょう。
- 次に、$h(n)$ が 243 で割り切れるような n を見つけます。そのためには、$h(11) = 162$ を 81 で割った商 $2(= b_4)$ と、$h'(2) = 2 \cdot 2 + 1 = 5$ を用いて、$2 + 5x \equiv 0 \pmod{3}$ をみたす x を一つ、例えば $2(= a_5)$ をとります。$A_5 = 11 + 81 \cdot 2 = 173$ とすることで、$h(A_5) = 30132$ は 243 で割り切れます。

これを繰り返していくと、p 進数の世界で $h(n) = 0$ の解を見つけることができる、ということです。したがって、$f(m, n)$ がいくらでも p で割り切れるように m, n を見つけることができます。

15.5 ヘンゼルの補題を用いてラスボスを倒す 🄚

それではこの本のフィナーレとして、京大 2023 年の特色入試の問題を取り上げることにしましょう。この問題を本番で解けた人はいるのでしょうか。間違いなく特色入試史上一の難問です（2024 年現在）。

> **題 材** 2023 年特色入試第 4 問
>
> p を 3 以上の素数とし、a を整数とする。このとき、p^2 以上の整数 n であって
> $$_n\mathrm{C}_{p^2} \equiv a \pmod{p^3}$$
> をみたすものが存在することを示せ。

まず、考えやすくするために $n = kp^2$（k は自然数）の場合のみ考えることにしましょう。すなわち

$$_{kp^2}\mathrm{C}_{p^2} \equiv a \pmod{p^3}$$

をみたす自然数 k が存在することを示します。

$$_{kp^2}\mathrm{C}_{p^2} = \frac{kp^2(kp^2 - 1)(kp^2 - 2) \cdots (kp^2 - p^2 + 1)}{p^2(p^2 - 1) \cdots 1}$$

$$= k \cdot \frac{(kp-1)(kp-2)\cdots(kp-p+1)}{(p-1)(p-2)\cdots 1} \cdot \prod_{p \nmid i, 1 \leq i < p^2} \frac{(kp^2-i)}{(p^2-i)}$$

ここで

$$\frac{kp^2}{p^2} = k, \quad \frac{kp^2-p}{p^2-p} = \frac{kp-1}{p-1}, \quad \frac{kp^2-2p}{p^2-2p} = \frac{kp-2}{p-2}, \quad \cdots, \quad \frac{kp^2-p^2+p}{p} = \frac{kp-p+1}{1}$$

という約分を分母・分子が p の倍数である項に対して行い、p の倍数でない項は後ろに $\prod_{p \nmid i, 1 \leq i < p^2} \frac{(kp^2-i)}{(p^2-i)}$ としてまとめて残しています。

約分の結果、分母は p の倍数ではなくなりました。そこで、分母をまとめて c とかくことにします。そして、c が p、すなわち p^3 と互いに素であることから、$cx + p^3 y = 1$ には整数解が存在します。この両辺 $\bmod p^3$ をとることで、$cd \equiv 1 \pmod{p^3}$ となる d がとれます。このことに注意すると

$$ \quad {}_{kp^2}\mathrm{C}_{p^2} \equiv a \pmod{p^3}$$

$$\Longleftrightarrow \quad k \cdot \frac{(kp-1)(kp-2)\cdots(kp-p+1)}{(p-1)(p-2)\cdots 1} \cdot \prod_{p \nmid i, 1 \leq i < p^2} \frac{(kp^2-i)}{(p^2-i)} \equiv a \pmod{p^3}$$

$$\Longleftrightarrow \quad \frac{1}{c} \cdot k(kp-1)(kp-2)\cdots(kp-p+1) \prod_{p \nmid i, 1 \leq i < p^2} (kp^2-i) \equiv a \pmod{p^3}$$

$$\Longleftrightarrow \quad k(kp-1)(kp-2)\cdots(kp-p+1) \prod_{p \nmid i, 1 \leq i < p^2} (kp^2-i) \equiv ac \pmod{p^3}$$

$$\Longleftrightarrow \quad k(kp-1)(kp-2)\cdots(kp-p+1) \prod_{p \nmid i, 1 \leq i < p^2} (kp^2-i) - ac \equiv 0 \pmod{p^3}$$

です。なお、3 番目の同値は、上から下へは両辺 c をかけ、下から上へは両辺 d をかけることで成り立ちます。そこで、問題は

$$f(x) = x(px-1)(px-2)\cdots(px-p+1) \prod_{p \nmid i, 1 \leq i < p^2} (p^2 x - i) - ac$$

とおいたときに、$f(x) \equiv 0 \pmod{p^3}$ の整数解の存在を示すことに帰着されます。ここで、ヘンゼルの補題を用いることを考えると

$$f(s) \equiv 0, f'(s) \not\equiv 0 \pmod{p} \cdots \bigstar$$

となる s を求めればよいことになります。

まず、$f(x) \equiv 0 \pmod{p}$ についてですが

$$f(x) \equiv 0 \pmod{p}$$
$$\iff x(-1)(-2)\cdots(-p+1)\prod_{p\nmid i, 1\leq i<p^2}(-i) - ac \equiv 0 \pmod{p} \cdots ①$$

であり、$(-1)(-2)\cdots(-p+1)\prod_{p\nmid i, 1\leq i<p^2}(-i)$ は p と互いに素であることから整数解 s が存在します。

次に

$$f'(x) \not\equiv 0 \pmod{p}$$
$$\iff (-1)(-2)\cdots(-p+1)\prod_{p\nmid i, 1\leq i<p^2}(-i) \not\equiv 0 \pmod{p}$$

となり最後の式は正しいので、任意の自然数 s に対して $f'(s) \not\equiv 0 \pmod{p}$ です。なお、この微分の計算は、微分してから $\bmod p$ を考えてもよいですが、$\bmod p$ した ① の式を微分することを考えた方がよいでしょう。よって、$f(x) \equiv 0 \pmod{p}$ をみたす整数 s はおのずから★をみたします。

以上から、ヘンゼルの補題により $f(x) \equiv 0 \pmod{p^3}$ の整数解の存在が示されました。ヘンゼルの補題を用いたことによって、もっと強く、次のことを示したことになります。

「p を素数、a を整数、i を自然数とする。このとき

$$_n\mathrm{C}_{p^2} \equiv a \pmod{p^i}$$

をみたす n が存在する」

本書では簡単のために、$\bmod p^i$ で打ち切った合同式で考えましたが、p 進数は任意の i に対して議論できるようにするための無限に続く数であり、より強力な道具となっています。

第15章を終えて

$\mathcal{K}$：この章では p 進数と呼ばれる、実数とは違う数の体系を扱いました。

$\mathcal{H}$：上の位の方に無限に続く数、というのがとても不思議でたまりません。理解するのに時間がかかりそうです。

$\mathcal{K}$：あくまでも表示の上で無限に上の位に続くように「見える」だけで、ただ単に有限の数の（実数の極限とは違ったまた別の種類の）極限を数として捉えているに過ぎないのです。

第 15 章　p 進数の世界

$\mathcal{H}$：それで p 進数の方程式の解について考えました。特定の条件をみたせば、p で割り切れる回数を徐々に増やしていくことで解を見つけることができるんですね。

$\mathcal{K}$：p 進で考えることは「局所」的に考えることに対応します。まさに、素数 p にまつわる情報だけを取り出したのですから。これがどのように役に立てられるかというと、実は「局所」的な情報をすべての素数にわたって束ねると、元々考えていた有理数解などの「大域」的な解を見つけることができるようになるんですね。「局所」と「大域」を行き来することで、整数の問題をうまく解決できることがあります。

$\mathcal{H}$：なんだか一気に専門的な世界を見ることができた気がします！

$\mathcal{K}$：まだまだ先の世界もご案内したいところですが、今回はこのくらいにしておきましょう。またの機会に。

索引

●ア行●

アイゼンシュタイン多項式　242
アイゼンシュタイン判定法　242, 243

イェンセン不等式　83
位　数　208, 209
一様分布　194
陰関数定理　35

ウィルソンの定理　203
運動エネルギー　134

エントロピー　95
円分体　249

オイラー関数　201
オイラーの定理　202
オストロフスキーの定理　264
オーダー表記　112

●カ行●

外　積　19
ガウス・グリーンの定理　171
可換体　227
角運動量　25
拡大次数　232
カタラン数　150
加法逆元　218
加法単位元　218
環　217

関数解析学　93

基　底　232
既約元　221
逆元　206
既約多項式　239
行　2
行　列　2

クロネッカーの稠密定理　193
群　206

計算量　112
ケプラーの第2法則　27

合　同　196
合同式　196
固有多項式　5
固有値　5
固有ベクトル　5
根　230

●サ行●

最小多項式　238
三角形の符号付き面積　169
三角不等式　263

自己情報量　94
ジューコフスキー変換　50
ジューコフスキー翼　52
巡回群　210
小数部分　190

乗法逆元　　227
乗法単位元　　218
剰余環　　219
剰余類　　207, 218

スターリングの公式　　111

正射影ベクトル　　16
生成元　　210
正則　　50
正方行列　　3
ゼロ行列　　3
線型独立性　　62
線積分　　157

相加・相乗平均の不等式　　89
素元　　220
素元分解　　222
ソート　　113
存在命題　　22

●タ　行●

体　　218, 227
代数拡大　　230
多項式の合同　　213
単位元　　206
単振り子　　129
稠密性　　188
超距離不等式　　263
テイラー展開　　125
転置　　3
等角写像　　49

等角性　　49
特性多項式　　5
特性方程式　　5
凸不等式　　83

●ナ　行●

内積　　11
二項定理　　139

●ハ　行●

倍元　　213
バブルソート　　114
微分方程式　　152
フェルマーの小定理　　199
複素指数関数　　46
平均情報量　　95
ベクトルの大きさ　　13
ベクトルの平行　　15
ヘルダーの不等式　　90
ベルヌーイの定理　　159
ヘンゼルの補題　　269
偏導関数　　6, 31
偏微分　　31
母関数　　140
ポテンシャル　　131

●マ　行●

マージソート　　115
ミンコフスキーの不等式　　92

無理数　　*176*
無理数の稠密性　　*188, 189*

面積速度　　*27*

モニック　　*222*

●ヤ　行●

約　元　　*213*
ヤコビアン　　*68, 72*
ヤングの干渉実験　　*131*

有限群　　*209*
有理数　　*189*

●ラ　行●

ラグランジュの未定乗数法　　*37*

力学的エネルギー　　*157*
リーマン和　　*69*

ルジャンドルの定理　　*257*

列　　*2*
連鎖律　　*32*

●ワ　行●

ワイルの一様分布定理　　*194*

●英　字●

chain rule　　*32*

K 上代数的　　*230*

L_p ノルム　　*91, 92*

p 進数　　*266*
p 進絶対値　　*262*
p 進法　　*265*

- 本書の内容に関する質問は、オーム社ホームページの「サポート」から、「お問合せ」の「書籍に関するお問合せ」をご参照いただくか、または書状にてオーム社編集局宛にお願いします。お受けできる質問は本書で紹介した内容に限らせていただきます。なお、電話での質問にはお答えできませんので、あらかじめご了承ください。
- 万一、落丁・乱丁の場合は、送料当社負担でお取替えいたします。当社販売課宛にお送りください。
- 本書の一部の複写複製を希望される場合は、本書扉裏を参照してください。

JCOPY ＜出版者著作権管理機構 委託出版物＞

語り合う京大数学
―奥深き数学の森へ―

2024年 9月13日	第1版第1刷発行
2024年11月20日	第1版第2刷発行

著　者　林　　俊介・古賀真輝
発行者　村上和夫
発行所　株式会社　オーム社
　　　　郵便番号　101-8460
　　　　東京都千代田区神田錦町 3-1
　　　　電話　03(3233)0641(代表)
　　　　URL　https://www.ohmsha.co.jp/

© 林　俊介・古賀真輝 2024

印刷・製本　三美印刷
ISBN978-4-274-23246-6　Printed in Japan

本書の感想募集　https://www.ohmsha.co.jp/kansou/
本書をお読みになった感想を上記サイトまでお寄せください。
お寄せいただいた方には、抽選でプレゼントを差し上げます。

関連書籍のご案内

語りかける東大数学
― 奥深き理工学への招待 ―

難しいだけじゃなかった！
東大数学の深〜い世界へ旅立とう！

[主要目次]

第1章 直接測れないもの・複雑なものを調べる

第2章 ものづくりの裏側

第3章 ほしいものを取り出す

第4章 座標で分析する

第5章 関係性や操作を表現する

第6章 変化の様子を分析する

第7章 確率を見積もる・最適化する

第8章 コンピュータの世界の計算と表現

第9章 自己相似
―自分の中に自分がいる―

このような方におすすめ

- 理文問わず、数学の難問に関心のある中高年の方
- 大学以降で扱う学問に関心のある、理系志望の中学生・高校生
- 「語り合う京大数学 ―奥深き数学の森へ―」を読まれて、東大入試数学にも関心をもたれた方

林 俊介 [著]　定価（本体1900円【税別】）・A5判・280頁

　東京大学の2次試験の数学の問題は「$\sin\theta$、$\cos\theta$の定義を述べよ」「$\pi>3.05$を証明せよ」など、斬新で本質をつくような出題があり常に話題となってきました。また、受験者にただ定石どおりに解かせるだけではなく、大学入学以降の理工学的な応用との結び付きを示唆しているような出題も多々見られます。

　本書では、東大入試の数学の過去70余年の問題から特にユニークな問題をピックアップして、個々の問題の解法のみならず、その出題の数学的、理工学的な背景や出題者の意図を推理しつつ具体的な例を示しながら解説しています。読者が手を動かしながら本書を読み進めることで知的好奇心が刺激され、単なる受験参考書や予備校の授業では教えてくれない含蓄が味わえるような書籍として発行したものです。

もっと詳しい情報をお届けできます。
◎書店に商品がない場合または直接ご注文の場合は右記宛にご連絡ください。

ホームページ　https://www.ohmsha.co.jp/
TEL／FAX　TEL.03-3233-0643　FAX.03-3233-3440

（定価は変更される場合があります）